内陆干旱区水——生态关系与生态恢复技术研究

张恒嘉 等 编著

·北京·

内 容 提 要

本书共分为6章，旨在兼收并蓄国内外相关水—生态研究理论与生态恢复技术研究成果的基础上，探索河西内陆干旱区黑河中游、石羊河流域和疏勒河流域水—生态关系与生态恢复技术，包括河西黑河中游生态用水研究、河西黑河中游（临泽）生态恢复技术研究、石羊河流域水—生态关系及水资源可持续利用、石羊河流域水权分配与交易价格研究、石羊河流域生态恢复的思路与对策、疏勒河流域水资源可持续利用评价等。

本书作为一部学术专著，既注重理论和方法创新，更注重技术的集成与应用，可供自然地理学、生态学、水文与水资源工程、水利水电工程专家学者和研究人员阅读参考，也可作为科研院所、大专院校和生态、水利等管理部门相关人员的参考用书。

图书在版编目（CIP）数据

内陆干旱区水-生态关系与生态恢复技术研究 / 张恒嘉等编著. -- 北京 : 中国水利水电出版社, 2021.8
ISBN 978-7-5226-0006-2

Ⅰ. ①内… Ⅱ. ①张… Ⅲ. ①干旱区－水资源管理－研究－中国 Ⅳ. ①TV213.4

中国版本图书馆CIP数据核字(2021)第194697号

书　　名	内陆干旱区水—生态关系与生态恢复技术研究 NEILU GANHANQU SHUI—SHENGTAI GUANXI YU SHENGTAI HUIFU JISHU YANJIU
作　　者	张恒嘉　等 编著
出版发行	中国水利水电出版社 （北京市海淀区玉渊潭南路1号D座　100038） 网址：www. waterpub. com. cn E-mail：sales@waterpub. com. cn 电话：（010）68367658（营销中心）
经　　售	北京科水图书销售中心（零售） 电话：（010）88383994、63202643、68545874 全国各地新华书店和相关出版物销售网点
排　　版	中国水利水电出版社微机排版中心
印　　刷	天津嘉恒印务有限公司
规　　格	184mm×260mm　16开本　10.25印张　262千字
版　　次	2021年8月第1版　2021年8月第1次印刷
定　　价	**68.00**元

本书编委会

主　编　张恒嘉（甘肃农业大学）

副主编　康燕霞（甘肃农业大学）

张小艳（甘肃农业大学）

王引弟（甘肃农业大学）

李福强（甘肃农业大学）

编　者（按姓氏汉语拼音排序）

程斌强　董　昕　高亚运　何鹏杰　黄彩霞

李海燕　李军辉　李晓飞　刘丽霞　刘普海

任晓燕　王玉才　熊友才　殷　强　张德仲

张永玲　周　宏　周三利

前　言
FOREWORD

水是干旱荒漠生态系统最关键的生境要素，也是旱区生态系统最活跃和最敏感的生态因子，诸多用水矛盾也因此而产生。以往此方面的研究因过分看重水资源所产生的经济效益而忽视了其生态效益，致使水资源分配过程中对生态用水考虑极少，进而导致水资源供需之间的矛盾异常突出（张光斗，1999），绿洲系统外的生态环境日渐恶化，诸如河道断流、河床干涸、植被衰退和土地荒漠化、土壤沙化、土壤次生盐碱化面积扩大等问题越加突出，而这些生态环境问题的出现均与区域水资源的变化有着直接或间接的关系。在人口增长和经济发展同步变化的今天，国民经济系统用水和生态环境系统用水研究无疑已成为区域水资源合理开发利用与生态恢复重建的焦点之一。毋庸置疑，干旱荒漠区突出的生态环境问题也将使区域生态环境系统用水问题成为社会各部门、各层面广泛关注的焦点。

20世纪全球水资源管理方面的重大失误之一就是片面重视水资源的单位产出即经济效益而忽视了它与生态环境两者之间的内在关系，这也是导致干旱荒漠区生态环境恶化、生态系统退化、生物多样性降低、种群减少、河道断流、植被衰退、土地荒漠化、土壤沙化及次生盐碱化和地下水位下降等问题日益突出的根源。实践表明，水问题是我国21世纪最为严峻和首要的资源环境问题。水问题解决不好，一切都无从谈起，更不用说经济社会与生态环境的协调可持续发展。处于干旱荒漠系统的河西内陆河流域生态环境极为脆弱，水资源开发利用与经济社会协调发展的任务十分艰巨。严酷的现实和区域发展实际迫切需要我们研究内陆干旱区水—生态关系与生态恢复技术，以期在生态环境恢复重建的前提下实现水资源可持续利用与生态、经济、社会协调可持续发展。本书就是作者及其学术团队在此领域多年探索的结晶。

本研究得到国家自然科学基金（51669001）、甘肃省重点研发计划项目（18YF1NA073）、甘肃省科技支撑计划项目（1304FKCA095）、甘肃省高等学校基本科研业务费项目（2012）、水利部公益性行业科研专项（201301040）和甘肃农业大学工学院青年教师科技创新基金项目（GXY2013－05）的资助。在本书付梓之际，感谢上述项目资助本书的出版。

本书共分为6章，在兼收并蓄相关水—生态研究理论和生态恢复技术研究成果的基础上，探索河西内陆干旱区黑河中游、石羊河流域和疏勒河流域水—生态关系与生态恢复技术。第1章主要探讨了河西黑河中游生态用水，第2章主要集成研究了河西黑河中游（临泽）生态恢复关键技术，第3章主要探索了石羊河流域水—生态关系及水资源可持续利用，第4章主要探究了石羊河流域水权分配与交易价格，第5章主要阐述了石羊河流域生态恢复的思路与对策，第6章主要探析了疏勒河流域水资源可持续利用及评价。

本书作为一部学术著作，既注重理论和方法创新，更注重技术的集成与应用，不仅可供本专业学者和研究人员阅读参考，也是农业科研院所、大专院校、农业技术及水资源管理部门相关人员的有益参考书。鉴于编者水平有限，难免存在缺陷与纰漏，欢迎广大读者批评指正。

张恒嘉

2021年8月

目　录

CONTENTS

第1章　河西黑河中游生态用水研究

1.1　研究目的及意义

生态用水是改善生态环境亟待解决的重大问题（张卫强等，2003）。位于河西内陆河流域的黑河中游地处河西走廊中段，为古丝绸之路的咽喉要道，战略地位极为重要，经过多年建设，已成为甘肃乃至西北地区非常重要的农业生产基地。在这里，工农业生产主要依赖发源于祁连山的有限水资源，按流域划分为石羊河、黑河和疏勒河三个流域。南部祁连山区为水资源形成区，走廊平原区为水资源利用消耗区，走廊北山以北为河流末端及沙漠、戈壁区。作为河西黑河中游生命支持系统的重要生境因素，水资源极大地影响和制约着该区经济社会的可持续发展与粮食生产的安全，维系和保障着人类生存和生产的环境。1949年之后，地处甘肃河西走廊的黑河中游绿洲地区水资源开发利用成绩显著，区域经济和工农业生产均得到快速发展，流域内人民生活水平日益提高。但是，区域人口的持续增加和水资源开发利用的不当导致流域水资源日渐耗竭，区域生态环境/系统不断恶化/退化，已严重危及到绿洲区的生存和生态系统安全与健康。

不合理地利用有限的水资源导致区域地下水位逐年下降。水是影响和制约河西黑河中游区域生态环境的首要和关键生态因子，也是该区生态系统中最活跃的主导因素。而不合理地利用有限的水资源则是加剧该区土地荒漠化和土壤沙化的重要因素之一。我国历史上的古居延和黑城垦区逐步沦为荒漠化土地的案例就足以说明干旱区生态环境演变和发展中水资源所起的关键性作用。另外，区域经济社会的发展必然要求增大水资源的开发强度，而水资源在时间和空间上缺乏科学性的调配和不合理的利用则导致流域水系发生较大变迁，天然水系逐渐被人工水系所代替，其内在联系也因水库修建、筑坝开渠、提水灌溉、地下水的超量开采等诸多人为因素而改变，流域的地下水资源也必然因此发生较大变化，致使区域地下水的年补给量减少，河床发生断流，湖泊逐渐萎缩甚至干涸，河流的下游水量也呈逐年减少趋势，同时也导致区域性的地下水位严重持续下降，尤其是流域上游灌溉渠系水利用系数的大幅提高和农业耕地面积的迅速扩大致使非回归性作物耗水量增大和地下水超采严重。

不合理开发利用而引发的水资源恶性变化导致区域性生态环境急剧恶化与生态系统严重退化。前述人为因素导致的水资源开发利用量的大幅增长及对水资源的不合理利用，加上各种自然因素所产生的综合作用，必然会引起一系列的生态系统负反馈信息的传递，譬如地下水位的逐年下降导致陆地表层植物根系吸水困难和天然植物种群大面积死亡，进而使土地沙化和荒漠化程度加剧。因此，河西黑河中游生态环境的急剧恶化与生态系统的严重退化已成为共识。而这种系统在强烈干扰下的逆境演替生态过程中所表现出来的生态环境恶化与生态系统退化则集中体现在通过系统结构与功能的不良变化所表达出的退化信息方面。河西黑河中游属于干旱荒漠性生态系统，水分是维持这一系统稳定性最为主要的生态支点之一，这种因水资源恶性变化而导致的生态环境恶化与生态系统退化是一种跃变式和渐变式兼而有之的恶化与退化过程，具体表现在荒漠灌丛植被、草原植被和草甸植被面积逐渐减少，生长发育日渐衰退，草产品质量下降，人工林及混交林不断死亡，进而使土壤干旱越加严重，大片耕地撂荒，裸露的地表更容易遭受水蚀和风蚀，导致潜在的沙化土地重新被激化和活化，从而使土地沙漠化面积进一步的扩展。近几年来该区频频发生的特大沙尘暴就是水环境恶性变化导致的生态环境恶化的结果。

区域生态用水安全和有限的水资源承载力要求对水资源的开发利用留有一定余地。内陆干旱区经济社会及环境可持续协调发展研究的重点当属水资源的时空变化与生态环境之间的关系。河西黑河中游地理生态类型异常复杂，该区不但干旱少雨，天然植被非常稀少，而且风沙灾害频繁发生，土壤盐渍化和土地荒漠化问题极为严重。近些年该区水资源过度开发和不合理利用引起的地下水位持续下降和生态环境急剧恶化，再加上生态系统严重退化的问题迫切需要我们从区域水资源最大承载力和生态用水安全的战略高度通盘考虑河西黑河中游经济社会和生态环境的可持续协调发展，在确保该区生态用水安全的前提下保障农业、工业以及城市、农村生活用水等社会经济系统用水。

本研究的总体目标是，针对河西黑河中游水资源利用和生态用水现状，通过调查研究分析和借鉴前人研究结果，从人工绿洲内组分系统和绿洲外环境生态系统用水方面对该区生态用水和水资源承载力进行系统化的综合分析与研究，以期为该区水资源的合理利用、生态用水保障及经济社会与生态环境可持续协调发展提供依据。

1.2 概述

1.2.1 生态用水的概念和分类

有关生态用水的研究近些年来才逐步被学者们关注，其概念也至今仍未得到统一，提法也多种多样，在不同的文献中被不同学者分别称作生态需水、生态用水和生态环境耗水等。刘昌明（2002）将上述概念比较分析后得出此三者之间的量化关系为生态需水（D_d）＞生态用水（D_s）≥生态环境耗水（D_c）。

普遍认为，生态需水应是达到某种生态水平或维持某种生态系统平衡所需要的水量，或者是发挥某种期望的生态功能所需要的水量，并且其水量的配置必须具有合理性和可持续性。总体而言，主要包括如下三个方面：①天然植被维护所需的水量，如森林、草地、湿地和荒漠植被等；②维系水土保持及其范围以外的林草植被生长所需的水量，如绿洲和生态防护林网；③水生生物的保护所需要的水量，如维持河湖中的鱼类及浮游植物生存所需用的水量。绿洲是干旱荒漠区人类活动的中心所在，也是其生态用水和需水的主体。基于上述考虑，应将干旱区生态需水看作是为天然生境和绿洲防护体系提供一定数量和质量的水以维持其正常生存、延续且避免生态环境恶化、生态系统退化所需的水量。

截至目前，国内外对生态需水的研究仍处于初级阶段，理论上也尚无可靠的依据，关于生态需水的概念、定义及计算方法尚未形成共识。Covich（1993）认为水资源管理必须保证维持和恢复生态系统健康发展所需的水量，而Cleick（1996）则提出了生态需水的基本概念框架，即为天然生境提供一定质量和数量的水以达到最小化地改变其生态系统的目的，同时有效保护生物种的多样性和维持生态系统的整体性与稳定性。

虽然我国在生态需水研究领域起步相对较晚，但该方面的研究进展较快、较活跃，无论是从生态系统角度还是水量平衡角度均有不同程度的研究进展。国内干旱区生态系统的生态需水研究可以追溯到20世纪80年代末以西北内陆干旱区为基础的研究。该研究是源于西北内陆干旱区年降水量远不能满足植被水分需求，不足的部分必须由地下水资源和地表径流来补充，而由此引起的水资源过度开发利用导致区域地下水资源量和地表径流量减少，极大破坏了干旱荒漠区的生态系统。20世纪90年代后期，生态需水研究在我国得到了进一步发展，也取得了显著的研究成果。由43位中国工程院院士和300多位其他专家参与完成的《中国可持续发展水资源战略研究综合报告》提出了生态需水理论的雏形并初步估算了全国范围的生态需水，报告以新疆干旱内陆河流域为研究背景对生态需水概念进行了初步界定和分类，同时阐明了干旱半干旱地区生态需水研究的必要性（钱正英，张光斗，2001）。在旱区生态需水理论的研究中，研究者们已对植被生长需水的分异规律进行了广泛的研究。目前，研究者们正在进行以遥感技术、地理信息系统及计算机高新技术为基础的区域生态需水估算与分析研究，也有研究者已从生态平衡角度通过潜水层的蒸发和植物蒸腾的物理测定确定生态需水量。

生态用水的概念也是国内研究者在分析研究干旱区水资源利用与生态环境退化的内在关系时首次于20世纪80年代末提出的。可以自豪地说，这一概念的提出是我国在特定的自然环境条件下对全球干旱区研究所做的特殊贡献，是一个具有十分鲜明中国特色的专业名词。以后这方面的研究大多立足于“水环境”和“水生态”两方面用水。虽然目前生态用水研究发展比较迅速，成绩喜人，但是直到90年代前期，对其概念的界定、分类及计算等问题尚未进行深入研究。直至90年代后期，伴随着国家“九五”科技攻关项目“西北地区水资源合理利用与生态环境保护（96-912）”的实施，才真正开始了干旱区生态用水研究。研究者经过5年的艰苦攻关，终于建立了生态用水计算的二元模式方法，但对生态用水概念仍未严格界定，其分类及理论计算标准尚未统一，计算结果的精度与可靠性也不高，因而很难在水资源的开发利用中合理统筹规划。90年代后期，中国工程院开展的中国可持续水资源战略研究针对我国的生态用水进行了比较深入的研究，不仅初步界定了生态用水的概念、范畴及分类，还初步估算出我国的生态用水量，为800亿～1000亿m^3（其中地下水超采量50亿～80亿m^3），这一研究成果不仅对我国水资源规划与合理配置具有重要指导意义，也极大地推动了我国生态用水的研究进程。国内诸多研究者也相继发表了有关文献与著作，具有代表性的当数首次提出生态用水概念的王礼先（2002）、汤奇成（1995）等。王礼先（2002）在分析干旱、半干旱区协调人类社会与生态环境对水资源需求的矛盾时认为，生态用水必须不超过通过各种工程措施可利用的地表水资源和地下水资源量，其研究成果才可对水资源管理、生态环境改善及经济社会可持续协调发展产生积极作用。刘昌明（1999）将生态环境保护和改善用水分为保护和恢复内陆河下游天然植被和生态环境耗水，水保及其范围以外的林草植被耗水量，河流水沙平衡以及湿地、水域等所需的基流用水及回补地下水过量超采所需的水量。沈灿燊（1992）、贾宝全和许英勤（1998）、贾宝全和慈龙俊（2000）、郑洲等（2008）分别运用直接计算法和间接推求估算法初步估算了新疆内陆河流域的生态用水。孙跃强等（2007）根据生态学基本理论，提出了基于生态系统基本组成的生态用水定义并形成了生态用水的分类系统，进而根据实际情况界定了当地生态用水的类型。李丽娟和郑红星（2000）对河流系统生态需水进行了界定并概算了海滦河流域的生态用水。王让会等（2000）界定了塔里木河流域比较合理的生态水位并采用定额法估算了该流域“四源一干”的生态用水。严登华等（2001）则较为深入地研究了东辽河流域的生态用水。

上述研究虽然取得了一定的成果，但因其对生态环境现状的合理分析与明确诊断的欠缺，因此不能准确判断这些成果的实际价值，故急需对生态环境与水资源间的关系进行更为深入的定量研究，为生态系统恢复与生态环境重建提供理论依据。此外，因为生态用水这一专业术语是基于我国特殊的生态环境问题提出的，所以在国外鲜见报道，但类似于生态用水的研究却早已经在美国、日本以及西欧地区还有发展中国家展开。

如前所述，水资源总量依据其用途可分为生态用水和国民经济系统用水两部分。绿洲是干旱区人类活动的中心所在，因此干旱区生态用水的主体即为绿洲。基于绿洲生命支持系统来源和研究区实际，可以把研究区生态用水划分为绿洲组分系统生态用水和绿洲外环境系统生态用水（司建华等，2004）。按照生态环境与人类关系的密切程度，针对黑河中游实际情况并综合已有研究成果，本章将生态用水分为四类进行分析研究，即绿洲人工林生态用水、城市生态用水、荒漠植被生态用水和低地草甸生态用水。

1.2.2　生态用水的计算

一般可运用已有生态需水量估算方法计算生态用水。不存在人为干扰时，干旱区绿洲生态系统水量平衡关系可表示为

$$W_{t+1}=W_t+P-R-ET \tag{1.1}$$

$$R=R_1-R_2$$

式中　W_{t+1}——t 时段末土壤水分含量，mm；

W_t——t 时段初土壤水分含量，mm；

P——时段降水量，mm；

R——时段径流量，包括地表和地下径流量与灌水量，mm；

R_1——地表和地下径流量；

R_2——灌水量；

ET——以植被蒸腾和土壤蒸发为主的时段蒸散量，mm。

植被区生态需水计算参照左其亭（2002）、杨志峰等（2003）的计算方法，计算公式为

$$SWC=W_{\mathrm{q}}AH \tag{1.2}$$

$$ET_j=(ET_{\mathrm{q}})_jA/1000 \tag{1.3}$$

$$ETQ_i=SWC+ET_j \tag{1.4}$$

$$EWQ=SWC+\sum_{j=1}^{12}ET_j \tag{1.5}$$

式中　SWC——植被区土壤含水量，m^3；

W_{q}——植被区土壤含水定额，m^3/m^3；

A——植被区面积，m^2；

H——植被区土层深度，m；

ET_j——植被区第 j 月的蒸散量，m^3；

$(ET_{\mathrm{q}})_j$——植被区第 j 月的蒸散定额，mm；

ETQ_i——植被区第 i 月的生态需水量，m^3；

EWQ——植被区年生态需水量；m^3。

1.2.3　生态用水模型

生态用水量常用的计算方法为直接计算法和间接估算法（唐占辉等，2004）。此外，还

可用景观生态用水模型估算生态用水量（司建华等，2004）。

1.2.3.1 直接计算法

根据生态用水的来源，荒漠绿洲区人工林与城市园林绿地生态用水主要为地表水，加之其组成要素对生长的要求基本上和农作物相同，因此计算生态用水时可直接以灌溉定额乘以其面积（满苏尔·沙比提等，2008）。

1.2.3.2 间接推求法

部分生态用水如荒漠植被和低地草甸生态用水主要由地下水供给，其分析计算主要利用间接推求模型。因此，生态用水估算也可用潜水位面积乘以该潜水位下的潜水蒸发量和植被系数进行计算（左其亭等，2002），其公式为

$$WST_i = A_i W_{gi} k \tag{1.6}$$

式中 WST_i——类型为 i 的植被生态用水量；

A_i——类型为 i 的植被面积；

W_{gi}——类型为 i 的处在某一地下水埋深时的植被潜水蒸发量；

k——植被系数。

在式（1.6）中，A_i 容易测定，W_{gi} 可参照中国科学院新疆生态与地理研究所在阿克苏水平衡站求得的关系式（吴申燕，1992）得到，即

$$W_{gi} = E_{20} \times (1 - h_i / h_0) n, n = 2.15 \pm 0.025 \tag{1.7}$$

式中 h_i——地下水位为 i 时的埋深；

h_0——潜水蒸发的埋深极限；

E_{20}——$20m^2$ 蒸发池的水面蒸发量。

本研究中 E_{20} 参照汤奇成（1995）的研究取值为 1670mm。h_i 取值依不同生态类型而定。

1.2.3.3 景观生态用水模型

景观常指生态环境的综合表现，不同类型的景观有不同的生态习性和用水量。运用景观稳定性生态用水量分析也可估算生态用水量（申元村，2000），即

$$V = (KE_0 - P) rS \tag{1.8}$$

式中 V——景观生态用水量，m^3；

P——有效降水量，m；

r——景观植被覆盖度，其值为 0～1；

E_0——水面蒸发量，m；

S——面积，m^2；

K——陆面蒸发系数。

1.3 研究内容、研究方法及技术路线

1.3.1 研究内容

1.3.1.1 研究区生态环境问题和水资源承载力分析

本研究在对研究区社会经济概况进行分析的基础上，提出了该区存在的主要生态环境问题；在研究区地表水和地下水资源总量分析的基础上，从水资源配置的目标与原则、需水预测、水资源合理配置模型、水资源承载力指标体系和计算模型的建立、水资源超载的量化与

评价等方面对黑河中游水资源承载力进行了综合分析研究。

1.3.1.2　黑河中游生态用水的分类与估算

本研究基于绿洲生命支持系统来源和研究区实际对生态用水进行划分，同时按照生态环境与人类关系的密切程度，并针对黑河中游实际情况综合已有研究成果对生态用水进行分类和研究。

1.3.1.3　保障生态用水的战略对策及建议

要确保黑河中游生态用水，需做到两个"必须"：必须坚持多措并举、统筹安排、科学规划，多方面、多层次、多角度地去整体规划，超前谋划，合理计划，上下联动，统一实施；必须从思想上充分认识生态用水保障对策实施的长期性与艰巨性，将其与生态用水研究作为确保黑河中游生态用水安全的一项战略性任务常抓不懈，务求取得实效。据此提出保障生态用水的战略对策。

1.3.2　研究方法

本研究在定性分析黑河中游存在的生态环境问题和综合分析流域水资源现状承载力的基础上，采用定量分析与定性评价相结合的方法，从区域发展层面、经济行为层面及水资源供需模式方面对黑河中游生态用水进行了综合分析研究，同时针对研究区水资源的严峻形势和突出的生态环境问题，认为要确保该区生态用水需做到两个"必须"，并据此提出符合区域实际且行之有效的确保生态用水的战略对策，以期为保障该区生态用水优先与战略安全提供科学依据。

1.3.3　技术路线

河西黑河中游生态用水研究技术路线如图 1.1 所示。

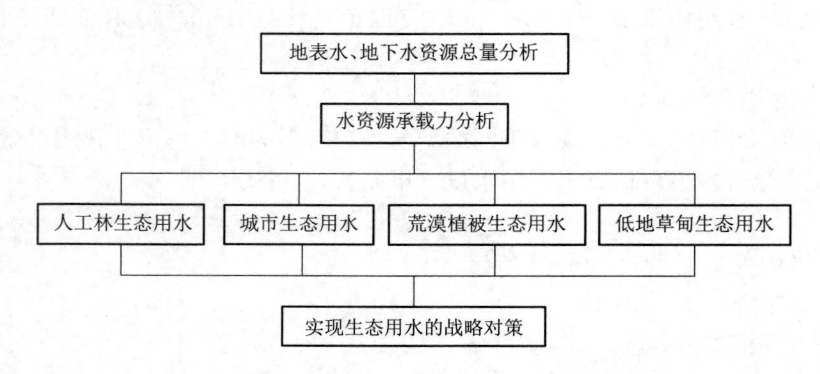

图 1.1　河西黑河中游生态用水研究技术路线

1.4　结果与分析

1.4.1　研究区社会经济概况和存在的主要生态环境问题

1.4.1.1　社会经济概况

研究区为黑河流域主要绿洲农业区，辖甘州区和民乐、山丹、临泽、高台、肃南等县，农作物以小麦、玉米、油菜、甜菜等为主，研究区社会经济状况见表 1.1。该区人口密度较大，超过 100 人/km^2。

表 1.1 研究区社会经济状况

县区	人口/万人	国民生产总值/亿元	农业总产值/亿元	粮食产量/万 t	工业产值/万元	牲畜存栏数/10^3头
山丹县	20.21	10.9	5.48	11.61	8.70	30.48
民乐县	23.82	8.55	6.50	22.76	4.90	26.01
甘州区	46.90	22.4	11.58	33.75	16.12	53.20
临泽县	14.47	7.04	5.29	14.71	7.32	15.59
高台县	15.80	7.09	5.92	17.00	4.81	18.00
肃南县	2.46	1.25	0.79	0.63	1.46	51.95

黑河流域95%以上的人口生活在绿洲农业区，非农业人口比例约为20%。近年来，该区发展迅速，人民生活水平不断提高，人均收入大幅升高，尤其是农村人均纯收入比全国平均水平高20%左右。

1.4.1.2 存在的主要生态环境问题

自人类出现以后，干旱区的生态环境问题随之产生，且伴随着人类的发展而变化，特别是在内陆干旱区，流域下游的生态环境几乎无一例外地随着中上游绿洲的演变而遭到破坏。因此，如何充分认识干旱区生态环境演变规律并采取科学有效的应对措施来遏制生态环境的进一步恶化和加剧，最终建立区域经济社会与生态环境的持续协调发展模式就成为当前内陆干旱区研究的重要课题之一。河西黑河中游目前正处在大规模开发利用其水土资源的关键时期，且尚未能行之有效地统一规划与管理水资源，以土地荒漠化与植被退化为典型特征的生态环境剧烈恶化正在全流域迅速发展，生态系统也正在退化，不仅严重影响到黑河绿洲生存，也对全流域生态安全构成了严重的威胁，所幸的是尚未造成灾难性的破坏。

河西黑河中游存在的主要生态环境问题是土地荒漠化与植被退化、土壤盐渍化及水环境的污染等。尤其是20世纪90年代以来，黑河中游土地沙漠化仍呈逐步扩展趋势，土壤盐渍化面积仍有所增加，水污染程度严重且呈发展态势。加之流域内大面积拓荒使草场面积大幅度减小，现存的草地系统也因过牧超载而严重退化。除此之外，产业结构尤其是种植业结构和布局的不合理不仅在很大程度上限制了区域经济社会的持续稳定发展，同时也使水资源供需矛盾加剧，同时也导致土地荒漠化与植被退化、盐渍化等生态环境问题越加突出。

1.4.2 水资源量分析

1.4.2.1 水资源总量分析

本研究区包括山丹县、民乐县、肃南县、甘州区、临泽县和高台县，土地面积42万km^2，约占甘肃省国土总面积的9.3%，总人口为126万。目前该区域已集中了黑河流域91%的人口、83%的用水量、95%的耕地和89%的国内生产总值。

研究区地处中纬度地带，深居大陆腹部，除祁连山区属高寒半干旱地区外，其余各地均属典型的干旱、半干旱地区，生态环境脆弱，农业产量低而不稳，经济发展相对落后，其主要原因是干旱。该区降水量稀少，平原地区各县及走廊北山，年均降水量60～200mm，南部沿山地区年均降水量250～330mm，祁连山年均降水量400～500mm。降水量年内分配不均，多集中在6—9月，占年降水量的60%～85%，7月、8月降水量最大，空气干燥、蒸发强烈，年蒸发量2048mm，且灾害性天气较多。由于降水集中，流域内常出现暴雨、洪水和春旱，绝大部分地区没有灌溉就没有农业。

研究区水资源总量为26.5亿m^3，人均水资源量仅有1250m^3，亩均水量仅为511m^3，分别为全国平均水平的57%和29%。随着经济的发展，该区面临水资源严重短缺的困境：一方面，用水总量大幅增加；另一方面，该区经济结构和用水方式并未改进，用水效率低下，在水资源短缺的情况下，还种植了为数不少的高耗水作物，农业生产沿袭大水漫灌，水资源浪费相当严重。

1.4.2.2 地表水和地下水资源量分析

研究区地处黑河中游，境内有可供开发利用的大小河流共26条，均发源于祁连山北麓，出山口多年平均径流量为24.75亿m^3，其中干流莺落峡站为15.80亿m^3，梨园堡站为2.37亿m^3，其他各支流约为6.58亿m^3，水资源总量为26.50亿m^3（金自学和张芬琴，2003）。

1.4.3 水资源配置目标、原则与方法

1.4.3.1 配置的目标

水资源合理配置要求在特定流域或区域内兼顾系统、有效、公平和可持续等原则并遵循自然和经济规律，将不同形式的有限水资源通过工程性措施和非工程性措施，科学合理地分配为生产、生活和生态用水，最终实现水资源的持续利用和经济社会与生态环境的可持续协调发展。区域水资源的优化配置具有全局性，应统筹规划和科学利用，保障其发展用水需求。

就本质而言，妥善处理好“经济—社会—资源—环境”系统中人类社会系统、宏观经济系统、生态环境系统与水资源系统的定量关系是水资源配置的最终目标，而配置中存在的主要矛盾和焦点则表现在用水和投资的竞争性。水资源的总量不足、有限的工程容量及水环境的恶化使水质下降且在用水数量、用水时间、用水地区和用水部门冲突加剧，如国民经济各部门间以及地区间水资源分配所引发的冲突与国民经济生产和生态环境对水资源的需求引发的冲突等。从根本上解决水资源合理配置要以系统性、有效性、公平性和可持续性等目标为前提采取合理的工程性和非工程性措施，而这些措施的应用又将不可避免地导致经济社会发展与水资源开发利用间产生投资性竞争。

1.4.3.2 配置的原则

水资源配置必须遵循公正公平原则、可操作性原则、系统性原则和有效性原则。公平公正原则不仅强调各社会经济部门和阶层的需要，更强调生物个体对水的需要，可操作性原则强调水资源配置必须以现状水资源为基础且具有较强的实践可操作性，并力求与流域治理和区域发展相协调。系统性原则要求在水资源配置中统筹协调区域间的用水和需水关系，根据水资源收支平衡实现地表水和地下水、自产水和过境水、再生性和非再生性水资源、降水性和原生性径流性水资源统一配置和联合调度，而有效性原则则必须以公平公正原则为基础实现。

1.4.3.3 配置的方法

水资源固有的多属性和生态经济复合系统特征要求其配置应综合考虑人类社会、自然生态系统和水资源系统间关系的协调以实现其最佳综合功能。

“以需定供”的水资源配置方式以经济效益最优为其唯一目标，它用国民经济结构和

发展速度相关资料来预测经济发展规模和需水量，进而设计供水工程计划。“以供定需”方式则以水资源供给可能性为依据进行生产力合理布局，它着重强调资源的合理开发利用并以资源背景来布置其产业结构，较“以需定供”配置方式更为合理，可更为有效地保护水资源。

广大用户对水源的分配必然要通过工程和非工程措施以满足对水资源开发利用的各种要求。水资源系统的复杂性与开发利用的多功能性也要求水资源的配置决策需要多部门或多个利益集团的参与并进行多目标决策。根据研究区水资源特征与用水实际，本研究选择“以供定需”的方式作为可持续发展的水资源配置方式。

1.4.4　需水预测

1.4.4.1　主要原则

考虑水资源紧缺对需水量增加的制约作用、市场经济对需水量增长的作用和科技进步对需水量的影响，并重视调查现状基础资料和结合社会发展实际，需水预测必须坚持节水原则并研究分析产业结构变化对需水的影响，同时要使需水预测符合区域特点和用水习惯。

1.4.4.2　生活需水的预测

生活需水主要有城镇生活用水和农村生活用水两部分。生活需水定额的大小决定于水资源状况、生活水平、供水能力及用水习惯等因素。

1. 人口增长预测

以研究区部分县区为代表（甘州区、临泽县、高台县，下同），2006 年其人口增长率为：甘州区 14.7‰、临泽县 4.7‰、高台县 4.8‰。人口增长的表达式为

$$P_n = P_0 e^{kn} \tag{1.9}$$

式中　P_n、P_0——预测年和水平年人口数，万人；

e——自然对数的底，近似取值为 2.71828；

k、n——年增长率和预测年限。

研究区人口增长预测见表 1.2。

表 1.2　　**研究区人口增长预测**　　单位：万人

人口类型	县　区	2010 年	2016 年
总人口	甘州区	49.1	50.4
	临泽县	14.9	15.1
	高台县	16.0	16.7
农业人口	甘州区	22.4	27.3
	临泽县	12.3	10.5
	高台县	13.6	12.0
非农业人口	甘州区	17.1	23.0
	临泽县	2.3	4.9
	高台县	2.3	4.7

2. 生活用水定额预测

在近年来研究区生活用水定额的基础上，参照其年递增速度和类似地区资料，可得到研究区生活用水定额预测结果，见表1.3。

表1.3　研究区生活用水定额预测结果　单位：L/（人·天）

生活用水定额分类	县　区	2010年	2016年
综合生活用水定额	甘州区	74	114
	临泽县	72	112
	高台县	71	110
城镇生活用水定额	甘州区	130	165
	临泽县	125	160
	高台县	120	155
农村生活用水定额	甘州区	50	80
	临泽县	50	80
	高台县	50	80

3. 生活需水预测

综合考虑人口与城镇化水平及上述生活用水定额后，得到研究区生活需水预测结果，见表1.4。

表1.4　研究区生活需水预测结果　单位：万m^3

生活需水分类	县　区	2010年	2016年
生活需水总量	甘州区	3029	4178
	临泽县	849	1330
	高台县	788	1148
城镇生活需水总量	甘州区	1303	2016
	临泽县	209	420
	高台县	178	314
农村生活需水总量	甘州区	1727	2160
	临泽县	639	912
	高台县	611	836

1.4.4.3　工业需水的预测

1. 工业需水定额的预测

工业需水定额很大程度上取决于工业用水结构和用水水平，而工业用水定额将受用水结构变化影响，随着用水水平及污水循环利用技术的提高而逐步降低。综合考虑研究区产业结构与发展速度，参考条件类似区域用水标准，得到研究区工业需水定额预测结果，见表1.5。

2. 工业需水的预测

根据表 1.5 的预测结果和预期的工业产值，得到研究区工业需水预测结果，见表 1.6。由表 1.6 可知，研究区工业需水总量增长幅度较大，但是总体而言，工业用水的比例仍然比较低。

表 1.5　研究区工业需水定额预测结果

单位：m^3/万元

县　区	2010 年	2016 年
甘州区	398	290
临泽县	399	303
高台县	426	325

表 1.6　研究区工业需水预测结果

单位：万 m^3

县　区	2010 年	2016 年
甘州区	3491	6705
临泽县	1470	2536
高台县	753	1270

1.4.4.4　农业需水的预测

1. 农业需水毛灌溉定额预测

研究区的农业毛灌溉定额确定以净灌溉定额为依据。随着各种节水改造工程措施（包括黑河中游节水工程）的实施完成，研究区农业毛灌溉定额将呈下降趋势研究区毛灌溉定额预测结果见表 1.7。

表 1.7　研究区毛灌溉定额预测结果　　单位：m^3/hm^2

类别	县　区	2010 年	2016 年
农业	甘州区	10606	10022
	临泽县	9721	9300
	高台县	9764	9316
粮食作物	甘州区	11354	10681
	临泽县	11342	10713
	高台县	11609	10744
农业经济作物	甘州区	7483	7336
	临泽县	7606	7546
	高台县	7591	7443

2. 农业需水预测

农业用水量主要受种植面积、种植结构、灌溉定额、渠道衬砌和渠系水利用系数等因素的影响。综合上述因素得到研究区农业需水预测结果可知，见表 1.8。与农业毛灌溉定额相似，除临泽县因近年来大力发展荒漠区设施导致农业经济作物需水略有所增加外，研究区农业需水量大体将呈下降趋势。

表 1.8　研究区农业需水预测结果　　单位：万 m^3

类别	县　区	2010 年	2016 年
农业	甘州区	75359	71336
	临泽县	43205	41843
	高台县	32760	30886

续表

类别	县 区	2010年	2016年
粮食作物	甘州区	64901	61084
	临泽县	26384	24926
	高台县	21915	20260
农业经济作物	甘州区	10456	10251
	临泽县	16820	16918
	高台县	10844	10626

1.4.4.5 生态林草需水预测

河西黑河中游生态耗水量是伴随着水资源供需矛盾加剧在近几年才引起重视的，因而缺乏长期有效的试验依据，要进行详细精确的计算难度较大。基于此，本研究以区域主要生态环境问题为基本出发点，以保障目前生态环境不再继续恶化作为基点，将研究区人工林、人工灌丛和依赖于地表水补给的天然灌丛和草地确定为生态需水计算的主要植被类型。人工植被类型主要是农田防护林网及农村道路和城镇绿化用地等（经济林和人工草地除外）。生态林草需水量计算公式为

$$Q = \sum_{i}^{n} S_i E_i \tag{1.10}$$

式中 Q——需水量；

S_i——第 i 种林地面积；

E_i——第 i 种林地耗水量。

研究区生态林草需水预测结果见表1.9。

1.4.5 水资源配置模型与承载力指标体系

1.4.5.1 水资源供需平衡

黑河上游水利工程措施和节水新技术的推广及节水灌溉面积增加导致研究区地下水抽取力度加大，地下水转化将受到影响。地下水组成中不重复部分的沟谷潜流将会减少。研究区地下水补给变化见表1.10。研究区可供水量见表1.11。研究区供需比较见表1.12。

表1.9 研究区生态林草需水预测结果

单位：万 m^3

县区	2010年	2016年
甘州区	1936	2261
临泽县	887	1130
高台县	726	970

表1.10 研究区地下水补给变化

单位：万 m^3

水平年	县区	沟谷潜流	雨洪入渗	降水入渗	合计
2010年	甘州区	3577	1243	669	5489
	临泽县	2081	634	1743	4488
	高台县	761	1472	3783	6016
2016年	甘州区	3217	1243	670	5130
	临泽县	1871	636	1773	4280
	高台县	683	1474	3783	5940

表 1.11 研究区可供水量 单位：亿 m^3

年份	地表水	地下水	循环利用水	总供水
2010	12.06	3.44	0.14	15.64
2016	11.65	3.87	0.29	15.81

表 1.12 研究区供需比较

区　域	供水总量/亿 m^3	需水总量/亿 m^3	缺水量/亿 m^3	缺水率/%
甘州区	7.94	8.77	0.83	9.46
临泽县	4.24	4.84	0.60	12.40
高台县	3.48	4.02	0.54	13.43

1.4.5.2 水资源配置模型的建立与求解

运用目标规划，依据决策要求确定四个目标：①将梨园河水分配至临泽与高台；②三县区保持同一水资源供应率；③使黑河与梨园河分配相同水资源效益至同一县区；④保证总水资源效益最大化。将上述目标 P_1、P_2、P_3、P_4 作为优先因子，即如果优先保证 P_1 目标实现的时候对次级目标不予考虑，而只有在实现了上一级目标的前提下才考虑 P_2 目标。以此类推，如想区别优先因子相同的目标，只要分别赋予其不同权重系数即可，可依实际情况确定。X_{1j} 与 X_{2j} 分别代表黑河和梨园河分配至县区的水资源总量，$j=1$，2，3，分别表示甘州、临泽和高台三县区。另外，还引进了正、负偏差变量 d^+ 和 d^-。这里正偏差变量为决策值超过其目标值的部分，而负偏差变量则是决策值尚未达到其目标值的部分。此外，最大的经济效益用 G 表示。

三县区水资源的需求约束为

$$x_{11}+d_1^- - d_1^+ = 5.2 \tag{1.11}$$

$$x_{12}+x_{22}-d_2^- - d_2^+ = 3.12 \tag{1.12}$$

$$x_{13}+x_{23}-d_3^- - d_3^+ = 2.73 \tag{1.13}$$

水资源供应约束：

$$x_{11}+x_{12}+x_{13} \leqslant 6.3 \tag{1.14}$$

$$x_{22}+x_{23} \leqslant 2.31 \tag{1.15}$$

各县区水资源供应率相同，即

$$(x_{11}+x_{21}) - \frac{5.2}{2.73}(x_{13}+x_{23}) + d_4^- - d_4^+ = 0 \tag{1.16}$$

$$(x_{11}+x_{21}) - \frac{5.2}{3.12}(x_{12}+x_{22}) + d_5^- - d_5^+ = 0 \tag{1.17}$$

$$(x_{12}+x_{23}) - \frac{2.73}{3.12}(x_{13}+x_{23}) + d_6^- - d_6^+ = 0 \tag{1.18}$$

水资源配置方案总效益为

$$G = \sum_{i=1}^{2} \sum_{j=1}^{3} c_{ij} x_{ij} \tag{1.19}$$

目标函数为

$$\max Z=P_1d_4^- +P_2(d_4^- +d_5^- +d_6^-)+P_3(d_1^+ +d_2^+ +d_3^+)+P_4d_7^+ \quad (1.20)$$

此处目标规划数学模型的结构与线形规划模型的结构无本质区别，其求解用单纯型法即可。

水资源配置结果见表1.13。

表1.13 水资源配置结果

县区	供水总量/亿 m^3	需水总量/亿 m^3	缺水量/亿 m^3	缺水率/%
甘州区	7.95	8.82	0.87	9.86
临泽县	4.31	4.82	0.51	10.58
高台县	3.50	3.94	0.46	11.17

正义峡断面在水平年下泄水量满足黑河分水方案要求时，研究区缺水总量由1.99亿 m^3 下降为1.8亿 m^3。甘州、临泽、高台三县区的缺水率分别由9.46%、12.40%、13.43%调整至9.86%、10.58%、11.17%，其中甘州区缺水率上升了0.40%，而临泽和高台县缺水率则分别下降了1.82%和2.26%。相对而言，在配置前后甘州区水资源缺水率无较大变化，而临泽和高台县缺水率有较大变化。甘州、临泽、高台三县区的现状缺水率存在较大的差别，以高台县的缺水率最大，而在水资源优化配置以后，此三县区的缺水率趋于接近，符合缺水基本均衡的原则。在甘州、临泽、高台三县区之中，以甘州区的经济最发达，其用水效率及用水效益也最高，水资源优化配置后其缺水率仍然是最低的，这充分体现了高效用水的基本原则。

1.4.5.3 水资源承载力指标选取原则及其体系

水资源承载力指标体系是由一组既相互联系又相互独立的能够反映水资源和社会经济系统现状及其内在关系的指标构成的有机整体，也是研究和分析水资源承载力的重要前提（李丽娟等，2000）。

1. 水资源承载力指标选取原则

水资源承载力指标的选取应充分体现可持续发展的思想和理念，须遵循科学原则、整体性原则和可行性原则。

2. 水资源承载力指标体系的构成

水资源承载力指标体系如图1.2所示。

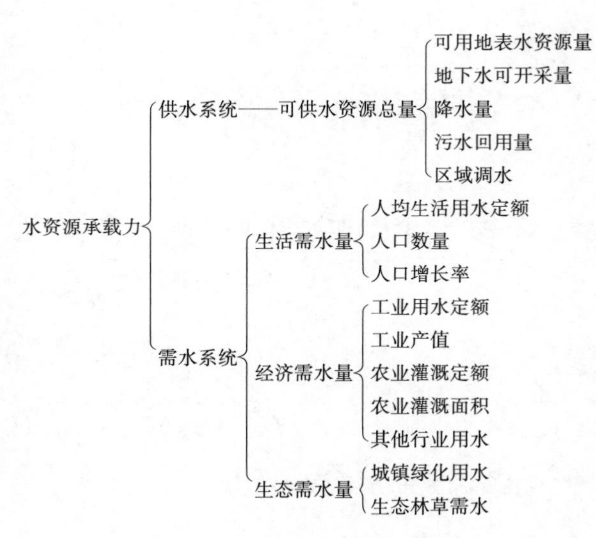

图1.2 水资源承载力指标体系

1.4.6 水资源承载力模型的构建与求解

水资源承载力研究涉及的水资源—环境—经济—社会这一复杂系统内的各个要素在不断发生变化。水资源承载力的唯一性决定其为最大限度可利用的水资源量对经济社会系统支撑能力的大小。水资源承载力模型的目标函数为

$$\max F=\sum_{i}^{n}F_i\ (i=1,2,3) \quad (1.21)$$

式中 F_1、F_2、F_3——经济效益、社会效益和生态效益的目标；

F——综合效益的函数。

水资源承载力研究不能片面追求对单一目标的优化，而应通过目标转化来简化计算以实现整体目标最优。经济效益目标的实现能够促使水资源在不同产业部门之间的优化组合。生态效益目标的实现能够促进区域生态环境的改善与生态系统的恢复重建。社会效益目标的实现则能够保障农民收入水平的提高和区域城镇化进程的推进。

在我国，由于种种原因，农业用水和工业用水大量挤占生态用水已成普遍事实。毫无疑问，生态用水是水资源—生态环境—经济—社会这一复杂系统的重要保障，具有重要的经济、社会与生态效益，是区域经济社会可持续发展的关键。朱一中等（2003）认为，西北内陆干旱区社会经济和生态环境系统适宜的耗水比例为 1∶1，而黑河中游地区生态用水严重不足，仅占到总用水量的 7.3%左右。因此，水土资源组合的严重不均衡性导致黑河中游生态环境异常脆弱，已对区域可持续发展构成严重威胁。

如果在生态用水一定的条件下，水资源的经济承载能力即最大的经济发展规模可用万元产值耗水量进行计算，即

$$\max GDP = \sum_{i}^{n} W d_i e_i (i = 1,2,3,\cdots,n) \tag{1.22}$$

式中 GDP——万元产值耗水量；

W、d_i 和 e_i——研究区水资源总量、第 i 种产业的水资源分配系数和第 i 种产业的单方水效益。

研究区内甘州、临泽、高台三县区 2016 年水资源承载力预测结果见表 1.14。

表 1.14 研究区内三县区 2016 年水资源承载力预测结果

县区	人口/万人	最大 GDP/万元	水资源可供量/亿 m^3	需求水资源量/亿 m^3
甘州区	50.6	815260	7.93	8.77
临泽县	15.3	233170	4.34	4.86
高台县	18.7	234659	3.50	4.01

1.4.7 水资源超载的量化及评价

本研究用水资源承载能力平衡指标 I 来衡量研究区水资源对经济社会发展支撑能力的大小，即

$$I = 1 - W_{需}/W_{供} \tag{1.23}$$

式中 $W_{需}$——区域需水总量；

$W_{供}$——区域总供水量。

$I<0$，说明已超出研究区水资源承载能力且可利用的水资源量对研究区经济社会系统无支撑能力，水资源已成为经济社会发展的短板，针对水资源问题应采取有效措施并及时解决。I 越小，水资源的超载程度也越严重。

$I=0$，说明处于研究区水资源承载能力的临界状态且必须尽早采取行之有效的改善措施才可实现水资源的持续利用。

$I>0$，说明研究区水资源处于良好的供需状况，经济和人口发展规模在水资源承载能力之内。I 值越大，水资源承载能力越大。

通过计算，以甘州、临泽、高台三县区为代表的黑河中游 $I=-0.118<0$，表明研究区水资源已呈超载状态。其中甘州区 $I=-0.106$，临泽县 $I=-0.118$，高台县 $I=-0.145$，均呈超载状态，以高台县水资源超载最为严重，甘州区超载最轻。

到2016年，研究区内甘州、临泽、高台三县区水资源供需将呈不平衡态势，其可供水量均小于水资源需求量，约占需求量的90%。

因为经济作物的生产效益高于粮食作物，所以粮食生产必将受到巨大冲击，其总产量必然会有所下降。当然，研究区内甘州、临泽、高台三县区水资源的承载能力尚能保证粮食的安全，这是由于使粮食安全得以保障的耕地仅占总耕地面积的28.4%左右，但水资源无法承载计算水平年的所有耕地面积，其耕地超载面积预计达2.1万 hm^2，甘州、临泽、高台三县区将分别有1.1 hm^2、0.4 hm^2 和0.6万 hm^2 超载耕地。

1.4.8 黑河中游生态用水分类与估算

环境的变化和人类对资源的不合理开发利用，引起了许多与水利有关的生态环境问题。如河流断流，湖泊萎缩干涸，湿地面积缩小，水土流失，河床淤积，土地盐碱化、沙漠化加剧，植被衰退，生物多样化锐减等。上述问题的解决，不仅要对有限的水资源进行合理分配，还必须采取必要措施改善水分循环，使生态环境向良性循环发展。而对生态用水的全面认识，则是解决生态用水问题的前提。

研究区水资源总用量依据其用途可分为生态用水量和国民经济系统用水量两部分。绿洲是干旱区人类活动的中心所在，因此干旱区生态用水的主体即为绿洲。如前所述，基于绿洲生命支持系统来源和研究区实际，可以把研究区生态用水分为绿洲组分系统生态用水和绿洲外环境系统生态用水。黑河中游生态用水分类见表1.15。

表1.15 黑河中游生态用水分类

生态用水分型		组成要素	分布
绿洲组分系统生态用水	刚性的生态用水	护田林网、护路和护渠林	人工绿洲系统
	弹性的生态用水	薪炭林、专用林及园林	人工绿洲系统
	城市生态用水	城市公共绿地、专用绿地、防护绿地及城市水体	各县、区、市城区
绿洲外环境系统生态用水	荒漠植被生态用水	荒漠草地、草原化荒漠草地、荒漠化草原草地	张掖市西北部
	低地草甸生态用水	芨芨草、芦苇及骆驼刺等	低洼地及地下水较高地段

由于引起生态环境问题的原因多种多样，对生态用水的分类，从不同角度或按不同的原则可得到不同的结果。按照生态环境与人类关系的密切程度，针对黑河中游实际情况并综合已有研究成果，也可将生态用水分为绿洲人工林生态用水、城市生态用水、荒漠植被生态用水和低地草甸生态用水几类进行估算。然而，对于生态用水的计算首先要确定植被区土壤含水量 SWC 和蒸散量 ET_a。

1.4.8.1 植被区土壤含水量确定

引用黑河中游不同类型植被TM影像解译数据（何志斌，2005），植被区主要包括乔木林、灌木林、草地三种类型，土壤含水量的确定以生态用水等级概念和植被生长现状所能发挥的生态功能为标准。黑河中游植被区土壤含水量见表1.16。

表 1.16 黑河中游植被区土壤含水量

生态用水等级	植被类型	4—10月平均土壤含水量/%	植被属性
临界值	草地	1.86±0.23	绿洲边缘荒漠戈壁植被、泡泡刺沙包和沙丘柽柳等
	灌木林	1.94±0.31	梭梭林、花棒、柠条等
	乔木林	2.32±0.52	绿洲内杨树林
最适值	草地	2.79±0.42	沙地芦苇、丘间草地等
	灌木林	3.23±0.61	梭梭林、柽柳林和沙柳林等
	乔木林	5.60±0.89	绿洲防护林，如杨树、沙枣等
饱和值	草地	8.62±0.76	骆驼刺、沙蒿+芦苇、苦豆子、黑果枸杞等
	灌木林	13.21±1.12	柽柳、沙柳等
	乔木林	18.15±2.42	农田防护林

1.4.8.2 植被区蒸散量确定

在水分不足情况下，实际蒸散量与潜在蒸散量成正比，即

$$ET_a=\beta ET_p$$
$$\beta\approx w/w_k \tag{1.24}$$

式中 ET_a——实际蒸散量，mm；

ET_p——潜在蒸散量，mm；

β——蒸发比系数；

w——土壤实际含水量，mm；

w_k——临界土壤含水量，其值大约为田间持水量的70%～80%，mm。

黑河中游蒸发比系数见表1.17。(王根绪和程国栋，2002)。

表 1.17 黑河中游蒸发比系数

生态用水等级	乔木林地	灌木林地	草地
临界值	0.1162	0.0971	0.0978
最适值	0.2940	0.1617	0.1463
饱和值	0.7563	0.6615	0.4317

1.4.8.3 绿洲人工林生态用水

调查结果表明，为阻止沙漠化入侵黑河中游绿洲平原区的人工林网建设发展迅速。目前研究区已建成长达440km、面积达2万hm^2以上的大型防风固沙林带15条，保护农田有效面积达6.67万km^2，在沙区造林面积约9万hm^2，建成绿洲防护林网达23657hm^2，总计约13.37万hm^2（徐中民等，1999）。防护林主要为沙枣树、红柳、杨树和柳树，以上树种的组合可反映人工树种的组成结构。此外，区域内薪炭林占10.2hm^2，以杨、柳树为主，灌溉定额3004m^3/hm^2，客观上起到提高绿洲覆盖度和加强绿洲保护功能的作用，其用水也计算在生态用水之内。黑河中游绿洲人工林生态用水量见表1.18。

表 1.18 黑河中游绿洲人工林生态用水量

类型	树　　种	灌溉定额/(m^3/hm^2)	面积/hm^2	生态用水/m^3
防护林	红柳、柳、杨、沙枣等	3003	13.37×10^4	4.0×10^8
薪炭林	杨、柳、沙枣	3004	10.24	3.0×10^4

1.4.8.4 城市生态用水

城市生态用水指为了改善城市环境而人为补充的用水量，主要有公园、城市绿地及园林用水等，主要包括城市公共绿地、生产绿地、防护绿地、专用绿地及风景区绿地等。参照陈仲全和詹启仁（1995）依据水热平衡原理与拜伦公式计算所求的 $5621m^3/hm^2$ 灌溉定额，计算求得研究区城市生态用水量为 $0.3\times10^8m^3$。黑河中游生态用水量见表 1.19。

表 1.19 黑河中游生态用水量

项目	人工系统生态用水			天然系统生态用水		总计
	刚性生态用水	弹性生态用水	城市生态用水	荒漠植被生态用水	低地草甸生态用水	
用水量/10^8m^3	4.0	0.0003	0.3	4.6	0.9	9.8003
比例/%	40.82	0	3.06	46.94	9.18	100

1.4.8.5 荒漠植被生态用水

研究区荒漠植被主要在绿洲外围分布，主要有荒漠、绿洲及荒漠交错带三部分，因超载过牧而使草场被严重破坏，也称生态脆弱带。研究区荒漠植物也包括生态脆弱带以外的荒漠植被，为绿洲第一道屏障所在。处于绿洲外围的荒漠系统和绿洲生态经济系统及绿洲水源区生态系统有序地镶嵌在一起，主要有天然荒漠草地、荒漠化草原草地及草原化荒漠草地三类。天然荒漠草地主要植物有合头草、红砂、盐爪爪等，面积 $475081hm^2$，荒漠化草原草地主要有珍珠、合头草、驴驴蒿、短花针茅等，面积 $367923hm^2$，草原化荒漠草地主要有合头草、珍珠、针茅等，面积 $126040hm^2$。荒漠植被面积共有 $969044hm^2$，主要是盐爪爪、珍珠和合头草等种类，可按间接推求法计算其生态用水定额，荒漠植被系数取 1.6（由 2～4m 的平均值计算所得）。最后计算出荒漠植被生态用水量为 $4.6\times10^8m^3$（表 1.19）。根据陈仲全和詹启仁（1995）等的研究，该荒漠植被区地下水可补给量为 $0.16\times10^8m^3$，然而荒漠水系统的入渗量约为 $0.8\times10^8m^3$，但蒸发量却高达 $3.56\times10^8m^3$，荒漠植被生态用水总量为 $4.54\times10^8m^3$，这与本研究结果极为接近。

1.4.8.6 低地草甸生态用水

研究区低地草甸主要分布在海拔高度为 1300～1500m 的低洼地带和地下水埋深较浅的地段，主要有芨芨草、芦苇、骆驼刺、莎草等，总面积 $165555hm^2$，是发展畜牧业的重要基础。研究表明，该区类似芨芨草—无脉苔群落的蒸腾耗水量达 $4463m^3/hm^2$（郎百宁等，1983）。但这是在灌溉条件下的情况，与天然状态下的差别较大。采用间接方法计算，1～2m潜水蒸发量为 $1383m^3/hm^2$，植被系数取值 1.9，由间接推求法计算出研究区低地草甸生态用水量为 $0.9\times10^8m^3$（表 1.19）。

因此，研究区生态用水量约 $9.8\times10^8m^3$，其中天然系统生态用水量约 $5.5\times10^8m^3$，约占56.1%，用水量最大的是荒漠植被，达$4.6\times10^8 m^3$；人工系统用水量约$4.3\times10^8 m^3$，约占43.8%，其中人工系统生态用水最多的是防护林，用水量约$4.1\times10^8 m^3$，约占41.3%，而其他林分用水所占比例很小，仅占0.003%。这与司建华等（2004）的研究结果较为一致。

1.4.9 确保生态用水的战略对策及建议

长期以来，人口的迅猛增长和经济的快速发展造成对河西内陆河流域的黑河中游地表水资源的过度引用和地下水资源的超量开采，导致该流域内水资源矛盾日益突出，生态环境日趋恶化，黑河断流频繁，沙尘暴灾害逐年加剧。因此，水资源合理利用是该区生态环境保护和可持续发展的核心。一般而言，不致影响生态环境的水资源合理开发利用率的国际标准为不超过40%，由于水资源紧缺，我国采取的标准为60%～70%，而目前黑河中游水资源开发利用率已达95.5%以上，属水资源的过度开发利用。

黑河中游的自然条件和社会经济条件的复杂多样性决定了该区水资源保护和生态环境治理与建设不能采用单一模式，只能进行综合整治。而要确保该区生态用水，必须坚持多措并举、统筹安排、科学规划，多方面、多层次、多角度地整体规划，超前谋划，合理计划，上下联动，统一实施，才能达到预期效果。本研究认为，应从以下方面进行生态用水保障战略对策的实施：

（1）以水资源合理开发利用为核心，为已破坏生态环境恢复重建与当前生态用水留有一定余地，创造改善生态环境的基本条件。黑河中游水资源极为短缺，如何利用有限的水资源创造最大的财富，同时不致产生明显的生态环境破坏与退化就成为该区经济、社会发展中亟待解决的问题。据资料统计，河西内陆河20世纪50—90年代地下水总补给量已减少20%～30%（金自学，2003），而目前地下水位仍以年均0.5～1.0m的速度锐减，祁连山雪线近年来也已上升1m以上。因此，必须从战略全局的高度出发，以流域为整体，统一考虑黑河中游水资源持续利用规划，充分重视流域内地下水与地表水资源的综合开发利用，统筹安排，开发与保护、节约兼顾，在开发中保护，在保护中开发，将两者有机结合起来，发展节水型生态经济农业，为已破坏生的生态环境恢复重建与当前生态用水留有一定余地，努力创造改善生态环境的基本条件。

（2）进行合理的水功能区划，处理好农业灌溉用水、工业生产用水、城市生活用水与生态用水之间的关系。水功能区划是水资源保护管理的重要依据，要利用和管理好黑河中游的水资源，就必须划定水体功能，充分认识“水量”和“水质”这两个水资源的基本属性，根据水资源可再生能力与自然环境的可承受能力，科学合理地开发利用现有水资源，正确处理农业灌溉用水、工业生产用水、城市生活用水与生态用水之间的关系，将用水与节水相结合，从而实现该流域水资源的永续利用和生态环境、经济、社会的可持续发展。

（3）依靠科技进步，突破流域水资源瓶颈障碍，逐步提高流域生态用水比例，实现水资源管理、生态用水保障及生态环境保护“三统一”。依靠科技进步，加强矿产资源勘探和开发利用，发展特色旅游业；依法加强水资源管理，突破流域水资源瓶颈障碍并适度逐步增加生态用水并制定具体管理的规定和措施，确保水资源管理、生态用水保障及生态环境保护“三统一”的实现。

（4）建立城乡节约用水保障体系，为生态用水留出水量。各级水利和农业部门应大力研发、推广和应用节水灌溉新技术、新设备，逐步建立城乡节约用水保障体系，力求为流域生态用水留出较多水量。

(5) 进一步优化配置水资源，在降低水资源利用成本的同时满足一定量的生态用水。应多措并举，有效控制地下水水位和开采量，实行科学布局，有序开发，限制超采，逐步做到流域地下水采补平衡，在降低水资源利用成本的同时满足一定量的生态用水。

(6) 因地制宜发展特色农业，缓解农业用水和生态用水的矛盾。黑河中游荒漠绿洲与戈壁、沙丘相间，有着良好的天然隔离作用，局部沙漠小气候使种子能够完全自然干燥、脱水。特殊的气候条件，结合自交系自身生产潜力，玉米制种产量较高，大大降低了种子成本。当然，干燥的气候条件也使病虫害发生较轻，适宜于玉米、瓜菜、棉花、油菜、花卉、马铃薯、牧草等 20 多种作物制种。同时，特定的气候条件还可培育出耐旱植物品种，通过适宜的植被组合，可减小农业用水量，增加生态用水量，从而缓解农业用水和生态用水的矛盾。

(7) 发展高效农业节水新技术，满足生态需水要求。应在致力于节水型高效生态农业发展的同时，改变以农为主的经济结构，增强公众节水意识，建立节水型社会。首先，应完善干、支渠衬砌，使水资源利用率在现有 40%～50%的水平上提高 10%以上；其次，要积极推广应用田间节水灌溉高新技术。具体措施如下：①农渠采用 U 形槽衬砌，实行小畦灌，可使斗渠以下渠道水利用系数提高到 0.85 以上；②大力推广膜上灌技术，膜上灌溉与沟灌相比，可节水 75%以上；③科学安排灌溉时间，准确监测土壤含水量，在作物需水关键期进行灌溉，可显著降低灌溉量、用电量并提高产量。

在以农业为主的人工绿洲及其外围，生态用水和农业用水比例以 1∶3 为宜，而在植被保护区，生态用水与农业用水应保持在 3∶1 为宜，且可利用节约的水资源种草种树，改善生态环境。

(8) 妥善解决人口问题，减少水资源消耗，增加生态用水。人口问题是引发资源危机和环境破坏的根本因素和先决条件。应使流域内人口增长、人口素质与社会生产力发展相适应，从而减少水资源消耗，增加生态用水，实现环境生态和经济、社会的协调发展。针对黑河中游尤其是农村和边远山区人口素质不高的现状，应持之以恒地贯彻实施“科教兴国”伟大战略，普及九年制义务教育，加强形式多样的文化教育和职业培训，逐步培养和造就大量德才兼备的科技人才，从根本上提高该区人口的整体科学文化素质，将环境保护、生态改善和水资源合理开发利用纳入城乡居民的教育之中，逐步提高人们的人口意识、资源意识和环境生态意识。

(9) 努力提高全民生态用水保障意识和生态环境保护意识。针对人民群众生态用水保障意识和生态环境保护意识普遍不强的现状，要通过举办培训班、示范点和邀请专家现场指导及通过广播、电视宣传、散发材料等方法，对流域内群众进行水资源可持续利用、节水灌溉（微喷灌、滴灌、渗灌、管灌、非充分灌溉等）原理与技术、荒漠化生态管理基础知识、区域生态用水及治理对策、生物和工程固沙原理与技术、沙化草场治理技术等生态用水保障、生态环境保护意识及技术的培训，提高其生态用水保障、生态环境保护意识与技能。

(10) 发展绿洲农业经济，对流域内水资源重新进行优化分配，留出一定量的生态用水。对流域内水资源重新进行优化分配，留出一定量的生态用水，以保护流域绿洲为中心进行生态环境建设，重点保护绿洲及其外围草地或乔、灌、草，防治风沙盐碱，退耕还林还草。首先，进行以护田林网为主的绿洲林业生态工程体系建设，在流域内沙漠化严重地带构筑以绿洲为中心、贯穿绿洲边缘至外围的“阻、固、封”相结合的林业防护体系。其次，营造防风固沙林带，在绿洲边缘营造以旱生灌木为主的防风固沙林带（树种选用红柳、花棒、白刺、梭梭等），而在绿洲与沙漠、戈壁交界处则要先设置阻沙带后再建立防风固沙林带。然后，完善农田防护林网，绿洲内部农田防护林网采用乔灌草相结合的多树种混交林（乔木宜采用臭椿、刺槐等，灌木宜采用穗槐、沙枣等），提高其防风固沙和改善区域微气候与生态环境的能力。再次，建立保护荒漠地带天然植被的封沙育草带，通过禁止放牧、樵采和封育保护措施，依靠自然生态系统自我恢复能力和自我调节机制来实现荒漠化区域的生态环境恢复。最后，建立生态经济型防护林体系，实现经济与生态环境协调发展。实践表明，生态经济型防护林体系有效配置模式为防护林：经济林＝4：1（防护林内部各林种比例为农防林：固沙林：牧防林＝1：6.4：3）（王秀珍等，2003）。

（11）生态用水优先，加大生态环境综合治理力度，加强对受损生态系统恢复与重建所需水量的研究。面对黑河中游农业用水严重挤占生态用水的现状，应因水种植、分类供水，合理控制地下水位，严格控制耗水量，加强对降水、流沙地含水量、蒸发量、地表径流、林地渗透量间关系和受损生态系统恢复与重建所需水量的研究。

综上所述，西部大开发以来，河西内陆河流域的黑河中游经济社会发展初见成效，但随着人口增加和经济发展，“三生”用水矛盾一直存在，生态环境承载加重，生态退化问题愈加突出。同时，黑河中游气候干旱，生态环境脆弱，抵抗人为干扰的能力差，生态环境一旦破坏就很难恢复。因此，必须充分认识生态环境建设的长期性与艰巨性，坚持统筹规划、突出重点、量力而行，既不能随意加大治理任务，随意要求提前“大见成效”，也不能等闲视之。要特别注重提高生态环境建设质量，强调生态环境建设的长期性与连续性。相应地，必须从思想上充分认识上述生态用水保障对策实施的长期性与艰巨性，将其与生态用水研究作为确保黑河中游生态用水安全的一项战略性任务常抓不懈，务求取得实效，真正实现为区域经济社会发展保驾护航的目的，从而实现环境生态、经济、社会的全面协调可持续发展。

1.5 主要结论

1.5.1 地表水和地下水资源量

研究区地处黑河中游，境内有可供开发利用的大小河流共26条，均发源于祁连山北麓，出山口多年平均年径流量24.75亿m^3，其中黑河干流莺落峡站15.80亿m^3，梨园堡站2.37亿m^3，其他各支流6.58亿m^3，水资源总量26.50亿m^3。

1.5.2 水资源承载力

在遵循水资源合理配置目标和原则的基础上，综合分析了研究区水资源配置及生活、工业、农业、生态林草的需水预测，分析建立了水资源合理配置模型和承载力指标体系及其计算模型，根据其形成了超载评价与量化结论，为区域生态用水估算提供了依据。

水资源承载力分析表明，以甘州、临泽、高台三县区为代表的黑河中游水资源承载能力平衡指标$I=-0.118<0$，表明研究区水资源已呈超载状态。其中甘州区水资源承载能力平衡指标$I=-0.106$，临泽县$I=-0.118$，高台县$I=-0.145$，均呈超载状态，以高台县水资源超载最为严重，甘州区超载最轻。到2016年，研究区内甘州、临泽、高台三县区水资源供需将呈不平衡态势，其可供水量均小于水资源需求量，约占需求量

的 90%。

1.5.3 生态用水

基于绿洲生命支持系统来源和研究区实际，可以把研究区生态用水划分为绿洲组分系统生态用水和绿洲外环境系统生态用水；而按照生态环境与人类关系的密切程度，针对黑河中游实际情况并综合已有研究成果，也可将生态用水分为四类进行分析研究，即绿洲人工林生态用水、城市生态用水、荒漠植被生态用水和低地草甸生态用水。

生态用水估算表明，研究区生态用水量达 $9.8\times10^8 m^3$，其中天然系统用水量 $5.5\times10^8 m^3$，约占 56.2%，用水量最大的是荒漠植被，达 $4.6\times10^8 m^3$；人工系统用水量约 $4.3\times10^8 m^3$，占 43.8%，其中人工系统以防护林生态用水最多，用水量约 $4.0\times10^8 m^3$，占 41.3%，而其他林分用水所占比例很小，只占 0.003%。

计算方法方面，通过综合分析估算研究区整个系统的生态用水定额，发现间接计算法和景观生态用水计算模型一致，结合直接估算法和间接推求模型计算干旱区生态用水具有可行性和准确性。

1.5.4 确保生态用水的战略对策

长期以来，人口的迅猛增长和经济的快速发展造成黑河中游地表水资源的过度引用和地下水资源的超量开采，导致该流域内水资源矛盾日益突出，生态环境日趋恶化，黑河断流频繁，沙尘暴灾害逐年加剧。河西内陆河流域黑河中游自然条件和社会经济条件的复杂多样性决定了该区水资源保护和生态环境治理与建设不能采用单一模式，只能进行综合整治。而要确保黑河中游生态用水，必须坚持多措并举、统筹安排、科学规划，多方面、多层次、多角度地去整体规划，超前谋划，合理计划，上下联动，统一实施。必须从思想上充分认识生态用水保障对策实施的长期性与艰巨性，将其与生态用水研究作为确保河西黑河中游生态用水安全的一项战略性任务常抓不懈，务求取得实效。

针对黑河中游水资源的严峻形势和突出的生态环境问题，应从 11 个方面进行生态用水保障战略对策实施：①以水资源合理开发利用为核心，为已破坏生态环境恢复重建与当前生态用水留有一定余地，创造改善生态环境的基本条件；②进行合理的水功能区划，处理好农业灌溉用水、工业生产用水、城市生活用水与生态用水之间的关系；③依靠科技进步，突破流域水资源瓶颈障碍，逐步提高流域生态用水比例，实现水资源管理、生态用水保障及生态环境保护“三统一”；④建立城乡节约用水保障体系，为生态用水留出水量；⑤进一步优化配置水资源，在降低水资源利用成本的同时满足一定量的生态用水；⑥因地制宜发展特色农业，缓解农业用水和生态用水矛盾；⑦发展高效农业节水新技术，满足生态需水要求；⑧妥善解决人口问题，减少水资源消耗，增加生态用水；⑨努力提高全民生态用水保障意识和生态环境保护意识；⑩发展绿洲农业经济，对流域内水资源重新进行优化分配，留出一定量的生态用水；⑪生态用水优先，加大生态环境综合治理力度，加强对受损生态系统恢复与重建所需水量研究。

1.6 问题与展望

1.6.1 应用前景

（1）基于绿洲生命支持系统来源和研究区实际将黑河中游生态用水划分为绿洲组分系统

生态用水和绿洲外环境系统生态用水，且按照生态环境与人类关系的密切程度将生态用水分为绿洲人工林生态用水、城市生态用水、荒漠植被生态用水和低地草甸生态用水四类。这是对我国生态用水分类研究的丰富与完善，为结合区域实际进行生态用水分类提供了好的思路与方法。

（2）结合区域实际情况并借鉴已有研究成果，结合直接计算和间接推求模型综合分析估算生态用水，弥补了以往单纯定性或定量估算的不足，对干旱内陆河流域生态用水研究具有一定的借鉴意义，在结合区域实际进行生态用水分析估算方面具有较好的应用前景。

（3）本研究在确保生态用水的两个“必须”原则前提下针对研究区水资源严峻形势和突出的生态环境问题提出 11 条行之有效的确保生态用水的战略对策，对保障我国西北干旱内陆河流域生态用水安全具有重要借鉴作用，应用前景十分广阔。

（4）本研究部分成果已在河西黑河中游的临泽县得到了广泛应用并取得了显著的经济、社会和生态效益。

1.6.2 问题与展望

（1）本研究对黑河中游水资源承载力、生态用水分类与估算、确保生态用水的战略对策进行了分析探讨，但对水资源持续利用规划和节水型生态系统结构的优化研究尚未涉及，此方面内容有待于更进一步的研究。

（2）本研究以位于河西内陆河流域黑河中游的张掖市为典型实例对其生态用水进行了初步的综合分析研究，要深入研究整个流域生态用水并揭示其一般性规律尚需进行充分调研并掌握大量第一手资料，这样才可为流域生态用水研究提供更加丰富的实证，从而有利于其进一步丰富与完善。

参 考 文 献

［1］ Covich A，Gleick P H. Water and ecosystems［C］//Water in Crisis—A Guide to the World's Fresh Water Resources. New York：Oxford University Press，1993.

［2］ Gleick P H. Water in crisis：path to sustainable water use［J］. Ecological applications，1996，8（3）：571-579.

［3］ 陈仲全，詹启仁．甘肃绿洲［M］．北京：中国林业出版社，1995.

［4］ 何志斌，赵文智，方静．黑河中游地区植被生态需水量估算［J］．生态学报，2005，25（4）：5-10.

［5］ 贾宝全，慈龙俊．新疆用水量的初步估算［J］．生态学报，2000，20（3）：244-246.

［6］ 贾宝全，许英勤．干旱区生态用水的概念和分类［J］．干旱区地理，1998，21（2）：8-12.

［7］ 金自学，张芬琴．河西走廊水资源变化对环境生态的影响［J］．水土保持学报，2003，17（1）：37-40.

［8］ 郎百宁，车敦仁，韩志林．芨芨草群落蒸腾强度及耗水量研究［J］．中国草原，1983（2）：16-19.

［9］ 李丽娟，郭怀成，陈冰，等．柴达木盆地水资源承载力研究［J］．环境科学，2000，21（2）：20-23.

［10］ 李丽娟，郑红星．海滦河流域河流系统生态环境需水量计算［J］．地理学报，2000，55（4）：495-500.

［11］ 刘昌明．关于生态需水量的概念和重要性［J］．科学对社会的影响，2002，2（1）：25-29.

[12]　刘昌明．中国21世纪水供需分析：生态水利研究［J］．中国水利，1999（10）：18-20.
[13]　满苏尔·沙比提，玉素浦江·买买提，胡江玲．新疆渭干河——库车河三角洲绿洲生态需水研究［J］．干旱区研究，2008，25（3）：325-330.
[14]　钱正英，张光斗．中国可持续发展水资源战略研究综合报告及各专题报告［M］．北京：中国水利水电出版社，2001.
[15]　申元村．绿洲发展面临的挑战、目标——21世纪研究展望［J］．干旱区资源与环境，2000：14-16.
[16]　沈灿燊．第五次全国水文学术会议论文集［M］．北京：科学出版社，1992.
[17]　司建华，龚家栋，张勃．干旱地区生态需水量的初步估算［J］．干旱区资源与环境，2004，18（1）：48-53.
[18]　孙跃强，张天勇，段玉玺，等．宁夏盐池县生态用水的初步研究［J］．水土保持研究，2007，14（6）：140-142.
[19]　汤奇成，曲耀光．中国干旱区水文及水资源利用［M］．北京：科学出版社，1992.
[20]　汤奇成．绿洲的发展与水资源的合理利用［J］．干旱区资源与环境，1995，9（3）：107-111.
[21]　王根绪，程国栋．干旱内陆流域生态需水量及其估算——以黑河流域为例［J］．中国沙漠，2002，22（2）：5-10.
[22]　王礼先．生态环境用水的界定和计算方法［J］．中国水利，2002（10）：28-30.
[23]　王让会，宋郁东，樊自立，等．塔里木流域"四源一干"生态需水量的估算［J］．水土保持学报，2001，15（1）：19-22.
[24]　王秀珍，王礼先，谢宝元．黑河流域生态环境建设问题［J］．水土保持学报，2003，17（1）：33-36.
[25]　吴申燕．塔里木盆地水热状况研究［M］．北京：海洋出版社，1992：12-13.
[26]　徐中民，程国栋，王根绪．生态环境损失价值计算初步研究［J］．地球科学进展，1999，14（5）：498-504.
[27]　严登华，何岩，邓伟，等．东辽河流域河流系统生态需水研究［J］．水土保持学报，2001，15（1）：46-49.
[28]　杨志峰，崔保山，刘静玲，等．生态环境需水量理论、方法与实践［M］．北京：科学出版社，2003.
[29]　张光斗．面临21世纪的中国水资源问题［J］．地球科学进展，1999，2（1）：16-18.
[30]　张卫强，李世荣，贺康宁．山西省生态环境用水初探［J］．中国水土保持科学，2003，1（1）：45-48.
[31]　赵文智，程国栋．干旱区生态水文过程研究若干问题评述［M］．北京：科学出版社，2001.
[32]　郑洲，郑旭荣，李玉芳．绿洲生态水权界定及其分配［J］．干旱区资源与环境，2008，22（8）：71-75.
[33]　朱一中，夏军，谈戈．西北地区水资源承载力分析预测与评价［J］．资源科学，2003，25（4）：43-48.
[34]　左其亭．干旱半干旱地区植被生态用水计算［J］．水土保持学报，2002（3）：114-117.
[35]　左其亭，周可发，杨辽．关于水资源规划中水资源量与生态用水量的探讨［J］．干旱区地理，2002（4）：296-301.

第2章　河西黑河中游（临泽）生态恢复技术研究

2.1　河西黑河中游（临泽）土地荒漠化影响因素研究

2.1.1　概述

土地荒漠化是当前世界十大环境问题之一。按照《联合国防治荒漠化公约》对荒漠化的定义，荒漠化（desertification）指由于气候变异（包括极干旱、干旱、半干旱、亚湿润干旱和湿润）和人为活动在内的各种因素作用下形成的具有风沙活动及风沙地貌景观的沙漠（地）、戈壁、风蚀残丘（劣地）、潜在荒漠化土地。荒漠化对人类生存和发展构成了严重威胁，我国是荒漠化发展最严重国家之一，我国已荒漠化的土地和易受荒漠化影响的土地合计达332.7万km^2，高达国土面积的34%。近年来，我国荒漠化发展迅速，在危及区域内群众生存发展的同时，严重威胁着生态安全、粮食安全与经济社会发展，每年因荒漠化造成的直接经济损失高达642亿元。而我国荒漠化主要分布在北方地区，其中甘肃省是受荒漠化危害严重的省份，石建忠和赵洪民等研究表明，甘肃省荒漠化土地面积1999—2009年变化总体呈递减趋势，土地荒漠化趋势有所逆转，但甘肃省荒漠化土地面积大、逆转过程缓慢。

荒漠化是自然因素和人为因素共同作用的结果，气候变异是影响土地荒漠化的重要因素。研究发现，全球气候正在变暖，联合国政府间气候变化专门委员会（Intergovernmental Panel on Climate Change，IPCC）第三次评估报告也指出，全球气候发生了显著变化。在过去100年里，我国气温上升了0.4～0.5℃，降水量除西部部分地区有所增加外均呈减少趋势，但西北地区光照较强，蒸发强烈，气候变化总体朝暖干化发展，阻碍着荒漠化逆转。同时，人类活动是影响土地荒漠化的另一重大因素。随着社会的发展，人口数量快速增长，物质需求增加，对资源的索取不断加强，过度攫取资源必将使资源枯竭、生态退化。其中，人口增长、不合理垦荒、过度放牧等是导致土地荒漠化的主要因素。目前，研究者们多从大范围出发对沙漠化进行研究，而对小地区的荒漠化研究较少。因此，本章从气候变化和人类活动入手对临泽县土地荒漠化影响因素进行分析，以期为沙漠化防治和生态恢复研究提供有价值的参考。

2.1.2　研究区概况

临泽县地处黄土高原、青藏高原和内蒙古高原的交汇地带，位于东经99°51′～100°30′，北纬38°57′～39°42′。地势南北较高，中间较低，形成U形地貌，海拔为1350～2278m，从南向北依次分布着山间盆地、戈壁、平原、农耕区等。气候属典型温带大陆性干旱荒漠气候，热量充足，光能丰富，干燥少雨，风大风多，温差较大。恶劣的气候条件使生态环境变得脆弱，历史上的很多河流干涸、湖泊已不复存在。目前，横穿县境的黑河地表径流量，顺河流方向自上而下顺序依次在减少，水资源短缺问题与日俱增，环境容量下降严重。再加上人口不断增长引发的滥垦、滥挖、滥采、过牧等不合理的人为活动，导致耕地面积扩张，天然植被退化，昔日的绿洲萎缩，生态破坏。加之临泽县地处巴丹吉林沙漠边缘，沙源丰富，沙化现象普遍，出现“人进沙退”和“沙进人退”并存的状况，形成了沙漠危逼绿洲的严峻态势，以致整个河西地区社会经济的可持续发展受到严重威胁。

2.1.3　研究内容与研究方法

2.1.3.1　研究内容

荒漠化演变影响因素是指能够引起荒漠化区域分布格局和发展趋势改变的主要自然因素和社会经济因素，是一个由气候、地理条件和人类活动相互作用的复杂系统。气候变化是影响荒漠化发展和逆转的主要因素之一，降水、气温、风速等从多方面以不同程度对荒漠化产生影响。同时，人类活动是荒漠化的另一重要影响因素，主要包括人口增长、垦荒、放牧等经济活动，且有研究发现人类活动对荒漠化的影响大于气候变化的影响。本章通过对临泽县荒漠化状况及其影响因素研究，探讨气候变化和人类活动对荒漠化发展的可能（正或逆）影响。

2.1.3.2　研究方法

本章对荒漠化土地类型及其分布状况进行统计，同时，采用线性倾向估计法对近 50 年来的气候资料进行分析，其中组成年为 1—12 月，季节划分为：春季 3—5 月、夏季 6—8 月、秋季 9—11 月、冬季 12 月至翌年 2 月。另外，选取典型代表年对临泽县人口、耕地面积、牲畜（牛、羊）量和经济结构变化进行研究。用 OriginPro 软件进行回归分析。

2.1.4　结果与分析

2.1.4.1　土地荒漠化现状

临泽县沙化土地类型及分布面积见表 2.1，全县总面积为 272730hm²，其中未沙化地面积为 95388.4hm²，仅占全县土地面积的约 34.98%，有明显沙化趋势土地面积为 1611.7hm²，占全县土地面积的约 0.59%，而沙化土地面积为 175729.9hm²，约占全县土地面积的 64.43%，接近全县土地面积的 2/3，远远高于 27.3%的全国比例，以致荒漠化在自然条件下很难逆转。

沙化土地按区域可划分为“三带”，北部沙带位于合黎山前洪积扇区，该区面积为 146394.6hm²，区内戈壁、流动沙丘面积较大，78.50%土地沙化，沙化严重，植被稀少，覆盖度低。中部沙带界于黑河以南的绿洲带与沼泽带之间，由西北向东南延伸，长达 40 余千米，南北宽 3～5km，面积 82348.8hm²，其中 33.51%的土地沙化，以固定沙丘为主，人沙争地现象突出。南部沙带分布于新华镇兰新铁路与甘新公路之间，该区面积 43986.6hm²，区内 75.52%的土地沙化，多以戈壁为主，有些沙丘高度较高、流动性较大。

表 2.1　临泽县沙化土地类型及分布面积

沙漠化土地类型	北部沙带		中部沙带		南部沙带	
	分布面积/hm²	占全县土地比例/%	分布面积/hm²	占全县土地比例/%	分布面积/hm²	占全县土地比例/%
流动沙丘	10227.60	3.75	5669.00	2.08	1092.80	0.40
半固定沙丘	8243.60	3.02	2354.60	0.86	67.70	0.02

续表

沙漠化土地类型	北部沙带		中部沙带		南部沙带	
	分布面积/hm^2	占全县土地比例/%	分布面积/hm^2	占全县土地比例/%	分布面积/hm^2	占全县土地比例/%
固定沙丘	55488.90	20.35	15528.80	5.69	1458.70	0.54
戈壁	40954.10	15.02	4045.20	1.48	30598.90	11.22
有沙化趋势土地	782.4	0.29	416.2	0.15	413.1	0.15
未沙化土地	30698.00	11.26	54335.00	19.92	10355.4	3.80

注 数据来源于临泽县林业局2009年资料。

2.1.4.2 自然影响因素

1. 降水

临泽县多年平均月降水量和年降水量变化曲线如图2.1所示。

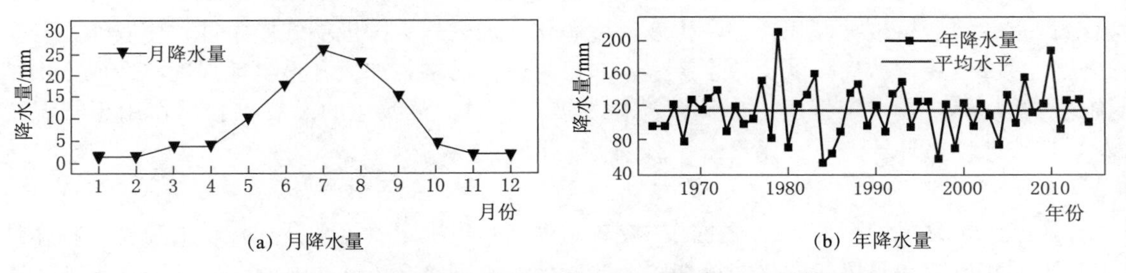

图2.1 临泽县多年平均月降水量和年降水量变化曲线

从图2.1（a）可以看出，全年降水量的分布极不均匀，主要集中在6—9月，占全年降水的72%，从季节变化来看，夏季降雨最多，秋季次之，冬、春季最少，近乎无降水，夏季又多暴雨，其特点是降水强度大、历时短、破坏力强，往往造成对地表的强烈冲刷，水土严重流失，破坏植被耕层土壤，很容易发生土壤水蚀。

图2.1（b）中直线为多年降水量平均水平，其值仅为113.7mm。由于年降水量较小，多年降水量变化与时间序列无明显线性关系，其值在平均水平附近呈波动变化，且幅度不大。同时，当降水过少，蒸发量过大时，往往形成干旱，而干旱常使地表自然生态环境系统水分协调功能减弱，生物链中断，植被覆盖度降低，导致生态环境极度脆弱，增大荒漠化的发生概率。其中，1984年年降水量仅有54mm，发生严重干旱，使土地急剧向荒漠化发展。随后几年的降水量虽有增加，但远小于400mm，很难再使干旱造成的沙化土地恢复。总的来说，临泽县降水总量较少且分布不均，加之强烈的蒸发，对荒漠化逆转极为不利，可能加速荒漠化扩展进程。

2. 气温

临泽县历年年均气温和各月气温变化曲线如图2.2所示。由图2.2（a）可以判断，临泽县近50年来多年平均气温为8.1℃，1967年年均气温最低为6.6℃，2013年年均气温最高为9.2℃，年际差值为2.6℃，其气温变化总体呈线性增加趋势，趋势方程为 $y=0.033t-$

57.774（y 为温度，t 为年份，$R^2=0.584$，$P=1.05\times e^{-10}<0.01$），气温倾向率为 0.33℃/10 年，远远高于甘肃省近 50 年的气温增幅 0.21℃。由图 2.2（b）可知，气温年内变化较大，历年各月平均气温在 7 月最高，接近 23℃，1 月最低，接近 −9℃。历年各月平均最高气温，1 月为 −0.8℃，7 月为 29.5℃；历年各月平均最低气温，1 月为 −14.4℃，7 月为 16℃，极端气温平均各月差值为 14℃，温差较大。

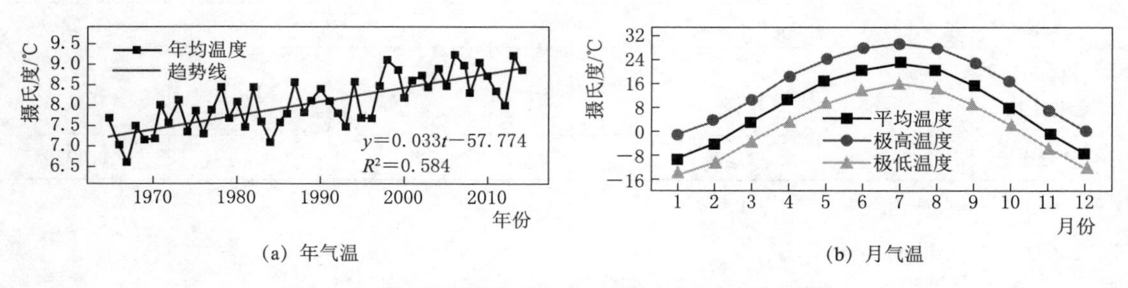

(a) 年气温　　(b) 月气温

图 2.2　临泽县历年平均年气温和各月气温变化曲线

气温升高引起蒸发进一步加强，区域气候变得更加干燥，造成土壤持水能力下降，土层水分严重亏缺，植被大面积死亡，生态环境恶化。加之恶劣的极端气候条件，使农作物易受过热、过冷侵袭，从而降低土地生产率，农民为保证需求，加大开垦耕地强度，造成土壤结构的严重破坏，在一定程度上促使荒漠化发展，同时，荒漠化的发展也会反作用于气温变化，形成恶性循环。

3. 风速

风速大小是风蚀型荒漠化发生的主要决定因素，也决定着流动沙丘移动的速度。临泽县多年平均年风速和月风速变化曲线如图 2.3 所示。由图 2.3（a）可以看出，近 50 年来风速变化总体呈减弱趋势，其趋势方程为 $y=-0.029t+60.911$（y 为风速，t 为年份，$R^2=0.572$，$P=4.97\times e^{-10}<0.01$），变化倾向率为 0.29℃/10 年。由于风是气团之间的温差形成气压梯度而造成的气体流动，因此风速的减小与气候变暖有一定的关系。另外，平均风速减弱也可能受北半球大气活动中心和西风急流向北推移及夏季风减弱等的影响。

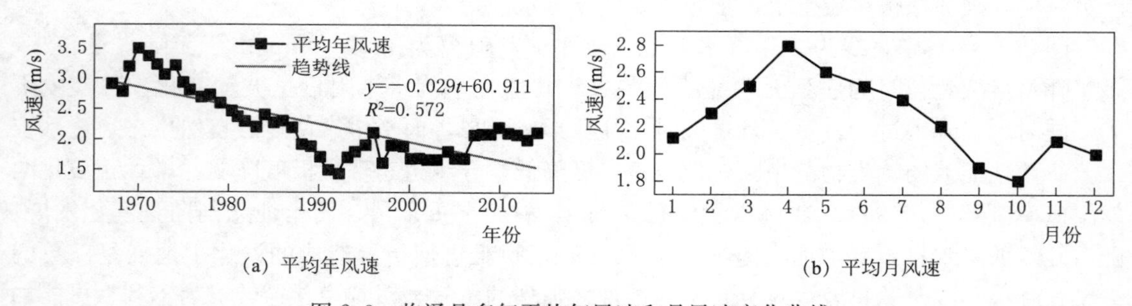

(a) 平均年风速　　(b) 平均月风速

图 2.3　临泽县多年平均年风速和月风速变化曲线

由图 2.3（b）可知，2—6 月为多风季，4 月风速最大，且冬、春风多且风力强劲，危害较重，以西北风为主，而从入夏开始风力逐渐减弱。大风是土地荒漠化主要自然营力，尤其对地表形态塑造作用明显，容易产生土壤风蚀，使植被覆盖度降低，进而导致抗风蚀极限风速降低，结果是更易发生土壤风蚀，形成恶性循环。同时，大风为沙丘前移和沙尘暴的发生提供动力，在植被稀疏和土壤结构疏松的沙质地区，当风速超过一定值后，空气在流动过程中与地面发生强烈摩擦，裹携地表尘沙，形成扬沙和浮尘，污染大气环境。

2.1.4.3　人类活动因素

人口的增长对能源、水土资源、生态环境等诸多方面产生重大影响，对粮食、牲畜等社会产品的需求剧增。为了满足物质需求，人类必然对水土资源进行掠夺式的开发利用，如大面积的土地开垦、超载放牧等。最终由于人类不合理的活动，造成资源匮乏、土地退化等现象，人口增长与荒漠化之间的关系可表示为：人口数量增长→物质需求增加→人类活动增强→土地荒漠化加剧。

1. 人口的增长状况

临泽县人口和耕地面积及牲畜量统计直方图如图 2.4 所示。

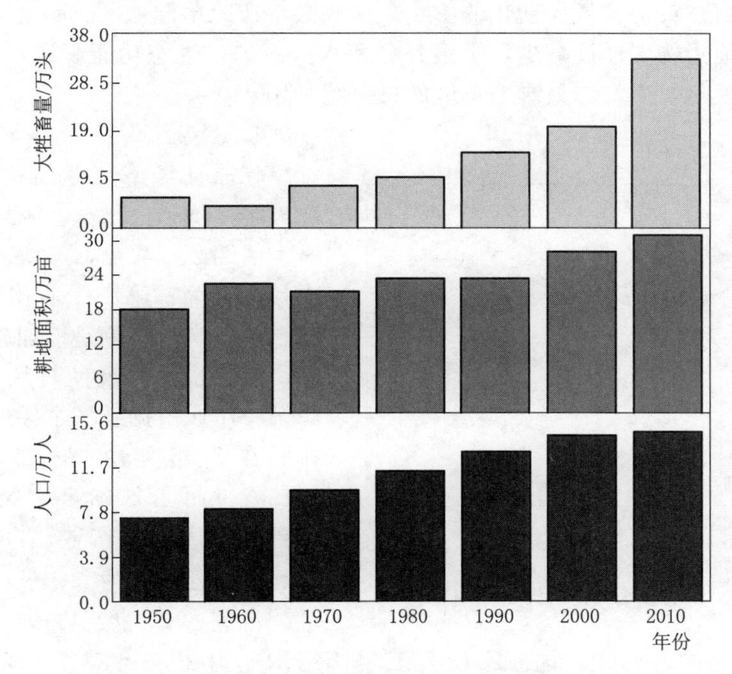

图 2.4　临泽县人口和耕地面积及牲畜量统计直方图

由图 2.4 可以看出，临泽县人口数量在 1950 年合计为 7.3 万人；到 1960 年，总人口增长到 8.1 万；到 1970 年，总人口数达到 9.7 万人，人口增长较快；在 1980 年时增至 11.3 万人；而到了 1990 年，人口数已达 13.2 万人，在 10 年间增长了 2 万人；跨入 21 世纪时，有 14.5 万人；2010 年接近 15 万人，比 1950 年的人口数量翻了一番。可以看到是，自中华人民共和国成立以来，无论哪个时段，临泽县的人口增长幅度都较大，经历了一个快速增长的过程，随之对生态、社会和经济等方面形成了巨大的压力。

2. 人口增长对土地的压力

从图 2.4 中不难发现，耕地面积随时间序列的推移呈增大趋势，经分析可知，耕地面积的变化与人口增长有较强的相关性，其原因在于人口增加使人均耕地面积锐减，为满足对粮食的需求，必然会大规模地开垦土地，新开垦的土地贫瘠，加之不合理的农耕措施，使得产出率较低，难以满足人口过快增长的需要，紧接着又会加大荒地开垦强度，进行风险性旱作农业，增加土壤风蚀概率。同时，过度垦荒往往造成土地裸露度增大和耕作层松散性增加，又因临泽县的气候特点是冬、春季降水较少，且大风频繁，风蚀强度明显增加，风积地貌的面积进一步扩大。近年来，随着社会工业化大发展，大多数年轻一代的农民不愿再种地，造成耕地撂荒，土地盐渍化，植被不宜生长，土地退化严重，在此累加效应下土地荒漠化已无法避免。

3. 人口增长对草地的压力

由图 2.4 可得出，随着人口的不断增长，大牲畜（牛、羊）量也呈现出逐年攀升的趋势，且增长幅度较大。在以发展经济为中心的社会背景下，从短期经济发展的角度来说，扩增牲畜饲养的确可以为当地农民带来一定的经济收益，生活水平也会有所提高。与此同时，为了追求经济利益而不断扩大放牧量，以致超过草地的承载能力，再加上对草地缺乏投资治理，还有鼠害等自然灾害和气候变化的影响，这些必将造成草群盖度、高度降低，草场质量和产量下降，草地生物多样性减少，土壤养分和水分流失，生态功能衰退，生态系统失调，最终导致草地荒漠化发生，严重影响草地的可持续利用。

4. 经济结构发展

临泽县经济产业结构变化曲线如图 2.5 所示。

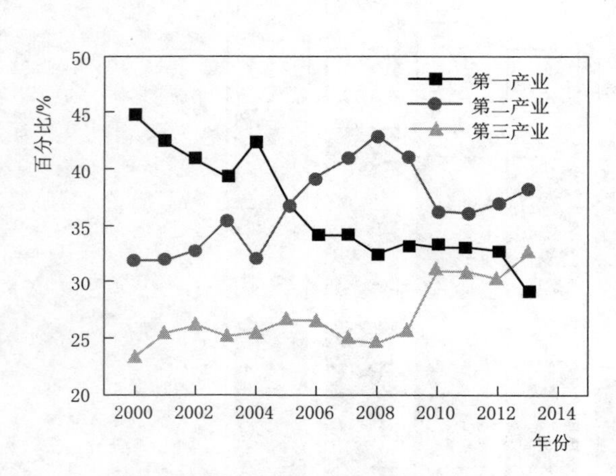

图 2.5 临泽县经济产业结构变化曲线

由图 2.5 看出，经济产业结构变化的大致趋势为：第一产业比重呈减小趋势，第二、三产业比重呈增加趋势，特别是第二产业的快速发展使其从 2006 年开始超越第一产业占据经济主导地位，产业占比排序在 2006 年由一、二、三转变为二、一、三。而在 2013 年，第三产业所占比重首次超过第一产业，产业占比排序由二、一、三转变为二、三、一。

自进入 21 世纪以来，临泽县经济虽有较快发展，但结构合理性欠佳。2013 年其经济结构比为 29.3：38.3：32.4，与全国的 10.0：43.9：46.1 相比，以农业为中心的第一产业所占比重仍显过大，对生态环境、水土资源及荒漠化治理极为不利。第二产业虽从 2006 年起占据经济主导地位，但其以原料采掘、低加工等粗放型工业发展为主，能耗较大，投入与产出比较低，造成环境污染、土壤破坏等生态问题。第三产业比重明显较低，主要向生活服务业倾斜，高层次的生产服务业，包括金融、保险、咨询、技术服务等行业的发展水平不高，对经济发展和生态恢复产生影响。

2.1.5 主要结论

（1）临泽县荒漠化问题十分严峻。2009 年，荒漠化土地面积为 17.6 万 hm^2，占全县总面积的 64.43%，是全国沙化危害最严重的地区之一，有明显沙化趋势的土地面积为 1611.7hm^2，荒漠化防治任务非常艰巨。

（2）近 50 年来临泽县降水量无明显变化，且总量较小、分布极不均匀，不利于荒漠化恢复。气温则显著变暖，气温条件恶劣，加速土地沙化。风速变化呈减弱趋势，有利于减缓沙丘前移和减少沙尘暴发生频率。总体而言，气候变化对荒漠化演变的不利影响大于有利影响。

(3) 临泽县人口增长较快，人口压力较大，耕地面积扩增，牲畜量剧增，植被退化严重，且经济结构不合理问题突出，不合理的人类活动对荒漠化逆转产生不利影响，使土地荒漠化加速。

(4) 气候变化和人类活动严重影响荒漠化演变过程。为有效抑制荒漠化的扩展，首先，应控制人口增长，加强环境监管力度，制止滥垦、滥砍、滥伐和过牧行为。其次，应调整经济发展模式，使产业结构合理化、高级化，减少经济发展对资源的依赖。最后，加大荒漠化治理力度，以使土地荒漠化局势得到逆转，生态得以恢复。

2.2　黑河中游（临泽）荒漠化土地植被恢复关键技术研究

2.2.1　概述

土地荒漠化是当今世界面临的最大环境社会经济问题之一。荒漠化是指包括气候变异和人类活动在内的种种因素造成的干旱、半干旱和亚湿润干旱地区的土地退化。土地荒漠化也是在脆弱的生态条件下，由于人为活动、经济开发、资源利用与环境不相协调的情况下出现了类似荒漠景观的土地生产力下降的环境退化过程。我国是世界上受到荒漠化危害最严重的国家之一。截至 2009 年年底，我国荒漠化土地面积为 262.37 万 km^2，沙化土地面积为 173.11 万 km^2。我国的荒漠化土地面积大、分布广、程度高，而且荒漠化土地的迅速扩展造成大部分土地的水土流失和巨大的经济损失。土地荒漠化会加重脆弱生态带内生态平衡的失调，环境条件会更加恶劣，但是，只要建立起合理的资源节约型、环境保护性的经济体系，采取适当的治理措施，就能够改善土地荒漠化的现状。

我国沙漠科技工作者在沙区自然条件与资源、风沙运动规律、农田草场防风治沙、沙区水土资源合理开发利用等方面开展了大量的研究和实践推广工作，为以后在北方地区大规模开展沙漠化研究奠定了坚实的基础。经过长期的治理，我国的土地荒漠化防治取得了显著的成绩，但是荒漠化发展速度并没有被遏制，有资料指出平均每年有 5 万～7 万 km^2 的土地荒漠化，这直接对我国局部地区的资源和经济造成了严重影响。因此，土地荒漠化的防治有着重要的意义。

土地荒漠化是当前世界上的一个重要生态环境问题，而在土地退化的生态系统中的植被恢复是恢复生态学的首要工作，恢复生态学是研究生态系统退化的原因、退化生态系统恢复与重建的技术和方法、生态学过程与机理的学科，而所有的生态系统恢复总是以植被的恢复为前提的。黑河是我国西北地区第二大内陆河流，黑河中游地区大面积的植被破坏导致了各种环境问题，如水土流失、土地贫瘠、水资源短缺和生态环境恶化等，这严重制约了该地区的农业生产和技术。本章选择黑河中游和临泽地区，对其土地荒漠化的程度进行分析并对植被恢复技术进行研究，针对不同的荒漠化程度和不同的植被退化原因，要因地制宜地采取合理的防治和治理措施，以实现植被的逐渐恢复，从而使该地区的土地荒漠化得以防治。

2.2.2　黑河中游土地荒漠化现状

黑河中游地处西北干旱区，从南向北依次分布着山间盆地、戈壁、平原、农耕区等。气候属典型温带大陆性干旱荒漠气候，热量充足，光能丰富，干燥少雨，风大风多，温差较大。恶劣的气候条件使生态环境变得脆弱，历史上的很多河流干涸，湖泊已不复存在。黑河中游的地表径流量在不断减少，水资源短缺日益严重，生物多样性不断降低；而且人口数量的剧增和人类不合理的开发利用，导致天然植被退化、绿洲萎缩、湿地面积减少、水资源短缺和生态系统失衡。黑河中游临泽地区在巴丹吉林沙漠边缘，沙源丰富，土地的沙化现象普遍，出现“人进沙退”和“沙进人退”并存的状况，形成了荒漠化逼近绿洲的严峻态势，以致整个黑河中游生态系统的可持续发展受到严重威胁。

2.2.2.1 土地资源破坏

黑河中游地区土地资源的开发利用程度非常高，中游农业耕地面积占全流域的92.75%，水资源消耗量占全流域的86.85%，因此该地区的水资源和土地资源的矛盾非常突出。该地区的局部地方对水土资源的不合理开发利用，致使土壤的覆盖物遭到破坏，从而发生了不同程度的水土流失；其他地区也因为水资源的不合理利用而导致植被遭到破坏，许多耕地得不到及时灌溉，出现了大面积的耕地被弃。土地资源的破坏引起了该地区的水土流失，不仅使表层土壤流失，土壤养分大量流走，还造成土壤贫瘠、沙化和荒漠化等土地退化现象。

2.2.2.2 湿地退化

黑河中游湿地总面积为334km^2，其中临泽地区的湿地总面积为112.22km^2，湿地斑块数量94块，占全县总面积的3.96%。其中河流湿地44.27km^2，包括黑河及一级支流梨园河（中下游称大沙河）沿岸的低洼草湖、沼泽、滩涂等，占全县湿地面积的24%；沼泽湿地54.2km^2，集中分布在中部泉水溢出区，面积占全县湿地面积的62.8%，该区域地下水水位较高，水泉、沼泽、水库星罗棋布，年泉水溢出量0.7亿m^3，是临泽县中部地区的主要灌溉来源。然而，人口数量的剧增和不合理的开发利用导致黑河流域的湿地面积不断减少，植被的覆盖率明显降低。

2.2.2.3 水资源短缺

黑河中游地区多年平均地表水和地下水资源总量为26.50亿m^3，其中多年平均可利用地表水资源量24.75亿m^3，包括黑河干流莺落峡站15.80亿m^3，梨园河梨园堡站2.37亿m^3，其他沿山支流6.58亿m^3。另外与地表水不重复的地下水资源量为1.75亿m^3。然而，随着黑河中游地区人口数量的迅猛增加和社会经济的不断发展，用水量逐年增加，缺水矛盾日益凸现出来，水资源已经成为该地区生态系统可持续发展的主要限制因素。

2.2.2.4 生物多样性减少

黑河中游地区是一个包括自然生态系统、生态经济系统和社会生态系统的复合人工生态系统，它本身除具有一般生态系统所共有的复杂性、开放性、整体性、动态性和自组织性等特性外，又具有旱生性、脆弱性和不可逆性等特殊属性。但是，随着环境的污染与破坏，比如森林砍伐、植被破坏、滥捕乱猎、滥采乱伐等，南部祁连山生态系统中，冰川、高寒荒漠、草原、森林、农田、温带荒漠、水域等生态系统相互交错、相互分割，生态系统间相互影响，相互制约；森林呈不连续的带状、块状分布，森林群落群种单一、结构简单，农田侵入林内、荒漠直逼森林，自然景观破碎，生态系统脆弱，生物多样性减少。

2.2.2.5 土地沙化严重

黑河中游临泽地区的沙漠面积占全县总面积的2/3以上，分布主要表现为“三带”状，北部沙带分布于合黎山前洪积扇区，涉及平川、板桥二镇，地势较高，地表裸露严重，区内戈壁、流动沙丘地面积大，植被稀少、覆盖度低，戈壁区植被覆盖度为10%～20%，流动沙丘植被覆盖度为8%，中部沙带分布于黑河以南绿洲带与沼泽带之间，由西北向东南延伸，长达40余km，南北宽3～5km，人沙争地现象突出。南部沙带分布于新华镇兰新铁路与甘新公路之间，该地区降水量比北部略高，部分地段经过治理后已成为固定沙丘和半固定沙丘，但有些沙丘高度较高、流动性较大。该地区沙漠化土地类型和分布面积见表2.2。

表2.2 该地区沙漠化土地类型和分布面积

沙漠化土地类型	北部沙带		中部沙带		南部沙带	
	分布面积/hm^2	占全县土地比例/%	分布面积/hm^2	占全县土地比例/%	分布面积/hm^2	占全县土地比例/%
流动沙丘	10227.60	3.77	5669.00	2.09	1092.80	0.40
半固定沙丘	8243.60	3.04	2354.60	0.87	67.70	0.02
固定沙丘	55488.90	20.47	15528.80	5.73	1458.70	0.54
戈壁	40954.10	15.11	4045.20	1.49	30598.90	11.29
未沙化地	30698.00	11.32	54335.00	20.04	10355.4	3.82

土地荒漠化是世界性的环境问题之一。它使土地退化，生产力下降，生态系统失衡，对人类社会可持续发展构成威胁，减缓或控制土地荒漠化一直以来都是世界性的难题，对荒漠化的防治有许多措施，而植被恢复技术更是科学工作者研究的重点。

黑河流域天然植被的生态系统退化比较严重。于贵瑞等指出，西部地区的植被恢复重建是一项复杂的生态复合系统工程，在基本思路上需以水热等气候因子所决定的植被生物地带性为科学依据，在建立长期稳定的经济补偿机制的同时，必须建立相应的保障体系，正确处理退耕还林还草试点工程与天然植被保护和改良工程的关系。水是制约西北地区的植被恢复与重建的主要限制因素，对于黑河中游地区的干旱半干旱以及荒漠化地区，水、土壤和气候等都会是该地区植被恢复和重建的限制因素。因此，在该地区进行植被恢复与重建时，必须因地制宜、合理分配资源。

植被恢复与重建主要是遵循恢复生态学、物种生态学适应性和适宜性原理，对于不同地区的不同退化原因以及不同的影响因子，植被恢复时的物种选择是其重要的基础。选择物种时，引入符合人们某种重建愿望的目的物种，既具备良好的生态适应性，又具有良好的适宜性。

2.2.3 黑河中游（临泽）植被恢复关键技术

针对黑河中游土地荒漠化问题，采用哪种方式的植被恢复，对现有的植被如何保护以及植被恢复措施对该区生态环境如何影响是目前研究的重点。经过多年的沙化土地治理和植被恢复过程，黑河中游地区的植被覆盖度已经明显提高，有效地控制了水土流失，防治了风沙等恶劣环境，生态条件得到好转。目前，植被恢复和重建技术日益成熟，针对不同地区不同退化原因需采取不同的植被恢复技术。现行有效的植被恢复技术主要有环境改善技术、生态农业技术、封山育林技术和林木混种技术等。黑河中游生态恢复要在明确区域生态系统退化的生态学原理基础上，选取适宜先锋树种，对不同沙化和荒漠化地区采取相应的固沙方法，保护好已建成的林区和草地，并且因地制宜，综合运用集水造林技术、秸秆及地膜覆盖造林技术、封山育林技术、压砂保墒造林技术、坐水防渗造林技术和喷混植生技术等系统的荒漠化土地植被恢复与重建技术。

2.2.3.1 选择适宜的先锋树种

对于黑河中游干旱半干旱地区的植被恢复与重建，适宜先锋树种的选择尤为重要。每个树种都有自己固有的生物学特性，这是在长期的自然选择中，通过对外界环境条件的适应而形成的。选择先锋树种时，必须考虑到树种对该地区的光、温度、水分和土壤等限制因素的影响，再根据树种的生物学特性来选择造林树种，这也是提高造林成活率的重要措施。先锋树种一般更新能力强，耐干旱瘠薄、耐霜冻，根系发达，如马尾松、山杨、白桦、侧柏、黄檀、沙棘和构树等。刘贤德指出在黑河中游流域，柽柳采用截顶造林的方式恢复湿地，截顶苗年平均高和地茎生长量较未截顶苗分别提高了 67.8%和 30.8%。

黑河中游地区的平均海拔 1500.00m，属于干旱气候，年平均气温 7.5℃，年平均降水量 117mm，年蒸发量高达 2337mm，年平均风速 2.9m/s。土壤主要有灌耕地、潮土、盐土、草甸土、灰棕漠土、风沙土、灰钙土和沼泽土等，土壤有机质平均含量为 1.27%，速效氮 57.57ppm，速效磷 10ppm，速效钾 155.7ppm，土壤养分特点表现为“少氮、缺磷、钾有余、有机质不足”。该地区天然植被稀疏，主要有红砂、珍珠和泡泡刺等。

针对该地区的水分、光照和温度等自然条件，这里选取的先锋树种主要有梭梭、柽柳，其次为沙枣、杨树和柠条等。在干旱荒漠化地区，降水量稀少但是蒸发量很多，水分成为这些先锋树种生长的主要限制因素。梭梭是较耐旱的树种之一，由于其分枝多、耐瘠薄、抗旱性极强，是干旱荒漠区的优良固沙植物，也是干旱区固沙造林使用面积最大的树种。荒漠化地表种植梭梭前后的对比图如图 2.6 所示。

(a) 种植前

(b) 种植后

图 2.6 荒漠化地表种植梭梭前后对比

2.2.3.2 固沙方法

目前，比较常用的固沙方法主要有机械固沙、生物固沙和化学固沙。机械固沙就是根据风沙移动的规律，采用机械工程技术，阻挡沙丘移动，达到阻沙固沙的目的。其中机械固沙采用较多的方法为设置沙障，一般的设置方法是用麦草、树枝、黏土、塑料网及类似材料在沙面地表设置各种形式的障碍物，起到固沙、阻沙、拦沙的作用。生物固沙即植物固沙，是一种简单有效的可持续发展的固沙措施。沙柳机械沙障（机械固沙和生物固沙的结合）在高度一定的情况下，沙障的形状和大小直接影响沙障的防护效果，相同高度的沙障，随着规格的增大，其防护效果逐渐减小，单位面积成本也在减小。化学固沙是指利用化学原料及技术，在沙化土地或沙丘表面建造能够防止风力吹蚀又具有保持水分和改良土壤性质作用的固结层，以达到防沙固沙的目的。选用沙拐枣、花棒和杨柴三种固沙植物组成的人工固沙植被既能快速固定流沙又可获得较高稳定的作用。

黑河中游临泽地区的荒漠化植被恢复与重建采用的主要固沙方法是机械固沙，其次配合植物固沙。机械固沙主要有尼龙网沙障、麦草方格沙障及黏土沙障等几种方式。首先人工建立沙障，其材料选用麦草、玉米秸秆或黏土等，沙障规格为 1.5m×2m，以阻挡风沙肆虐移动。其次人工营造梭梭，栽植规格为 1.5m×2m。机械固沙的几种沙障形式如图 2.7 所示。

(a) 尼龙网沙障

(b) 麦草方格沙障

(c) 黏土沙障

图 2.7　机械固沙的几种沙障形式

2.2.3.3　保育和保护林区

培育防护林的主要目的是利用森林所具有的改造自然、调节气候、防风固沙、护农护牧、涵养水源、保持水土及其他有利的防护功能来改善环境。植被稀疏的保育区，通过设置围栏和人工保护，禁止人为破坏，促使植被逐渐恢复；对仅靠天然条件恢复植被困难的地段，需要通过人工植苗、人工撒播促进更新，达到植被恢复与重建的目的。

农田防护林作为生态建设的重要措施，是农田生态系统的屏障，对生态系统平衡和环境质量有重要的意义。经过多年的防沙治沙努力，该地区已有 60%以上的农田属于农田保护林区，但局部林区的树种单一，林带、林分结构不合理，必须要对其进行林分改造。目前，这些地区已经开始种植杨树、沙枣、红柳、花棒等树种的混交林，并营建合理的树龄结构，采取固沙先锋树种与目的树种搭配的方式营造混交林，使防护林具备生长快速、枝叶茂密、根系发达、种源丰富等特性，以求维护防护林的多样性，使人造林具有较强的抵抗力和稳定的生态功能。结合固沙和封沙育林措施，通过相互促进作用，形成可再生、可持续，且能更大限度地发挥防风固沙功效的防护林带。

2.2.3.4　集水造林技术

集水造林就是在干旱半干旱地区以林木生长的最佳水量平衡为基础，通过合理的人工调控措施，在时间和空间上对有限的降水资源进行再分配，在干旱的环境中为树种的成活与生长创造适宜的环境，并促使该地区较为丰富的光、热、气等资源的生产潜力充分发挥出来，从而使林木的生长接近当地生态条件下的最大生产力。

近年来，人们更多地用“径流林业”这个术语来概括利用天然降水以发展林业的措施。从 20 世纪 70 年代末开始，许多工作者都开展了集水育苗、抗旱造林的研究工作，成效十分显著。尽管在干旱半干旱地区，采用径流集水造林在实际应用中存在着较多的局限，但是我们也看到，利用径流集水技术造林在许多干旱半干旱地区已经经受住了检验，并取得了成效。随着科学技术的发展，这一技术措施也必将获得进一步的提高而日趋完善。

2.2.3.5 秸秆及地膜覆盖造林技术

秸秆及地膜覆盖造林，对保水增温、促进幼苗的迅速生长、尽快恢复植被、防止水土流失、改善生态环境等方面，发挥着重要的作用。秸秆及地膜覆盖可以避免晚霜或春寒、春旱、大风等寒流侵袭造成的冻害，同时也提高了地温，促进了土壤中微生物的活动，有机质的分解和养分的释放。从而有利于根系的生长、吸收及营养物质的合成和转化，保证苗木的成活和生长；而且可以保持和充分利用地表蒸发的水分，提供了苗木成活后生长所需的水分，防止苗木因干旱造成生理缺水而死亡。秸秆及地膜覆盖，大大提高了造林成活率、越冬率和保存率，是提高干旱脆弱立地条件下造林成效的有效途径之一。

2.2.3.6 封山育林技术

封山育林是利用树木的自然繁殖能力和森林演替的动态变化规律，通过人们有计划、有步骤的封禁手段，使疏林、灌丛、残林迹地以及荒山荒地等恢复和发展为森林、灌丛或草本植被的育林方法。封山育林以森林群落演替、森林植物的自然繁殖、森林生态平衡、生物多样性等为理论依据。

天然植被经过多世代的环境驯化，最适应当地的立地条件，其苗木又经过多次种间种内的竞争，与环境形成了和谐统一。因此，天然植被群落具有光能转化率高，结构稳定，防护效能好的特性。生态林业应该具有这种特性。第二次世界大战以后，德国为了尽快满足建设对木材的大量需求，曾经走过一段经营人工纯林的道路，经过近一个轮伐期的实践，他们认为纯林不仅效率低还会造成林地地力下降，并从 20 世纪 80 年代开始调整人工纯林林分，提出了近自然林业的观念。

所谓近自然林业，就是利用植物的自然更新及自我调控能力，加以适当的人工辅助，使林木在较少的有益的人为促进下，以接近自然的方式发生发展，形成物种丰富、结构稳定、功能多样的林分。

封山禁牧，杜绝滥砍乱垦乱牧是植被恢复和保存的先决条件。封山禁牧，不是永久封禁，一般在 10 年后，植被已比较茂密，就能有节律地利用和轮牧，而一些生态极度脆弱的地带除外。利用退耕还林的机会，进行封禁还林还草。这不仅有利于恢复植被，还能促进当地产业结构调整。

2.2.3.7 压砂保墒造林技术

压砂，就是把小于鹅卵石的小石头，以 5～10cm 厚铺盖在新栽的小树周围，相当于给土壤覆盖一层既渗水又透气的永久性薄膜。它不仅起到保温保湿，减小地表蒸发，蓄水保墒的作用，而且就地取材，经济耐用。从土壤学角度看，山地多年不耕，土壤结构简单，孔隙粗直，即使下点雨浇些水，蒸发加上流失，水分很快就消失了。

从植物学角度看，树木生长并不需要很多水分，关键是根部土壤要经常保持湿润。这种方法不破坏植被，不受地形限制，不受水源约束，可以以最少的投入，换得可观的效益。

2.2.3.8 坐水防渗造林技术

坐水防渗造林是将树苗（裸根苗）根系直接接触到湿土上，靠根系下面湿土返渗的水分滋润苗木根系周围土壤，从而保持有效的水分供给，提高苗木成活率。具体操作程序是挖坑、回填、浇水、植树、封土。

需要注意的是浇水与植树间隔时间要短。水渗完后，马上植树，保证树苗根系能坐在饱含水分的土壤上。与传统植树方法相比，坐水防渗造林技术树坑内土体上虚下实，蓄水量足，透气性好，非常有利于根系恢复生长。

2.2.3.9　喷混植生技术

喷混植生技术原理是利用特制喷混机械将有机基材（泥炭土、黄土、水泥）、长效肥、速效肥、保水剂、黏接剂、植物种子等按一定比例混合并充分搅拌均匀后喷射到铺挂铁丝网的坡面上，由于黏接剂的黏接作用，混合物可在矿渣表面形成一个既能让植物生长发育而种植基质又不易被冲刷的多孔稳定结构（即一层具有连续空隙的种植基），种子可以在空隙中生根、发芽、生长，又因其具有一定的硬度可防止雨水冲刷，从而达到恢复植被、改善景观、保护和建设生态环境的目的。

2.2.4　结语

土地荒漠化、水土流失与植被有着密切的关系，多数研究表明增加植被覆盖能够控制水土流失以及土地的荒漠化。本章针对黑河中游干旱半干旱地区的土地荒漠化，对其荒漠化现状以及原因进行了分析研究，并对该地区植被恢复与重建的关键技术展开讨论，结合当地实际的防沙固沙方法，提出了首先选择合适的先锋树种、其次进行因地制宜的机械固沙、最后形成防护林区的一整套荒漠化土地植被恢复与重建技术。同时，由于黑河中游地区水资源的短缺，水分成为植被恢复的限制因素，必须对水资源以及土地等各种资源合理利用，才能有效改善该地区的荒漠化。

2.3　基于“互联网＋”思维的黑河中游（临泽）林分改造研究

2.3.1　概述

在我国三北防护林体系工程中，黑河中游的生态建设至关重要，而森林系统又是黑河中游生态系统的一道天然屏障，起着防风固沙、城镇绿化、农田保护等多重作用，发挥着不可替代的生态功效。当前，自然条件恶劣、人为破坏、经营管理不善等因素，导致森林系统生物多样性差，林分稳定性差，品质退化严重，林地生产力低，生态功能严重下降。为使黑河中游脆弱的生态环境尽早恢复，加强对森林系统进行林分改造已刻不容缓。据调查研究发现，由于林农缺乏改造技术和林业管理部门经费短缺等原因，加之大量劳动力向外转移，造成生态建设的劳动密集型需求与劳动力缺乏之间矛盾突出，实际对林分进行改造过程中存在巨大困难，林分改造工作开展不顺利，改造进程缓慢，依靠传统思维和方法恢复生态功效的目的在短期内难以实现，还需放宽眼界探寻新的途径。如今，社会处在快速变化和发展状态，信息革命正在兴起。2015 年，政府工作报告中提出“互联网＋”行动计划。“互联网＋”是创新 2.0 下“互联网＋”发展新形态、新业态，也是知识社会创新 2.0 推动下的互联网形态演进，其信息丰富、交互性强、高效率、低成本等优点凸显，各种互联网服务应运而生。以黑河中游临泽地区为研究区域，应尝试运用“互联网＋”思维解决生产中遇到的实际问题，借助互联网平台寻求解决生态环境问题的办法，以期使生态系统尽快恢复，为生态恢复及建设提供理论指导和技术支撑。

2.3.2　研究区概况

黑河中游临泽县处于东经 99°51′～100°30′，北纬 38°57′～39°42′。南北宽约为 77km，东西长约为 49.7km，总土地面积 272730hm^2。地形为南北较高，中部平原低洼，成 U 形地貌，海拔为 1350.00～2084.00m，从南向北依次分布着山间盆地、戈壁、平原、农耕区等地貌类型。气候属典型温带大陆性干旱荒漠气候，热量充足，光能丰富，干燥少雨，风大风多，温差较大，年平均气温为7.6℃，年日照时数为3045.2h，年平均降水量114mm，而年蒸发量高达2337.6mm，年平均风速为2.9m/s。土壤养分具有“少氮、缺磷、钾有余、有机质不足”的明显特点。现状可开采水资源总量为4.33亿m^3，其主要是来源于祁连山的黑河、梨园河的地表水、地下水和中部泉水，水资源短缺是当地生态恶化的主要原因。县境内野生植被分布较少，主要以红柳、梭梭、骆驼刺、沙拐枣、沙米等耐旱、抗风沙能力强的小灌木为主，而人工植被主要有以杨树、柳树为主的防护林和一些经济价值较高经济林。

2.3.3 林分改造的必要性

2.3.3.1 森林资源分布状况

据史料记载，由于严重的人为破坏，至1949年，树木尽数被伐，全县实有成片林仅剩108亩（1亩≈666.67m^2）。1949年以后，面对恶劣的生态环境，政府从实际出发，发展林业生产。经过国家“三北”防护林建设的带动作用，1949—1981年，造林面积累计33万亩，保存面积达17万亩，保存率51.6%，森林覆盖率4.86%，主要建成五泉、沙河、五里墩、三一等林场。此后，林业建设仍在蓬勃发展。至1990年，根据对全县林地类型及分布面积的统计（见表2.3），全县4条防风固沙林带总长119km，产生了“人进沙退”的效应，但林地总面积为20.86万亩，占全县土地面积的4.4%，森林覆盖率仍然较低，生态功能不强。而据2009年统计数据发现，在过去20年间，通过进一步加强对森林资源的保护和加大人工造林力度，各类型林地面积都有不同程度增长，林地总面积更是1990年的3倍以上，在防风固沙、荒漠治理、平原绿化、农田防护等方面取得了一定的成绩。

表2.3 临泽县林地类型及分布面积的统计

年份	林地					
	有林地/hm^2	疏林地/hm^2	灌木林地/hm^2	未成林地/hm^2	苗圃/hm^2	合计/hm^2
1990	13.60	0.50	6.40	0.30	0.06	20.86
2010	20.57	1.69	46.51	9.07	0.15	77.99

注：来源于临泽县林业局资料。

2.3.3.2 生态效益分析

黑河中游除个别地段上生长着红柳、杨树等少数天然植被外，绝大多数为人工造林，林分结构不尽合理。由于受自然条件等因素限制，造林树种选择范围较小，成林树种过于单一，乔木林面积过大，混交林较少，纯林居多，生物链级别较低，生物多样性差，生态稳定性不良，抵抗病虫害能力差，易受杨树潜叶蛾、十斑吉丁虫、腐烂病、白粉病等病虫侵袭，导致大面积树木死亡或生态功能严重下降。加之现存森林多为20世纪80、90年代所造，营造时间较长，熟林和过熟林面积较大，前沿防风固沙林防风阻沙能力减弱，水土保持能力下降，风沙危害严重威胁着绿洲环境。同时，由于管理不善，对生长状况差、防护效果不好的老龄树没有及时改造和抚育，出现农田防护林与农作物争水争肥现象，不利于农作物生产，林耕矛盾加剧，农民利益受损，致使农民对植树造林产生不满和抵触情绪。为使农作物生长不受影响，农民便将原有防护林砍伐，但不再种植新苗，甚至有些农民把田边上新栽的树苗拔松，使其不能成活，造成农田防护林缺层断带，农田林网体系破坏，防护功能降低，干热风危害加剧。因此，从生态方面而言，为保护森林资源和提高生态效益，林分改造已成为当前必要任务。

2.3.3.3 经济效益分析

早期所造人工林主要以白杨树和柳树为主，其作为木材用途较窄，价格较低，能创造的经济效益有限，市场前景一般，培植前途不大。同时，由于造林时急功近利、缺乏科学规划，使得造林密度过高，营养面积过小，再加缺少必要的灌溉，水分严重缺乏，长势较差，“小老树”现象严重，大径材偏少，成林不成材问题突出。另外，调查发现，当地经济林果种植较多，但农民缺乏科学的管理办法，仅凭借经验进行管理，导致土地产出率较低，没有实现林果的高产，降低了林果的经济效益。近些年，在全球性能源紧缺和环境污染问题的影响下，新型生物质能源林的经济效益较好，发展前景广阔。但生物质能源林的建设立地条件要求高，管理成本高，前期投资大。只有在能源林建设过程中进行严格的树种选择、科学的抚育管理，才能降低成本，提高经济效益。因此，在使林业经济效益最大化过程中，对林分进行改造尤为关键。

2.3.3.4 社会效益分析

在城镇建设和新农村的建设中，环境绿化和道路绿化是改善生活环境、城乡面貌，促进新农村建设的重要措施，具有减弱噪音、固碳释氧、净化空气、改善小气候等作用。因此，在城乡环境绿化中，必须坚持适用效果好、科学美观、生物多样性强的原则，加强对绿化城乡道路的经营管理，对缺树少树的地段应及时补植补栽，枯枝烂叶需及时清理，以免影响道路绿化容貌或引起树木病虫害，降低道路绿化效果、影响观赏价值。而在现有防护林体系中，约占50％面积的沙区成片防护林缺乏必要灌溉，其所需灌水量非常大，为农田灌溉的3～5倍。另外，还有23.1万亩林草需要灌溉，但现行用水结构中，生态用水比例较低，占22.67％，不能满足灌溉需要。基于黑河流域水资源紧缺，生态用水紧张的现实，为构建结构合理、生态稳定、经济高效的生态屏障，对森林资源进行林分改造势在必行。

2.3.4 林分改造过程中存在的难题

2.3.4.1 认识不足、重视度不够

目前，我国西部地区发展较慢，经济条件较为落后，获取信息资源渠道较窄，林业文化、林业知识比较有限，当地林农、林企对林分改造意识淡薄，多数林农对林业活动的认识还停留在木材生产和采伐上，对于低效林林分改造的目的、意义、主要内容及相关技术等并没有太多了解，对低效林进行改造缺乏根本上的认识。再加上一些相关配套支持政策缺乏，对低效林改造的宣传力度不够，林业建设人才技术培训较少，管理制度也不完善等原因，形成了公众和林业管理机构对林业重视不够的现象，在政府组织实施的低效林改造工程当中没有真正认识到林分改造的重要性，导致林分改造工作长久以来都不够理想。

2.3.4.2 科技水平不适应改造的需求

在改造过程中，一般还都采用传统思维方式，先进技术的推广应用较少。由于缺少林分结构划分的科学指标，在确定改造目标时存在决策上的失误。同时，人工造林规程简单粗略，不够科学，重近利轻远图。在林业生产过程中，对林木郁闭度、病虫害情况、土壤养分情况、水分需求状况等生命指标和必需的生长环境监测不及时、不全面，对森林系统的生物多样性调查不细，导致生态稳定性差的林带林网不能得到及时保护，而对已改造的林分也缺少必要的效果评价。相对落后的林分改造技术已与实际改造需求不相适宜，一些改造的难点无法得到解决。另外林业管理机构工作人员较少，工作压力很大，队伍中缺少技术型人才，

增加了林分改造工作的实施难度，延缓了林分改造工作进展。

2.3.4.3 林分改造资金匮乏

随着林业生态体系建设的深入，建设任务将更加艰难，也需要更加庞大的经费支持。低效林改造涉及多个方面的费用，包括林分调查、规划设计、植苗、水肥、林地清理等费用，其资金需求数量巨大，资金状况成了林分改造好坏的“瓶颈”。当前，林业建设经费主要依靠国家财政扶植，物价不断上涨导致林业建设成本快速增加，仅依靠国家财政扶植已不能满足低效林改造的资金需求，部分资金还需由林企及林农自筹解决。这势必增加林企投资成本，加重林农生活负担，林企和林农都在想方设法改变这种投资大、见效慢、风险大的局面。但是切实可行的途径较少，困局仍没能改变，导致林分改造工作无法快速进展。

2.3.5 林分改造创新思维和新型模式

2.3.5.1 互联网思维

互联网诞生于1969年，是指在计算机基础上开发建立的一种信息技术，具有资源丰富、信息共享、快捷、免费、自由等优点。我国互联网起步较晚，但因其存在着明显优势，互联网在我国发展迅速，已在金融、通信、医疗、商业等多领域普遍应用。如今，“互联网+”新格局又开始形成，“互联网+”并非将互联网技术与传统行业简单相加，而是充分发挥互联网生产要素配置中的优化和集成作用，将互联网的创新成果与社会各领域深度融合，提高社会创新力和生产力，形成更为广泛的以互联网为平台的发展新形态。

2.3.5.2 “互联网+林业”模式

长期以来，林业生产中的观念不强、生产技术落后、经济效益不好是困扰当地生态建设缓慢、恢复不理想的几大因素。同时，林业生产存在由政府机构主导，林企和林农参与较少的体制缺陷。针对林业生产的实际，运用互联网技术，建立以县林业局为数据中心，乡镇、自然村、村民小组依次为终端的横向贯通、纵向顺畅的分布式网络体系，为用户开设林业信息交互、技术交流、经营策略的网络服务平台，通过“互联网+林业”系统实现全县林业信息的远程交换和互联互通，以提高森林资源经营管理水平。“互联网+林业”模式概念图如图2.8所示。

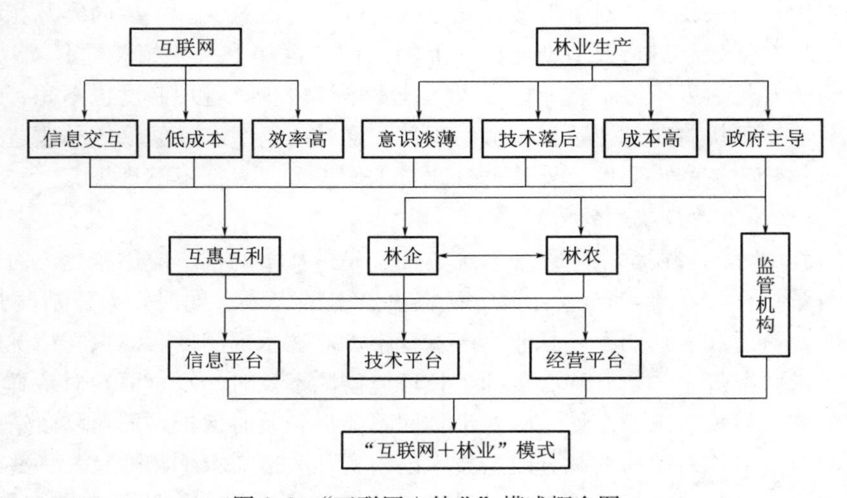

图2.8 “互联网+林业”模式概念图

1. 信息交互服务平台

借助互联网信息交互服务平台，可以满足公众信息需求，科普林业知识、宣传林业新思想、提高公众林业素质、建立林业文化，根植生态文明观念。为企业经营管理提供信息服务，加强林农与林农、林企与林企、林企与林农相互之间的交流与合作，提高个人林业生产技能，加强企业研发水平，创新先进技术，打破由专家或领导等少数人掌握重要信息、资源的现状，依靠大众力量，发展林业生产。同时，为县林业局提供宏观决策和改革发展的信息支持，管理服务高效协同，使以往林业信息不足的局面得到有效改观。

2. 技术交流服务平台

根据当地林业生产的实际需求，建立技术交流平台，学习成功经验，引进先进造林技术，科学营造三北防护林。运用以遥感技术、生物学模型模拟技术等现代高新技术为基础的网络化、模块化的森林监测系统，实现对绿洲防护林和五泉、沙河等公益林场林分龄期、林分等级、林木高生长、林木胸径、林木营养面积及土壤条件的全面动态监测，快速、精确采集林况因子、立地因子等即时信息，通过互联网对林业信息快速传输和存储，利用专业软件对不同层次、不同格式的数据进行矢量、栅格和自动修改等处理，整合全县林业信息资源，建立信息数据库，在使用权限内满足不同用户的不同需求，保证各项监测信息充分利用。同时，构建科学评价体系，核查造林工程质量，分析防护林效益，评判水资源利用合理性，为林业可持续发展提供技术支撑。

3. 经营策略服务平台

从生态角度出发，林产品从木材生产发展到林副产品，如林果、药材、小径材等，生产周期缩短，经济效益提高。为了迎合市场需求，经营策略服务平台发展电子商贸，创建销售网站，打造专用物流，实现线上、线下相结合的林业商务模式。这一模式有效降低了成本，拓宽林产品销路，促进林业经济繁荣发展，为林农便捷、高效服务，激发林农参与兴趣，壮大林业建设力量。与此同时，随着虚拟现实技术的日趋成熟，可以发展生态森林旅游，用户通过互联网与虚拟复制、仿真的世界交互，感知、体验实际的森林环境，吸引企业投资，缓解资金短缺状况，促进林业健康发展，形成生态友好发展的良性循环。

2.3.6 “互联网＋林业”模式的实践意义

在林分改造过程中，首先使用互联网在林业数据中快速查询林况信息，对以阔叶树为主的林分，尽可能选留针叶树，而以针叶树为主的林分，科学选留阔叶树种，利用阔叶树种的萌蘖力、自然更新力，促使形成针阔混交林，丰富林地的多样性，增强生态稳定性。同时，对林木径级大于林分平均径级的林分团块，采取林分上层抚育法；对于间伐胸径大于林分平均胸径的林木，促进林下更新，提高抚育间伐经济收入。对于林木径级小于林分平均径级的林分团块，采用下层抚育法，间伐个体以小于林分平均胸径的下层木为主。在标号采伐作业中，运用全球定位系统（global positioning system，GPS）对优良保留木和弯曲木、病虫木、枯死木等不良木进行精确定位，以林木间距定量式确定林分内各保留林木间的距离，当两林木间距小于或基本等于定量间距时，以伐除两保留木之间大树为主，当两保留木间距大于定量间距时，保留期间的小树、幼树，由此确保林地营养面积的均匀分配、充分利用，保证保留木的优良性，促进林地生产力的提高，使林地形成复层林，提高林地质量。

在林分改造中运用互联网技术，为林分改造提供统一标准，避免在生产实践中误改、错改现象。为树种选择、施肥管理技术等提供更为适宜和科学的理论指导，方便学习、交流其他地区引进新树种的成功案例，很好地将林分改造中存在的问题解决。同时，发挥互联网低成本的优势，从多方面来不同程度地节省工时、降低林分改造的成本，开辟林副产品市场，拓宽销售渠道，提升林产品经济价值，给林农和林业投资者带来更丰厚的经济效益，降低投资风险。利用物联网和互联网提高工作效率，使林分改造工作也能够顺利进行，加快生态建设步伐，尽快恢复森林系统的生态功效，从而改善黑河中游地区生态环境。

2.3.7 结论与展望

从林业客观实际出发，把握互联网机遇，通过“互联网＋林业”这一具体途径，在国家政策支持和人民的共同努力下，发展林业建设，解决好林农对林分改造认识不足、改造技术落后、费用高昂等问题，确保林分改造工作进展顺畅，实现长期稳定的林木生长和林分发育，尽快、尽好地恢复森林系统防风固沙、水土保持、涵养水源、农田防护、绿化环境等生态功效。

目前，在我国林业生产中，“3S”技术［“3S”技术是遥感（remote sensing，RS）技术、地理信息（geography information）系统和全球定位（global positioning）系统的统称］运用较早较成熟，但“3S”技术的使用受机密、费用、技术等条件的限制致使其使用范围较小，在保障安全的基础上，适度开放数据访问权限，同时，应加强互联网领域和林业发展之间合作的紧密度，研发更加专业细化的系统软件，创建功能强大的林业数据库，便于信息、技术资源共享，加强国际合作，学习国外成功经验。打造专用“生态物流链”，以便更好地服务于林业建设。另外，林业的可持续发展始终离不开人才队伍的支撑，根据林业人才缺乏的实际，加强林业人才培养，促使林业生产更好更快发展。

2.4 河西黑河中游（临泽）沙漠化土地治理与生态恢复研究

2.4.1 概述

土地沙漠化是全球性的生态环境问题，也是一个社会发展问题。临泽地处河西走廊中部，南临祁连峻峰，北接合黎群峦，坦荡的走廊平原横亘于两脉之间，地域辽阔，是我国土地沙化最为严重的地区之一。从 1976 年成立治沙实验站开始，经过长期的努力，荒漠化防治工作取得了显著成效。但由于近年来气候的变化和人为干预的影响，使得天然植被严重退化，水资源匮乏现象凸显，土地荒漠化加剧，狂风肆虐、沙尘弥漫，荒漠化加速扩展的势头始终没有被完全遏制。人们的生活饱受沙尘侵袭之苦，整个生态系统面临严峻考验，风沙危害始终困扰着当地社会发展。因此，本章在前人研究成果和实地考察的基础上，从意识观念、防治措施、开发利用着手，探讨临泽地区沙漠化问题，以期对当地的沙漠治理和开发利用及经济、社会发展提供理论指导和现实意义。

2.4.2 沙漠化土地分布现状及其形成原因

2.4.2.1 沙漠分布现状

临泽县总面积为 272730hm^2，其中未沙化地面积为 95388.4hm^2，仅占全县土地面积的约 34.98%，而沙化土地面积为 175729.9hm^2，约占全县土地面积的 64.43%，接近全县土地面积的 2/3，远远高于 27.3%的全国比例，以致沙化土地在自然条件下很难逆转。沙化土地按区域可划分为“三带”，北部沙带位于合黎山前洪积扇区，该区面积为 146394.6hm^2，区内戈壁、流动沙丘面积较大，78.50%土地沙化，沙化严重。中部沙带界于黑河以南的绿洲带与沼泽带之间，由西北向东南延伸，长达 40 余 km，南北宽 3～5km，面积 82348.8hm^2，其中33.51%的土地沙化，人沙争地现象突出。南部沙带分布于新华镇兰新铁路与甘新公路之间，该区面积43986.6hm^2，区内75.52%的土地沙化，多以戈壁为主，有些沙丘高度较高、流动性较大。

2.4.2.2　土地沙化的原因

1. 自然因素

临泽地处黄土高原、青藏高原和内蒙古高原的交汇地带，属我国西北内陆腹地，其特殊的地理位置是沙漠化形成的原因之一。临泽北接巴丹吉林沙漠，在西北风的磨蚀和堆积作用下，形成沙山、沙滩、沙垄和新月形沙丘。中部地区地形地貌独特，地质基础主要以第四纪古河流的冲积和湖泊沉积物分布最广，在干旱气候作用下，植被遭到破坏，表层土壤风蚀严重。在强烈的地质营力、风化、流水等作用下，演变成一条沙带。南部沙漠由冲击洪基扇前缘的细沙在风的作用下，经分选、搬运、堆积形成大片沙区。同时，该地区大陆性季风气候显著，近50年来降水稀少，气温升高，蒸发增大，西北风盛行，加剧了沙漠化的扩展。

2. 人为因素

人口的快速增长和人类不合理的经济活动是土地沙漠化加剧的主要原因。临泽县人口由中华人民共和国成立初期的7.3万人增至2013年的15万人，人口数量增长一倍，人口的过快增长，使土地资源开发过度，超越了生态本底，破坏生态系统，使沙漠化不断扩张。人类的破坏首先表现为乱砍、乱伐、乱采、乱垦，破坏植被，加重土壤风蚀。其次，在临泽县畜牧业迅速发展的同时，过牧引起草场退化，载畜能力减弱，牧草覆盖度降低，土地严重沙化。另外，不合理的水资源利用既造成水资源浪费，又使地下水水位抬高，水分大量蒸发，盐分则在土壤表层不断积累，最终形成盐碱地。因此，水资源的不合理利用是导致土地沙漠化的另一重大原因。

2.4.3　土地沙漠化治理现状及存在问题

2.4.3.1　治理现状

在过去几十年的治理过程中，采取以“防”为主的方针，人类的破坏活动得到了有效遏制，在治沙方面也取得了一定的成果，但土地沙漠化和风沙危害问题依然威胁着大部分群众的生存。另外，由于过分强调“先易后难”，虽然在一些基础条件好、见效快、易出成绩的地区取得了人进沙退的奇迹。但这种不平衡的局部治理方式，使在一些沙漠化扩展速度快、危害严重、自然条件恶劣、经济发展落后、治理难度大的地区投入力度很小或直接没有治理措施，沙漠化十分严重，甚至出现反扑态势。

2.4.3.2　存在问题

1. 治沙意识落后

目前，治沙主要由政府主导，治沙力量单一、速度缓慢。由于经济条件基础差，农民文化程度较低，治沙意识淡薄，治沙兴趣不高。加之受经验思维的影响，对先进知识和科技缺乏了解和信任，形成了落后的生产意识和方式。长期以来，很少有农民投资治理沙漠，农民只是被动地参与治沙活动，尚未积极主动地加入到治沙队伍中。因此，转变农民的传统意识，让农民认识人与沙漠的关系，是如今沙漠治理面临的一大挑战。

2. 治理难度日益增大

随着沙漠治理纵向推进，环境条件变得更加严酷，治理难度在不断加大。目前，沙漠治理仍是以人工为主，机械化程度不高，科技力量不强，这在一定程度上增加了治理难度。同时，由于经验不足、缺乏统一规划，在治理过程中出现了顾此失彼的现象，部分固定沙丘又开始“活化”，活化的沙丘和其强抗逆性也加大了治理的难度。随着物价上涨，沙漠治理成本增加，治沙理论、方法的科研创新也需要注入更多的资金。目前资金来源渠道较窄，社会、企业的投资较少，仅靠国家“三北”防护工程的投资很难保证庞大的资金需求，财力匮乏已成沙漠治理的“瓶颈”。

2.4.4 沙漠化防治措施和对策建议

“土地是人类世代相传的不能出让的生存条件和再生条件”。沙漠区人民的生活面临着巨大威胁，沙漠治理已刻不容缓。根据当前治理实际，构建“框架治沙”思想，利用沙区天然地形地貌，修筑道路、营建防护林带作为骨架向沙漠腹地推进，将其分段、隔块、导流，打断沙带连续性，阻止整体流动，再运用先进技术进行区域治理，从而加快治理步伐，力求生态尽快恢复。

2.4.4.1 机械固沙

机械沙障常在不能直接固沙造林的地段进行前期设置，主要通过改变下垫面性质，削弱近地表层的风速，以此来延缓或阻止沙丘的前移，改变风沙流的方向、结构和蚀积状况，从而达到防风固沙目的，为后期生物措施提供条件。目前，临泽县沙漠治理主要采用的机械治沙技术有：

1. 尼龙网沙障

尼龙网沙障是一种操作简单，兼具疏透和通风作用的立网结构，主要通过增加下垫面粗糙度，增大起沙风速，减少风蚀，阻挡风沙流，使携沙量下降形成积沙。同时，其可工业化生产，抗风化老化，运输方便，可自然降解，无毒害，不会对沙漠区环境造成污染。在一些风沙灾害比较严重的地区，采用尼龙网沙障技术能达到立竿见影的效果。

2. 土工布袋沙障

土工布袋沙障可就地装沙，采用方格状摆放在沙地上，通过增加地面粗糙度，削弱近地表气流和风沙流动能，降低气流挟沙能力，阻止地表流沙产生，使沙丘表层结构稳定。同时，沙袋较大程度地降低了流沙表面的风蚀程度，为沙地先锋植被种子的萌发和生长提供了可能的土壤环境，提高了流动沙丘植被建植的成活率，促进沙地植被的恢复。随着植被的恢复和土壤结构的稳固，其功效也变得微弱，此时可铺设于其他沙地，发挥功效，节约成本。

3. 草方格沙障

草方格沙障是把麦秸、稻草等材料，半截出露，半截栽入流沙，增大地表粗糙度，改变空气流场，降低近地表层气流速度，减弱输沙能力，达到防风固沙效果。设置沙障后，草方格中细粒物质增多，使沙面紧实，能将空气中凝结水分和降水蓄积在沙层表面，一定程度上为植物种子萌发和浅根性先锋植物生长提供短暂的水分供应，改善沙土水分状况。随着时间的推移，草方格经干湿交替、风蚀等理化作用及人畜的损坏，地上部分逐渐分解损耗，损坏严重地段需及时补设，确保固沙作用的正常发挥。同时，在分解过程中，活化了土壤微生物，加速了微生物对地下部分的矿化作用，丰富了沙土中的有机质，使土壤肥力提高，改良了土壤状况。

2.4.4.2 生物复合模式

生物治沙主要是通过对沙漠地区天然植被的管护抚育和更新利用，以及人工种植乔木、灌木和草本植物，巩固和提高沙区植被覆盖度，控制流沙移动，是一种经济有效的措施，也是在机械固沙的基础上治理沙漠的根本途径。

1. 封沙育林（草）

封沙育林（草）是在自然条件较好，有植被恢复能力的地区，采取必要的保护和管理措施，增加沙地植被覆盖率，防止风蚀和就地起沙，截阻流沙前移，促进天然植被恢复，使作物免遭风沙和沙尘暴的危害。在半固定沙丘、滩地以及有封育条件的沙荒地采取封育林措施，在风沙危害特别严重地区和恢复植被较困难的地区实行全封方式，禁止樵采；对有一定目的树种、生长良好、林木覆盖度大的封育区采取半封方式，严格控制放牧；在有一定植被的沙丘上建群种、种源的封育区，通过设置围栏和人工保护，促使植被逐渐恢复；对仅靠天然条件恢复植被困难的地段，需要利用人工植苗、撒播促进更新，以使植被恢复。

2. 完善农田防护林网

农田防护林在改善农田小气候，减免干热风，降低地下水位以及春秋季起保温作用的同时，在防风固沙、保障粮食安全、促进农村经济发展中发挥重要作用，特别是在风沙危害严重的临泽地区，防风效应更为显著。

林网更新改造可增强防护林的复层郁闭水平，增加林下植被盖度，诱导形成层次结构完整、功能多样的森林群落，减轻水土流失，提高防风固沙的生态功能。根据临泽农田林网的现状，适当放宽农防林的采伐政策，有计划地对成熟和过熟的农防林带予以带内更新改造，缓解林耕矛盾。同时，对受病虫害严重及林带老化严重且已经丧失防护效益的残次林带应允许采伐。根据立地条件，选择杨树、梭梭等适应性强、成活率高的树种采取疏透结构或通风结构重新抚育造林。

3. 营建防风固沙林带

防风固沙林是控制和固定流沙，防止风沙危害，改良沙地土质，变沙漠为农、林、牧业生产基地的有效措施。临泽县通过多年的建设，沿南、北、中三条风沙带已建成长达187km的防风固沙林带，但尚未形成完整的防护林体系，其防护作用有限。

本着因地制宜的原则，在风沙侵袭的前沿地带营造樟子松、沙地柏等速效林带，采取固沙先锋树种与目的树种搭配的方式营造林分结构稳定的混交林，使防护林具备生长快、枝叶茂密、根系发达、繁殖容易等特性，以求维护防护林的多样性，可以使人造林具有较强的抵抗力和稳定的生态功能，形成可持续、可再生、防风固沙功效更强的防护林带。

2.4.5　沙漠资源开发利用

“沙产业”（deserticulture）理论由我国著名科学家钱学森在1984年首次提出的。他认为：沙漠和戈壁并不完全是不毛之地。目前，人们对沙漠和戈壁利用有限，它的潜力远远没有发挥出来，应利用现代科学技术，通过植物光合作用，固定转化太阳能，发展知识密集的农业型产业，沙产业寓沙漠治理于开发之中，将环境保护、沙漠化的防治与区域经济发展紧密结合了起来。

临泽县发展沙产业有着丰厚的自然资源，且沙产业的发展已有一定经验，沙产业发展前景广阔，沙产业发展已成沙区经济发展的新途径。立足于生态建设，在有条件的地区发展节水、观光、低耗能、高效益的新型农业，如能源林、特色林果、药用保健林建设等，拓宽群众的增收渠道，提高沙区群众和社会各界参与治理沙漠的积极性。

近年来，随着生活水平的提升，人们对体验大自然、返璞原生态的欲求愈发强烈。大漠的粗犷令人向往神怡，潜在的沙漠旅游市场悄然形成。在不具备农业生产条件的地区可以尝试发展旅游业，临泽地区脆弱的环境，要求沙漠旅游必须走生态旅游道路，坚持整体规划、局部开发的指导思想。抓住“西部大开发”和“一带一路”战略机遇，拓宽开发领域，适度开发利用沙漠资源，逐步形成集科研、示范、推广为一体的沙产业体系，发展生态经济，实现沙区生态、经济和社会协调发展。

2.4.6 结语

临泽县沙漠资源丰富，其作为我国“三北”防护林工程中西北重要的生态安全屏障，战略地位和治理状况决定了沙漠治理和开发必须实施“观念引导、技术支撑、物质保障”三位一体的发展策略。通过提高广大群众的治沙意识，调动农民治沙的积极性，改“被动”为“主动”，投入治沙行动，建立政府提供物质基础和技术指导，农民担当主力军，社会各界参与的治沙队伍，将沙漠这条“黄龙”禁锢；围绕框架治理思想，结合机械和生物措施治理沙漠，不断创建新理论、新技术，提高治沙科技水平，使沙漠治理更有效率；坚持适度开发原则发展“沙产业”，使经济文化多元发展，为沙漠的后期治理提供资金支撑，实现沙漠治理和开发互利共赢。

参考文献

[1] 高志海，孙保平，丁国栋．荒漠化评价研究综述 [J]. 中国沙漠，2004，24（1）：17-23.

[2] 中华人民共和国林业部防治荒漠化办公室．联合国关于在发生严重干旱和/或荒漠化的国家特别是在非洲防治荒漠化的公约 [C] //国家林业局国际合作司编. 林业国际公约和国际组织文书汇编．北京：中国林业出版社，2002.

[3] 常影，宁大同．全球气候变化对中国土地荒漠化的影响 [J]. 地学前缘，2002，4（1）：22-23.

[4] 王涛．干旱区绿洲化、荒漠化研究的进展与趋势 [J]. 中国沙漠，1999，29（1）：1-9.

[5] 卢琦，吴波．中国荒漠化灾害评估及其经济价值核算 [J]. 中国人口．资源与环境，2002，45（4）：430-440.

[6] 王涛，吴薇，薛娴，孙庆伟，张为民，韩致文．近50年来中国北方沙漠化土地的时空变化 [J]. 地理学报，2004，59（2）：203-212.

[7] 石建忠，陈翔舜，张龙生，李晓兵，魏金平．甘肃省土地荒漠化状况及分析 [J]. 环境科学学报，2006（9）：1539-1544.

[8] 赵洪民，张龙生，魏金平，陈翔舜，尚立照，王小军，高斌斌．甘肃省土地荒漠化监测结果及动态变化分析 [J]. 中国水土保持，2012（6）：51-53.

[9] 慈龙骏，杨晓晖．荒漠化与气候变化间反馈机制研究进展 [J]. 生态学报，2004（4）：755-760.

[10] IPCC. Climate Change 2001：The Scientif ic Basis [R]. Cambri-dge：Cambridge University Press，2001.

[11] 中国气象局．中国气候与环境演变 [M]. 北京：气象出版社，2006.

[12] 叶柏生，李翀，杨大庆，等．我国过去50a来降水变化趋势及其对水资源的影响（I）：年系列 [J]. 冰川冻土，2004，26（5）：587-594.

[13] 王遵娅，丁一汇，何金海，等．近50年来中国气候变化特征的再分析 [J]. 气象学报，2004，62（2）：228-236.

[14] 张钛仁，张玉峰，柴秀梅，李自珍．人类活动对我国西北地区沙质荒漠化影响与对策研究 [J]. 中国沙漠，2010（2）：228-234.

[15] 慈龙骏，刘玉平．人口增长对沙漠化的驱动作用［J］．干旱区资源与环境，2000，14（1）：28－33．
[16] 临泽县县志编纂委员会．临泽县志［M］．兰州：甘肃人民出版社，2001．
[17] 朱震达．中国土地荒漠化的概念、成因与防治［J］．第四纪研究，1998（2）：145－155．
[18] 林年丰，汤洁．中国干旱半干旱区的环境演变与荒漠化的成因［J］．地理科学，2001（1）：24－29．
[19] 徐兴奎，林朝晖，李建平，曾庆存．利用卫星遥感资料对中国地表植被及荒漠化时空演变和分布的研究［J］．自然科学进展，2001（7）：29－33，115．
[20] 魏凤英．现代气候统计诊断与预测技术［M］．北京：气象出版社，1999：42－76．
[21] 国家林业局．第四次中国荒漠化和沙化状况公报［N］．中国绿色时报，2011－01－05．
[22] 鲍超，方创琳．干旱区水资源开发利用对生态环境影响的研究进展与展望［J］．地理科学进展，2008（3）：38－46．
[23] 李世奎．中国农业气候区划［J］．自然资源学报，1987（1）：71－83．
[24] 武金慧．甘肃省近50年降水量及气候变化趋势研究［M］．北京：气象出版社，1999：42－76．
[25] 李振山，张琦峰，包慧娟．我国北方典型沙漠化地区近30a风速变化特征［J］．中国沙漠，2006（1）：20－26．
[26] 黄小燕，张明军，王圣杰，辛宏，贺晋云．西北地区近50年日照时数和风速变化特征［J］．自然资源学报，2011（5）：825－835．
[27] 道然·加帕依，车罡．新疆东部地区风速的年代际变化及其成因［J］．干旱气象，2008，26（3）：14－21．
[28] 王鹏祥，杨金虎，张强，等．近半个世纪来中国西北地面气候变化基本特征［J］．地球科学进展，2007，22（6）：649－656．
[29] 刘玉璋，董光荣，李长治．影响土壤风蚀主要因素的风洞实验研究［J］．中国沙漠，1992，12（4）：41－49．
[30] 李岩瑛，杨晓玲，王式功．河西走廊东部近50a沙尘暴成因、危害及防御对策［J］．中国沙漠，2002，（3）：82－86．
[31] 李香云．干旱区土地沙漠化中人类因素分析［J］．干旱区地理，2004，27（2）：239－244．
[32] 童玉芬．中国西北地区人口增长对土地退化的驱动作用分析［J］．人口研究，2006（3）：56－60．
[33] 李政海，鲍雅静，王海梅，许田，程岩，高吉喜．锡林郭勒草原荒漠化状况及原因分析［J］．生态环境，2008（6）：2312－2318．
[34] 牛叔文，马利邦，曾明明．过牧对玛曲草地沙化的影响［J］．生态学报，2008（1）：145－153．
[35] 中华人民共和国国家统计局．中华人民共和国2013年国民经济和社会发展统计公报［J］．中国统计，2014（3）：6－14．
[36] 胡春力．我国产业结构的调整与升级［J］．管理世界，1999（5）：84－92．
[37] 王涛，朱震达．我国沙漠化研究的若干问题［J］．中国沙漠，2003，24（3）：209－214．
[38] 朱震达．中国的脆弱生态带与土地荒漠化［J］．中国沙漠，1991，11（4）：11－22．
[39] 刘国华，傅伯杰，陈利顶，等．中国生态退化的主要类型、特征及分布［J］．生态学报，2000，20（1）：13－19．
[40] 彭少麟．恢复生态学与植被重建［J］．生态科学，1996，15（2）：27－31．
[41] 临泽县县志编纂委员会．临泽县志［M］．兰州：甘肃人民出版社，2001．
[42] 张济世，康尔泗，赵爱芬，等．黑河中游水土资源开发利用现状及水资源生态环境安全分析［J］．中地球科学进展，2003，18（2）：207－213．
[43] 张济世，康尔泗，姚进忠，等．黑河流域水资源生态环境安全问题研究［J］．中国沙漠，2004，24（4）：425－430．
[44] 王根绪，程国栋．近50年来黑河流域水文及生态环境变化［J］．中国沙漠，1998，18（3）：233－238．
[45] 于秀波．中国重点地区生态退化、生态恢复及其政策研究［R］．中国科学院地理科学与资源研究

所，2000.
[46] 于贵瑞，谢高地，王秋凤，等．西部地区植被恢复重建中几个问题的思考［J］．自然资源学报，2002，17（2）：216－220.
[47] 胡良军，邵明安．黄土高原植被恢复的水分生态环境研究［J］．应用生态学报学报，2002，13（8）：1045－1048.
[48] 包维楷，陈庆恒．退化山地植被恢复和重建的基本理论和方法［J］．长江流域资源与环境，1998，7（4）：370－376.
[49] 刘贤德，孟好军，张宏斌．黑河流域中游典型退化湿地生态恢复技术研究［J］．水土保持通报，2012，32（6）：116－119.
[50] 孙涛，刘虎俊．3种机械沙障防风固沙功能的时效性［J］．水土保持学报，2012，26（4）：12－22.
[51] 赵光荣，江凌．防风固沙工程效果评价方法综述［J］．新疆农业科技，2012（1）：41－42.
[52] 高永，邱国玉，汪季，等．沙柳沙障的防风固沙效益研究［J］．中国沙漠，2004，24（3）：365－370.
[53] 王银梅，韩文峰，谌文武．化学固沙材料在干旱沙漠地区的应用［J］．中国地质灾害与防治学报，2004，15（2）：78－81.
[54] 史东梅，邹受益．人工固沙植被群落学特征研究［J］．干旱区研究，1999，16（2）：20－24.
[55] 范志平，曾德慧，朱教君，等．农田防护林生态作用特征研究［J］．水土保持学报，2002，16（4）：130－133.
[56] 靳芳，鲁绍伟，余新晓，等．中国森林生态系统服务功能及其价值评价［J］．应用生态学报，2005（8）：1531－1536.
[57] 王顺利，刘贤德，王建宏，等．甘肃省森林生态系统服务功能及其价值评估［J］．干旱区资源与环境，2012（3）：139－145.
[58] 陶希东，赵鸿婕．河西走廊生态脆弱性评价及其恢复与重建［J］．旱区研究，2002（4）：7－12.
[59] 邓东周，张小平，鄢武先，等．低效林改造研究综述［J］．世界林业研究，2010（4）：65－69.
[60] 石青梅，贺盈寿．谈我县林业生产中存在的主要问题和解决方法［J］．今日科苑，2007（16）：59.
[61] 杨爱东．阜阳市颍东区林业生产中的问题及对策［J］．安徽林业科技，2003（1）：37－38.
[62] 方兴东，潘可武，李志敏，等．中国互联网20年：三次浪潮和三大创新［J］．新闻记者，2014（4）：3－14.
[63] 尹立．“互联网＋”时代的思维与制度［J］．社会观察，2015（7）：9－12.
[64] 临泽县县志编纂委员会．临泽县志［M］．兰州：甘肃人民出版社，2001.
[65] 周洪华，李卫红，冷超，等．绿洲—荒漠过渡带典型防护林体系环境效益及其生态功能［J］．干旱区地理，2012（1）：82－90.
[66] 代力民，王宪礼，王金锡．三北防护林生态效益评价要素分析［J］．世界林业研究，2000（2）：47－51.
[67] 包长荣．西北地区农田防护林的作用［J］．中国农业信息，2015（4）：38－39.
[68] 寻良栋．开展林分改造建设生态林区的研究［J］．生态经济，1988（S1）：70－71.
[69] 康树珍，贾黎明，彭祚登，等．燃料能源林树种选育及培育技术研究进展［J］．世界林业研究，2007（3）：27－33.
[70] 舒洪岚，黄瑞华，刘国华．英国城市森林的发展［J］．江西林业科技，2003（6）：47－50.
[71] 许飞，邱尔发，王成．国外乡村人居林发展与启示［J］．世界林业研究，2009（5）：66－70.
[72] 李春雨．浅谈园林绿化在城镇建设的作用［J］．科技与企业，2012（12）：168.
[73] 杨朝应，刘兆刚．大兴安岭森林健康经营效果评价研究［J］．中南林业科技大学学报，2014（7）：27－31，49.
[74] 李旭昌，樊凯．江苏丰县林业生产中存在的问题及对策初探［J］．绿色科技，2010（12）：110－113.
[75] 邵瑞庆．物流成本的计量与核算［J］．上海立信会计学院学报，2009（2）：3－8.
[76] 赵霞．基于灰靶理论的快递服务评估研究［J］．企业经济，2009（5）：159－161.

[77] 王晓涛．“互联网+”让更多行业站上腾飞的风口 [J]．中国战略新兴产业，2015（9）：78-79.
[78] 邬贺铨．互联网应用领域的拓展 [J]．互联网天地，2015（1）：1-12.
[79] 白秀萍．俄罗斯林业管理体制改革经验与启示 [J]．世界林业研究，2006（3）：57-60.
[80] 杨志诚．集体林权制度改革的探索：回顾、思考、出路 [J]．江西社会科学，2008，11：219-223.
[81] 余丽．互联网国家安全威胁透析 [J]．郑州大学学报（哲学社会科学版），2015（2）：5-8.
[82] 王雪，卫发兴，崔志新．3S 技术在林业中的应用 [J]．世界林业研究，2005（2）：44-47.
[83] 张雁，谭伟，冯仲科．广义 3S 技术在林业上的应用现状与发展趋势 [J]．北京林业大学学报，2005（S2）：213-217.
[84] 康燕霞，张明，巴玉春，张恒嘉，何鹏杰．基于“互联网+”思维对黑河中游林分改造的探索 [J]．水土保持通报，2016，36（3）：316-320，328.
[85] 国家林业局．第四次中国荒漠化和沙化状况公报 [N]．中国绿色时报，2011-01-05.
[86] 临泽县县志编纂委员会．临泽县志 [M]．兰州：甘肃人民出版社，2001.
[87] 董光荣，吴波，慈龙骏，周欢水，卢琦，罗斌．我国荒漠化现状、成因与防治对策 [J]．中国沙漠，1999（4）：22-36.
[88] 中共中央马克思恩格斯列宁斯大林著作编译局．马克思恩格斯选集（第 2 卷）[M]．北京：人民出版社，2012.
[89] 中共中央马克思恩格斯列宁斯大林著作编译局．马克思恩格斯全集：资本论 [M]．北京：人民出版社，2003.
[90] 孙涛，刘虎俊，朱国庆，张莹花，马瑞，满多清．3 种机械沙障防风固沙功能的时效性 [J]．水土保持学报，2012（4）：12-16，22.
[91] 陈广庭，沙害防治技术 [M]．北京：化学业出版社，2004.
[92] 屈建军，刘贤万，雷加强，李芳，于志勇．尼龙网栅栏防沙效应的风洞模拟实验 [J]．中国沙漠，2001（3）：62-66.
[93] 李生宇，雷加强．草方格沙障的生态恢复作用——以古尔班通古特沙漠油田公路扰动带为例 [J]．干旱区研究，2003（1）：7-10.
[94] 陈祝春，李定淑．草方格沙障腐蚀过程中土壤微生物的作用 [J]．中国沙漠，1987，7（4）：42-45.
[95] 陈志超，李宁，刘昌华．古尔班通古特沙漠草方格沙障对土壤养分的影响 [J]．草业科学，2013，30（5）：699-702.
[96] 辛红兵．临泽县小泉子滩防风固沙林及防护林体系效益浅析 [J]．甘肃林业科技，2004（1）：51-53.
[97] 安保，白永祥，田志．库布齐沙漠治理技术与树种选择的研究 [J]．内蒙古林业科技，2003（S1）：36-39.
[98] 吕嘉．柴达木绿洲农田防护林建设更新改造探讨 [J]．防护林科技，2012（5）：102-104.
[99] 钱学森．发展沙产业开发大沙漠 [J]．学会，1995（6）：6.
[100] 钱学森．第六次产业革命和农业科学技术 [J]．农业技术经济，1985（5）：1-7.
[101] 樊胜岳，李斌．沙产业理论内涵探讨 [J]．中国沙漠，1999，19（3）：256-260.
[102] 黄耀丽，魏兴琥，李凡．我国北方沙漠旅游资源开发问题探讨 [J]．中国沙漠，2006，26（5）：739-744.

第3章 石羊河流域水—生态关系及水资源可持续利用

3.1 研究意义、研究内容与研究方法

3.1.1 研究意义

石羊河流域是河西走廊三大内陆河流域中人口最多，水资源开发利用程度最高，用水矛盾最为突出，经济社会相对发达而生态环境问题最为严重，水资源对经济社会发展制约性又极强的地区。在这样一个地区，分析研究流域水资源衰减状况及其成因，阐明水资源衰减对石羊河下游生态环境的影响，借此进行农业生态环境现状评价，针对水资源利用中存在的主要问题提出石羊河流域水资源可持续利用对策，对该流域水资源的配置和持续利用、生态环境建设及区域可持续发展战略具有重要意义。

本章相关研究成果和结论是对我国旱区水资源利用研究的进一步丰富与完善，为结合区域实际进行水资源高效利用提供了好的思路与方法，可为西北干旱内陆河流域水资源可持续利用提供重要依据。项目结合区域实际情况对石羊河流域水资源衰减状况及其成因、水资源衰减对下游生态环境的影响进行相关分析，对于农业生态环境的现状评价对干旱内陆河流域水资源利用研究具有一定的借鉴意义，在结合区域实际进行水资源高效利用方面具有较好的应用前景。此外，针对研究区水资源严峻形势和突出的生态环境问题提出的水资源可持续利用对策对保障我国西北干旱内陆河流域生态用水安全具有重要借鉴作用，应用前景十分广阔。

3.1.2 研究内容与研究方法

3.1.2.1 总体思路

石羊河流域是甘肃省河西内陆河流域中经济相对发达、人口多、水土资源开发早、利用程度高、用水矛盾尖锐、生态环境问题严重、水资源对经济社会发展制约性很强的地区。由于对水资源缺乏合理的开发利用规划与强有力的管理，中游过度地开发利用，导致地表水资源锐减，迫使过量开采地下水，引起区域性地下水位下降，进而导致生态环境急剧恶化，危及下游民勤绿洲的生存。因此，研究该流域水资源可持续利用对社会经济可持续发展具有实用和指导意义。

甘肃省政府2002年12月以民勤为重点的石羊河流域生态综合治理座谈会提出要求，以用抢救性措施保护民勤绿洲，遏制石羊河流域生态恶化趋势为目标，通过加强水资源管理，全面开展节约用水，大力调整产业结构，加快退耕还林（草）、植树种草和封育保护的步伐，着力改善生态环境，用5～10年的时间，在石羊河流域初步建立起节水高效的灌溉农业体系和节水防污型社会。使南部祁连山区水源涵养功能不再降低，水土流失得到初步控制；中部绿洲区逐步走上高科技、现代化的节约用水轨道，水资源得到高效利用，地下水水位下降趋势得到遏制，初步形成较为完备的生态经济型防护林体系，农田得到有效保护；北部风沙沿

线天然植被不再退萎，人工植被明显增加，生态环境有一定改善。

进入20世纪80年代以后，石羊河流域的社会经济飞速发展。然而，由此引起的生态环境问题却十分严峻，作为商品粮基地的石羊河流域已经存在十分严重的环境恶化问题。如果不采取积极的补救措施，由此而产生的后果可能会使金昌市的昌宁盆地和武威市的民勤盆地耕地沙漠化、绿洲侵蚀，最终致使绿洲消失。这种环境恶化的发展趋势，引起了各级政府的高度重视。应停止地下水严重超采现象，走节水灌溉之路，采取切实有效的水资源保护管理政策和措施，逐步恢复石羊河流域水环境与生态环境。必须坚持流域内的可持续发展。所谓可持续发展，就是科学、有计划地开发，使开发造成的影响与自然恢复平衡，达到人与自然和谐相处，长期共存。

目前，石羊河流域上下游水资源量不平衡，耗水量与可用水资源不平衡，地下水采补不平衡，人类活动的影响与自然恢复不平衡等十分严重。流域内现在是上游人吃下游的饭，现代人类吃子孙后代的饭。人类的掠夺式开发破坏了自己赖以生存的自然环境，必将受到大自然的无情惩罚。

可见，对水资源的合理开发利用以实现持续利用，是石羊河流域社会经济发展的中心任务。必须通过调查研究回答水资源衰减的成因；找出在水资源利用中存在的关键性问题；寻求最佳解决途径。

3.1.2.2 研究内容

（1）石羊河流域水资源衰减状况及其成因。

（2）石羊河流域水资源衰减对下游生态环境的影响。

（3）石羊河流域水资源开发利用及农业生态环境现状评价。

（4）石羊河流域水资源可持续利用对策。

3.1.2.3 研究方法及技术路线

本研究系统搜集石羊河流域20世纪50年代至20世纪末统计资料，全面查阅有关石羊河流域水资源及农业生态环境的研究文献，深入考究石羊河流域水资源利用和农业生产环境存在的问题、成因、发生发展规律，提出相应对策，以供决策部门参考。

本研究应用问题树分析法，研究分析石羊河流域水资源开发利用现状及存在问题，提出恢复与重建目标及方法；应用系统比较评价法及其他方法，从不同角度得出持续利用水资源的正确评价和结论，避免单一研究方法得出片面评价和结论。

3.2 石羊河流域水资源利用存在的问题

3.2.1 石羊河流域概况

石羊河流域是河西走廊三大内陆河流域之一，位于东经101°06′～104°04′，北纬39°10′～39°24′。石羊河起源于南部祁连山区，东起乌鞘岭，西止大黄山，北与巴丹吉林沙漠和腾格里沙漠相接，包括武威、金昌两市以及张掖市肃南裕固族自治县、山丹县和青海省门源县的一部分。全流域自东向西由大靖河、古浪河、黄羊河、杂木河、金塔河、西营河、东大河、西大河8条河流组成，除大靖河外，中部6条河于武威城附近汇成石羊河干流流入民勤县红崖山水库，后又进入民勤盆地，西大河及东大河部分在永昌城北汇成金川河入金川峡水库后进入金昌盆地。石羊河流域总面积4.16万km^2，占河西地区的15.4%。人类活动大部分集中在出山口以下的中下游地区，2000年，流域内总人口223.2万人，人口密度为54人/km^2，约为河西走廊平均人口密度的3.4倍，其中城镇人口60.4万人，城镇化水平27.1%；国内生产总值94.72亿元，人均4243元；工业总产值100.2亿元；总耕地面积30.445万hm^2，灌溉面积23.562万hm^2，农业总产值42.9亿元，农民人均纯收入2035元，粮食总产量99.7万t，人均占有粮食447kg。

该流域南部祁连山为高寒半干旱半湿润区，年降水量300～600mm，年蒸发量700～1200mm；中部走廊平原为温凉干旱区，年降水量150～300mm，年蒸发量1300～2000mm；北部为温暖干旱区，年降水量150mm，民勤县北部接近腾格里沙漠边缘地带年降水量仅有50mm，年蒸发量2000～2600mm。多年平均自产水资源量为15.61亿m^3，与地表水不重复的纯地下水资源量为1.0亿m^3，全流域自产水资源总量为16.61亿m^3，加上景电二期工程延伸向民勤调水6100万m^3和“引硫济金”工程调水4000万m^3，流域内可利用水资源量为17.62亿m^3，人均水资源量789m^3，是甘肃省水资源最为紧缺的地区之一。

该区域属典型的内陆河流域景观，依次为人工绿洲、天然绿洲、荒漠和沙漠。南部祁连山高山区以降水和冰山积雪融水为主要水源，山坡下为洪积平原，在中下游形成人工绿洲（绿洲农业区）、天然绿洲（非农业区），武威、金昌两市的农业生产主要集中在中、下游的绿洲农业区，部分农户生产生活在非绿洲农业区，北部由东向西依次为腾格里沙漠和巴丹吉林沙漠。

3.2.2 石羊河流域水资源利用中存在的问题

石羊河流域是河西走廊三大内陆河流域中人口最多、水资源开发利用程度最高、用水矛盾最突出、经济社会相对发达而生态环境问题最严重、水资源对经济社会发展制约性极强的地区。在这样一个地区，分析研究流域水资源衰减状况及其成因，阐明水资源衰减对石羊河下游生态环境的影响，借此进行农业生态环境现状评价，针对水资源利用中存在的主要问题提出石羊河流域水资源可持续利用对策，对该流域水资源的配置和持续利用、生态环境建设及区域可持续发展战略具有重要的意义。

3.2.2.1 *灌溉面积增大，水资源开发利用过度*

石羊河流域内水资源总量为15.61亿m^3，总水资源的最大可利用率为75.70%，则最大可能利用的净水量约为11.82亿m^3。扣除饮水等生活用水量0.50亿m^3、工业用水量1.31亿m^3，则净可用于农林业的水量为10.01亿m^3。按照净耗水定额4500m^3/hm^2计，最大可能灌溉面积约为22.24万hm^2，至20世纪90年代初流域内的灌溉面积已达33.37万hm^2，超过水资源最大负担面积达11.13万hm^2；至2003年年底，超载面积远大于此，这些超载面积靠超采地下水来满足作物的用水需求，致使地下水开采量逐年增加。1981年、1990年、2000年地下水开采量分别为4.91亿m^3、5.33亿m^3、6.48亿m^3。这样对地下水资源掠夺式的开采，仍不能满足灌溉需要。

3.2.2.2 *上下游用水矛盾突出，下游来水量逐年减少*

石羊河流域水资源的形成、分布、转化等水循环过程，受地质构造的制约，形成明显的中游盆地（南盆地）和下游盆地（北盆地）系列，河流出山后大部分水量被蓄引到永昌—武威洪积扇强透水带灌区——中游盆地，部分被蒸发、植物蒸腾，部分经渗漏转化为地下水至扇沿处，又以泉水形式溢出地表，聚集成为众多的泉水河，在武威盆地北缘先后复汇成石羊大河，为石羊河中游；部分水量（指洪水）直接沿原河道下泄流入下游，是下游地区的地表水资源。由于南盆地过量开采地下水，使下游河道泉水溢出量逐年减少。下游蔡旗站1980年、1990年、2000年下泄水量分别为2.38亿m^3、1.79亿m^3、1.14亿m^3；至2002年下泄水量为 0.84 亿 m^3，2004 年出现了断流现象，致红崖山水库干涸。由于可用地表水资源逐年减少，民勤县为解决农村饮水和工农业生产用水问题便大量超采地下水，致使地下水水位持续下降，超过了生态系统正常生存的地下水埋深极限，造成了大面积天然植被枯死；地表水对地下水的补给量减少，地下水含盐量又相对增加，导致地下水水质变差，给生态环境和水环境带来了一系列灾难性变化。

3.3 石羊河流域水资源衰减及其成因

3.3.1 石羊河流域水资源衰减趋势

经统计计算，石羊河流域水资源呈衰减趋势，这无疑对该流域农业生产、人民生活、生态环境建设和社会经济的可持续发展都有较大的制约和影响，对下游区的综合发展更为不利。河西走廊被确定为我国重要商品粮基地后，许多相关单位和科技人员对基地赖以生存和发展的水资源都十分重视，有不少研究报道普遍认为，全流域水的总量呈衰减趋向。石羊河流域水资源衰减应从两个层面去考虑：一是出山口水量与降水量的总量是否衰减；二是中、下游各游段来水量是否衰减。该区深居大陆腹地，属内陆干旱区，年降水量少、蒸发量大，其特点是无灌溉便无农业生产，为典型灌溉农业区，水资源成为人们赖以生存和发展的基础资源，而该流域又属资源型缺水，支撑经济社会的发展能力有限，若对水源地失之养护，全流域统一管理不力，从总体上势必出现供不应求的衰减趋势。

水资源的衰减主要从水资源的变化规律和变化趋势去分析，然后得出恰当的结论。石羊河流域 1980—2004 年水资源量分析表明，年内变化四季分明，长期呈缓慢减少的趋势（许文海，2004）。

3.3.1.1 水资源变化规律

石羊河流域水资源年均总量为 15.61 亿 m^3，水资源的年内分配因受补给条件的影响四季分明，一般规律是：冬季由于河流封冻，径流靠地下水补给，1—3 月来水量占年总量的 6.59%，这一时期为枯季径流；4—5 月以后气温明显升高，流域积雪融化和河网储冰解冻形成春汛，流量明显增大，来水量占年来水量的 15.76%，这一时节正值农田苗水春灌时期。夏秋两季是流域降水较多而且集中的时期，也是河流发生洪水的时期，6—9 月来水量占年来水量的 64.22%。10—12 月为河流的退水期，河流来水量逐渐减少，其来水量占年来水量的 13.43%。

3.3.1.2 水资源变化趋势

水资源的年际变化规律一般呈锯齿状振荡，其变化趋势不明显。将各站年平均流量过程线用直线方程拟合，各支流直线方程的斜率均小于 0，说明水资源的长期变化总体上呈缓慢减少的趋势。用线性趋势检验法检验，各站趋势均显著，说明石羊河流域各支流水资源数量随时间有明显的减少趋势。

3.3.1.3 下游水量急剧衰减

由于气候和人类活动的影响，石羊河流域的地表水资源量呈逐年减少趋势，流域中、上游区耗水量大量增加，致使石羊河下游的水量已经由 1949 年的约 4.0 亿 m^3/年，1970 年的约 3.5 亿 m^3/年，逐年减少到目前的约 0.8 亿 m^3/年，年径流量是 1949 年的 1/5。1970—2004 年下游累计减少地表水量 80 亿～100 亿 m^3，2004 年 7—8 月出现石羊河干流历史上第一次断流，断流时间长达 1 个月，这对下游民勤县来说是灾难性的。石羊河干流来水量、红崖山入库水量对比图如图 3.1 所示。

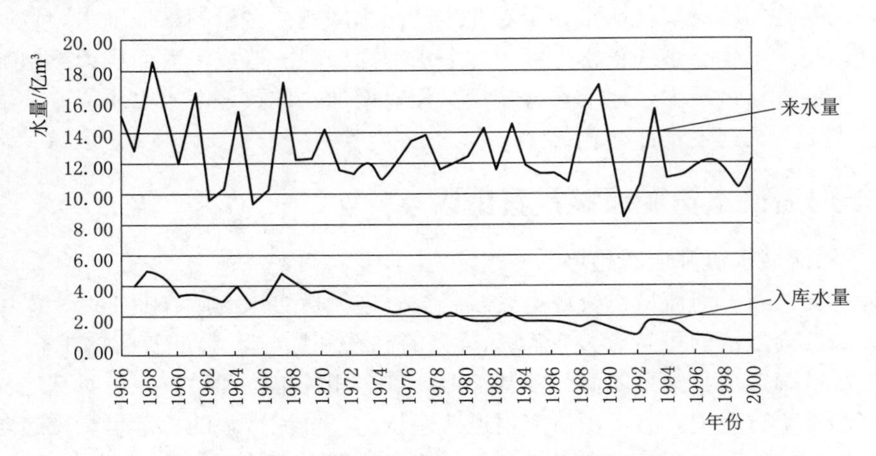

图 3.1　石羊河干流来水量、红崖山入库水量对比图

3.3.2　石羊河流域水资源衰减成因分析

通过主要统计分析全流域出山口平均径流量的演替、下游民勤县的来水量变化和地下水水位的变化，分析衰减的成因。

3.3.2.1　全流域出山口年均径流量及衰减统计分析

1. 年均径流量统计分析

根据各水文站实测流量资料统计计算，得出石羊河流域上游各支流出山口年均径流量和年代年均流量，见表 3.1。

表 3.1　上游各支流出山口年均径流量和年代均径流量 单位：亿 m³

年　份	年均径流量	年代年均径流量
1955—1959	17.524	17.524
1960—1964	14.376	14.205
1965—1969	14.034	
1970—1974	13.776	14.067
1975—1979	14.357	
1980—1984	14.938	15.234
1985—1989	15.529	
1990—1995	13.716	13.328
1996—2000	12.870	
平均	14.569	

从表 3.1 中可看出，在 20 世纪 50 年代后期平均径流总量为 17.524 亿 m³，进入 60 年代呈急剧减少趋势，至 70 年代末，呈稳中有降趋势，后又由 70 年代的 14.067 亿 m³上升到 80 年代的 15.234 亿 m³，90 年代减少到 13.328 亿 m³。这一统计结果与中国科学院权威专家组承担的中国西部环境演变评估国家重点攻关项目报告的结果基本一致，该研究结果是 1965—1994 年河西地区出山径流量变化趋势是稳中有升，80 年代比多年平均增加 4%，进入 90 年代，减少 4.5%。甘肃省水文总站统计：90 年代末减少 8.5%。石羊河流域水资源总量呈衰减趋势，已成不争事实，因何原因引起，有必要予以分析。

2. 年均径流量衰减成因分析

(1) 祁连山毁林开荒，涵养水源功能减弱。

1) 祁连山森林涵养水源的功能。对于祁连山森林的作用，古人早有很多赞语。

近些年对祁连山森林研究的专家有许多中肯的论述，普遍认为祁连山森林的作用和重要性不可低估，主要表现在以下几方面：

a. 祁连山森林是山地贮水供水的中心，也是干旱区的心脏。

祁连山山地森林植被以其特有的森林作用与生物贮水与调节的功能，一方面捍卫着高山“冰源水库”的安全；另一方面通过山地森林的拦截与调节作用，使山区降水、地下水和冰雪融水的径流，源源不断地供应河西地区中下游绿洲农田灌溉、城市生活与工业使用，以及内蒙古西部荒漠的胡杨林灌溉。山地森林涵养水源的作用，直接或间接地关系着中下游绿洲农林牧业的兴衰，这一功能在干旱区具有特殊的意义。如果说长江、黄河是我国南北大地的主动脉，江河上游发源地是它的心脏的话，那么祁连山系高山“冰源水库”（含大气降水）就是河西走廊的心脏，石羊河、黑河、疏勒河及其56条支流就是走廊地区的大小动脉。山地森林在维护山区大小河流的水源永不枯竭方面起了很大的作用。同时，如果没有山地森林，高山冰雪融水和大气降水所形成的径流就可能在瞬间倾泻到中下游酿成灾害。

b. 山地森林在水源涵养和防止侵蚀中的作用。

根据付辉恩的研究，祁连山森林的水文生态效益主要有三方面：

（a）林冠层对降水的截留与对径流的减弱作用。以苔藓云杉林为例，林冠层直接起到减少地表径流的作用。

（b）枯枝落叶苔藓层的蓄水作用。云杉林地表面积累的枯枝落叶苔藓地被物平均总量为97.3t/hm^2，容水量362.8t/hm^2，它如同海绵一样吸附着相当于自重3～4倍的水量，持续地将其保持在林内。苔藓地被物含蓄的水量为865～1651t/hm^2，祁连山现有12万hm^{2}云杉林，以此推测估算，仅云杉林含蓄的总水量就相当于1亿～2亿m^{3}的天然绿色水库。祁连山林区高山灌丛林约28.7万hm^2，与云杉林相比，它是一个更大的绿色水库。祁连山森林的水文生态效应见表3.2。

表3.2　祁连山森林的水文生态效应

森林类型	地被物覆盖度/%	林冠层对降水的截流量/%	枯枝落叶苔藓地被物总量（干重）t/hm^2	容水量/(t/hm^2)	根系总重量/(t/hm^2)
苔藓云杉林	95	28.4	97.3	362.8	58.3
祁连园柏林	70	—	8.9	25.1	17.4
高山灌丛林	90	—	22.9	95.0	21.8
平均	85	—	43.0	161.1	32.5

（c）根系层的防止侵蚀与水文调节作用。由表3.2而知：云杉林每公顷根系总重量为58.3t，约是园柏林的3.4倍，约是高山灌丛林的2.7倍。根系总量越高，保持沙土、防止侵蚀的作用越大。同样，土壤层根系总量愈多，土壤物理性质越好，土壤里含蓄水量也高，所蓄水能均衡、缓慢地流出林地补给河川径流。

c. 森林在调节河川径流、减免洪水灾害中的作用。

据测定，在坡长500m的距离内，枯枝落叶藓苔层内的水分，流到沟底需2h。土壤表土层的水分流到沟底需要72h。底土层的水分流到沟底需要4个月。河流上游的水总是清澈洁白的原因在于上游有森林。森林通过林冠层、枯枝落叶苔藓层和土壤根系的作用，尽可能地把降水、冰雪融水作为地下水贮藏起来，或者让雨水慢慢地流失。这样即使遇到暴雨时，也能减少水灾发生的危险，同时增加干旱期河流、水库的水量。这种水源涵养作用，只有在山地培育森林才能获得。总的来看，有林地全年的水流失量比无林地少。这是由于林地渗透能力大，减少地表径流、增加地下水量，故能减少洪水发生。相反，在干旱期，林地的水流失量增加，可以补充河水水量，因此祁连山森林有调节径流、抑制洪水的作用。

d. 森林是绿洲的屏障、农牧业的基础。

河西走廊的农业是典型的灌溉农业，历史悠久。千百年来张掖、武威繁荣不衰，究其原因，主要是依赖于山地森林涵养的水源，森林使山区河流永不枯竭。林多水丰，林少水枯。它关系着绿洲的兴衰与存亡。河西走廊地区约有 66.7 万 hm^2 农田和山地草甸草原依靠祁连山冰雪融水（包括降水）灌溉。每年春夏旱季，高山冰雪融水徐徐流入大小灌渠，供应平原绿洲灌田播种之用；盛夏与夏秋之交，气温升高，高山冰雪强烈消融，融水确保农作物大量用水的需要。至夏秋溶化之雪水微弱时，石羊河水量少而低，则不能入渠灌溉，有干旱的可能。

e. 山地森林在维护干旱区生态平衡中起着重要的作用。

祁连山森林地处欧亚大陆腹地，远离海洋受高山阻隔，镶嵌分布于广大荒漠景观之中，山地周围环境被干旱荒漠、半荒漠、干草原、沙漠和盐碱荒地等自然景观所包围。干旱区各类生态系统内的有机体与环境条件相互依存的生态平衡是非常脆弱的；在人类过度利用资源的情况下，这种生态平衡极易遭到破坏，破坏后恢复困难而缓慢，甚至无法恢复。因此我们要正视石羊河流域自然环境脆弱的特点。就实际情况来看，主要是：一是南有祁连山森林，山区蕴藏丰富的水资源；二是西北有干旱风沙侵袭；三是中间的盆地，有不连续状分布的绿洲。它们三者之间都代表着不同的生态系统，各生态系统之间相互制约、相互影响，而山地森林生态系统是陆地生态系统的主体，在维护各生态系统的生态平衡中起着决定性的作用。如果没有山地森林涵养水源与供水，内陆河流就会枯竭，绿洲难以稳定发展，干旱风沙难以治理。在水源不足、干旱风沙侵袭下，也很难期望石羊河流域社会经济和人类生存能获得持续发展。因此在开发利用时必须十分重视各类生态系统的脆弱性，务使全流域开发利用程度不要超越自然资源（如森林、草原、水资源、土地资源等）临界极限的承载力。

祁连山水源林是“三北”防护林体系的重要组成部分，也是干旱、半干旱区生态环境条件的重要构成部分。它的存在对维护干旱区生态平衡确有不可低估的作用。人类如果无视它的存在与作用，就要遭受自然规律的无情惩罚。

2）祁连山森林变迁与生态环境演变。祁连山古代森林多，且有着悠久的历史。随着历史的变迁，战火烧毁、军屯兵伐，以及私伐和盗伐，致使祁连山森林遭到严重破坏，逐渐形成的荒凉景象。至中华人民共和国成立初期，幸存下来的森林面积仅 13.3 万 hm^2，1958—1980 年，在砍伐过度、人口增加、毁林开荒的压力下，祁连山森林又遭到了严重破坏。值得庆幸的是，1980 年甘肃省政府对祁连山森林划定为水源涵养林，并作出 10 年内停止采伐森林的决定。这一决定十分重要，对于逆转祁连山森林资源消耗、使森林获得一个短期休养生息的机会，以及缓和走廊地区生态环境恶化的趋势，都有着十分重大的意义。

至 1980 年，祁连山森林面积仅保存 11.1 万 hm^2，与中华人民共和国成立初期相比，森林面积减少 16.5%，森林带下限由 1900m 退缩至 2300m，森林的踪迹仅见于酒泉以东的深山偏远地带，在浅山近百里范围的森林已完全消失。石羊河流域的水源地——祁连山东部龙岭北坡油松林等已砍伐殆尽；桦木林等林种已退化。东部浅山地带约有 2.5 万 hm^2 灌木林被毁，水土流失面积扩大到43.4万hm^2。上游的森林摧毁，山区水文环境恶化。祁连山系的一些大小河流，逐渐演变成沉沙乱石，旱则涸，涝则泛的害河。发生了山洪暴发、漂没田禾、人畜遭灾等的生态灾难。

截至目前，野生动植物遭捕杀情况严重。近10年来，毁林超载放牧、游牧方式也是造成水源林破坏和造林成效低的重要原因。

(2) 气温变暖，降雨量减少。在全球气候变暖的情况下，我国气候也趋于变暖，但具有明显的地区性和波动性。根据现有统计资料，西北大部分地区在20世纪30—40年代温度最高，50年代温度开始迅速下降，60—70年代为相对低温期，70年代末开始波动上升至今。对甘肃省河西内陆河流量长期变化特征（冯建英等，2003）的研究表明，气温变暖使积雪消融、径流量增加，而温度变暖缓慢有限，径流量的大小主要取决于水源区降水量。祁连山雪线上升，但这一融雪过程并未增大径流量。其主要原因为山区降水量的减少。

降水量变化有区域性差异，其变化趋势不如温度明显。近50年来西北各地降水量的变化呈现东降西升的趋势，其界限大致在石羊河流域，也就是说该流域的降雨量处在升降不太确定的区域。由于径流量的变化一般与降水量一致，但变化的幅度不一定与降水量完全一致。石羊河流域出山口年均径流量的减少，在气温升高的情况下就应该有个合理的解释；天然降水不足是根本，人为加剧不可忽视。

3.3.2.2 下游区民勤县来水量剧减分析

1. 民勤县来水量统计分析

红崖山水库是石羊河流域下游民勤县的沙漠水库。它的水容量直接关乎民勤绿洲的生死存亡。1955—2000年的上游各支游出山口年均径流量与红崖山水库入库径流量对比见表3.3。

表3.3 上游各支流出山口年均径流量与红崖山水库入库径流量对比

年　份	上游各支流出山口年均径流量* /亿 m^3	进入下游民勤县的径流量* /亿 m^3	进入下游径流占出山口径流比例/%	中、下游用水比
1955—1959	17.524	5.527	31.5	1∶0.46
1960—1964	14.376	4.471	31.1	1∶0.45
1965—1969	14.034	4.437	31.6	1∶0.46
1970—1974	13.776	3.737	27.1	1∶0.37
1975—1979	14.357	2.712	18.9	1∶0.23
1980—1984	14.938	2.359	15.8	1∶0.19
1985—1989	15.529	2.215	14.3	1∶0.17
1990—1995	13.716	1.650	12.0	1∶0.14
1996—2000	12.87	1.070	8.3	1∶0.09
平均	14.57	3.131	21.2	1∶0.284

注：带*项目是根据各水文站实测流量计算得到的。

从表3.3可以看出，流域内主要支流出山口径流量均值为14.57亿m^3，20世纪70年代以前进入民勤县的水量占出山口各支流水量的比例为31.1%～31.6%。20世纪70年代以后，由于中游地区水量消耗逐年增加，进入民勤县的水量占出山口各支流水量的比例逐年减少。到 20 世纪 90 年代后期，实际进入下游的水量不到 1.07 亿 m^3，占出山各支流水量的比例仅约 8.3%。

2. 民勤县来水量急剧减少的原因分析

(1) 上游径流量减少，下游来水量相应减少。石羊河流域上游径流量的减少，使原本用水短缺的全流域缺水问题更加突出，下游从地域上就处于劣势位置，来水量剧减成为必然。

(2) 中游用水量增加，导致下游来水量剧减。进入 20 世纪 70 年代，全流域甘肃大修水库和渠道，大规模垦荒种地，以发展粮食生产。特别是 20 世纪 70 年代末以来，流域灌溉面积发展更快，这在一定程度上对缓解甘肃省粮食压力、支援中部地区产业结构调整和支持全省经济发展都发挥了重要作用。但是，这种灌溉和种植的优势，是建立在对自然资源，特别是水资源过度索取的基础上，农业灌溉占用了大量的水资源，挤占了生态环境用水，加剧了生态环境的恶化，造成流域上下游之间的用水矛盾十分尖锐。

地处中游地区的武威盆地，是人口密度大、垦殖条件较优的地区。拦蓄引水，“近水楼台先得月”，到了 2004 年，中游人将流入下游的水“拦腰斩断”，致红崖山水库干涸。按照进入下游民勤县境内的径流平均比例为 21.2%计算，21 世纪初径流量约 12 亿 m^3，进入民勤县的径流量应约为 2.54 亿 m^3，很多水因被中游挤占而未能流入民勤县。

中游灌溉面积的增加和大水漫灌的灌溉方式，蓄水蒸发，工业用水的增加、污染和浪费，城市人口的扩容等，这些因素的联合作用，使中游的武威盆地域内整体耗水剧增，致下游民勤县的来水剧减，直至断流。

3.3.2.3 小结

通过对石羊河流域水资源的分析研究，可知全流域水资源总量呈缓慢减少的结论较为客观实际，其原因是祁连山区降雨量减少（冯建英等，2003），水源区涵养林减少，涵养水源功能退化，蒸发量增大，出山口径流量相应减少。

中、上游地区垦荒种植，尤其中游武威盆地人口的增加较 40 年前多出 70%以上，除农业人口自然增长外，农垦系统人员的进入，使种植面积无节制增大；城市用水量和工业用水量的增加及对水的污染浪费，致使下游民勤盆地来水量急剧衰减，直至断流。

3.4 水资源衰减对下游绿洲生态环境的影响

石羊河流域水资源总量不足，供需矛盾十分突出，地处下游地区的民勤县处在用水十分不利的位置。民勤县现有人口 30 万，耕地面积 6.87 万 hm^2，年来水量不足 1 亿 m^3，按 $7500m^3/hm^2$ 的灌溉定额计算，有 4/5 的耕地无灌水保障，只能靠超采地下水灌溉，以发展农业生产。来水量不足和超采地下水，已使昔日水草丰美的滨湖绿洲——土沃泽饶、可耕可渔的民勤县，变成了生态危机县、贫困县。

石羊河流域现有水资源人均占有量 $789m^3$，是甘肃省的 1/2 和全国的 1/3；耕地亩均水量 $220m^3$，不足全省的 1/3 和全国的 1/8。根据国际标准，不影响生态环境的水资源合理开发利用率不超过 40%，我国因为水资源紧张，一般采取的标准是 60%～70%。但是就河西地区来讲，现在石羊河的总用水量占了水资源总量的 154%（钱正英，2001），年实际耗用水量达 $15.54m^3$，年缺水 4.0 亿 m^3 多。随着工农业生产的发展、人民生活水平的提高以及土地资源的开发利用对水资源的需求与日俱增，使水资源供需矛盾更加突出。

石羊河流域水资源衰减对下游绿洲生态环境的影响具体表现为以下方面。

3.4.1 上游来水量不足，下游超采地下水

水资源短缺是严重的生态危机之一。人们当地表径流量不能满足需要时会转而开采地下水，地下水开采量随着地表来水量的减少和耕地面积无计划的扩大而逐年增加。民勤盆地地下水补给以渠系渗漏和田间回归为主，长期持续超采地下水，破坏了区域性地下水平衡，引起整个盆地区域性地下水水位下降（陈荷生，1984）。20 世纪 60 年代末期，民勤当地居民用柴油机抽取地下水；70 年代人工打锅锥井，深 30～40m；70 年代中期到末期，用电机打井，深 60～70m；80 年代中后期，用深井泵打井，井深为 80～100m；现在用钻机钻井，井深已达 300m。民勤盆地地下水在现状条件下补给量为 3.4 亿 m^3/年（民勤县人民政府，2002），但年开采量达 4.5 亿～5.0 亿 m^3，累计超采 36.28 亿 m^3，形成 986km^2的降落漏斗，地下水水位累计下降 10m 以上，局部地方达 40m 以上，使大批机井报废，更新换代达 5 次之多（施炯林，2000）。据 1999 年民勤县水利部门提供的资料，民勤县配套使用的开采机井达 9200 多眼，现状开采量 6.04 亿 m^3/年，扣除回归水量 1.81 亿 m^3/年，净开采量为 4.23 亿 m^3/年，远远超过民勤盆地现有 2.74 亿 m^3/年的允许开采量，超采量 1.49 亿 m^3/年（丁宏伟等，2003）。目前全县 300m 的深井已有 100 眼，每年用于打井和维修机井的费用达 5000 多万元。

民勤盆地是石羊河下游的水盐聚积区。由于水量减少，地下水超采，整个地区旱化，盐分积累的特征变为由深层向浅层聚积，向表土层积累。地下水下降漏斗形成后，周围的高矿化度水补给绿洲，加之反复提灌、反复消耗浓缩，目前地下水矿化度以每年 0.3～1.48g/L 的幅度提高（朱震达等，1994）。湖区北部地下水可溶性固体物质总量（TDS）由 20 世纪 50—60 年代的 2g/L 左右上升到 90 年代的 4～6g/L，年均增加 0.05～0.08g/L，局部地带已高达 16g/L。泉山、红沙梁等地 *TDS* 由 1.5～2g/L 上升到 3～4g/L，年平均增加 0.04～0.05g/L；民勤县城附近地区也以每年 0.03g/L 的速度上升。由于水源枯竭，水质恶化，全县有 10 万人、16 万头牲畜饮用水源严重不足，湖区一带甚至出现了因人畜饮用水源匮乏而举家外迁的“生态难民”（丁宏伟，2003）。

3.4.2 地下水水位下降，植被大面积衰退

植被衰退主要表现为由湿生系列向旱生、盐生、沙生系列演替。由于地下水水位不断下降和人们为了眼前的利益盲目开垦沙荒地，超载放牧，挖掘甘草、麻黄等药材，导致天然植被衰亡，大片固定、半固定沙地遭到破坏。据不完全统计，从 1985—1995 年的 10 年间，民勤绿洲开垦荒地达 3 万 hm^2，破坏天然植被 0.8 万 hm^2，目前有近 60%的新垦荒地由于水资源不足而被弃耕，如民勤红崖山水库南部有 100hm^2多的农田因沙漠化而被弃耕（张革文等，2001）。绿洲边缘的大部分防风沙天然屏障蜕变，现有林木植被因严重缺水出现大面积枯梢或死亡。天然沙生灌木林由 20 世纪 50 年代的 13.3 万 hm^2下降到目前的 7.3 万 hm^2，其中已有 3.6hm^2退化，1.3 万 hm^2沙化，保存较好的不足 1.1 万 hm^2。

沙枣为浅根系的植物，其生长情况取决于地下水水位、水质和土壤情况。沙枣生长情况也能直接反映出地下水水位变化和林地沙化的关系，地下水埋深 2～3m 时沙枣生长正常；4～5m 时生长不良、枯梢、少数死亡，轻度荒漠化；5～6m 时，大部分枯梢、衰败，中度荒漠化；大于 6m 时，大部分林木死亡，强度荒漠化。天然灌丛的生长情况同样与地下水水位有直接关系，地下水埋深小于 5m 时，红柳、白刺生长正常，覆盖度大于 40%；5～7m 时，生长退化、枯梢、少数死亡，覆盖度大于 30%，轻度荒漠化；7～8m 时，严重退化、

大部死亡，覆盖度大于10%，中度荒漠化；大于8m时，全部植被死亡，强度荒漠化。地下水连年超采，绿洲区绝大部分面积的地下水水位超过“生态警戒水位”，林木立地条件差，使成片的沙枣、红柳枯梢、死亡，面积达0.879万hm^2。白茨柴湾总面积为6.9万hm^2，其中退化3.64万hm^2，沙化1.33万hm^2，全县森林、植被覆盖率仅有4.8%（施炯林，2000）。20世纪50—60年代种植的成片沙枣、杨树林等，已到生理寿命中期，开始大量衰败。中华人民共和国成立后人工栽植的8.7万hm^2以沙枣为主的人工林，保存面积只有3.5万hm^2。沙枣林中有0.64万hm^2成片死亡，0.58万hm^2枯梢，人工灌木林中有0.75万hm^2死亡。新植的幼林因缺乏抚育经费，森林病虫鼠害时有发生，造林、成林、保护尤为艰难。

草被也从湿生系列的草甸植被逐步向旱生系列演化。民勤县共有天然草场85万hm^2，其中荒漠草场面积占2/3以上，产草量低，产鲜草量不足800kg/(hm^2·年)。青土湖2m高的芦苇已消失，退化为10cm高的稀疏芦苇；马蔺、拂子茅几乎绝迹，已被盐生植被盐爪爪等取代；原来丘间低地、湖畔的湿生植被为白刺群落替代；河渠过水量的减少使渠边原2m多高的红柳现退化为仅1m高；半固定沙丘的梭梭也正为沙拐枣、油蒿等取代。植被覆盖度的降低导致生物量也显著降低（朱震达等，1994）。20万hm^2的半荒漠天然草场，覆盖度由20世纪50年代的30%下降到10%以下（张海元，2001）。有近26.67万hm^2天然沙砾草场退化为荒漠草场，草场沙化面积达44.63万hm^2。由缺少水源引起的地下水水位下降，使原来封育良好的33.3万hm^2柴湾退缩枯萎，丧失固沙作用；53.3万颗沙枣树枯死，33.3万hm^2湿生草甸变成盐渍荒滩。湖区原有天然白茨面积3.6万hm^2，现保存面积不足1.0万hm^2。历史上湖滩荒地生长旺盛的芦草、芨芨等草甸植被凋萎死亡，大面积人工林干枯，绿洲边缘的防沙屏障逐段开口，使原本固定的沙丘重新复活。

缺水使民勤绿洲的实际干燥度由20世纪50年代的1.14上升到2.21，动物的数量急剧减少，加上人为的乱捕乱杀，昔日成群的黄羊、野鸭等不再复现；狐狸、狼、鹰、鹫、啄木鸟、蛇明显减少；野兔、老鼠因失去天敌，成群地由植被退化的荒漠向绿洲内部迁徙，啃树毁田，加剧了生态危机（朱震达等，1994）。

3.4.3 深采地下咸水灌溉，土地盐碱化加重

土地盐碱化加重，主要表现为绿洲土壤盐渍化加剧，盐碱化面积扩大，土地沙漠化严重，耕地撂荒。石羊河流域水资源扣除工业、人、畜等用水外，实际可用于农业灌溉的水量为13.2亿m^3，按本区灌溉试验田间净灌溉定额4500m^3/hm^2计算，可灌溉面积约29.3万hm^2，但目前全流域实际需灌溉土地面积为30.4万～33.0万hm^2，其中有10%的复种面积，为此实际需灌水面积比全流域水资源实际最大可承担的灌溉面积约多6.67万hm^2（陈荷生，1984）。民勤县全县7.7万hm^2耕地目前只能种植4.02万hm^2，其余已弃耕或已沙化。自20世纪60年代以来，有2.52万hm^2耕地因无水而弃耕，其中有0.61万hm^2是近10年湖区及沙漠边缘乡村弃耕的。湖区共有需灌溉土地近2.67万hm^2，其中半数以上撂荒，每年有2.0万hm^2的耕地直接遭受风沙危害。民勤县现有耕地6.41万hm^2，但可利用耕地不足4.0万hm^2。仅2001年全县撂荒耕地面积达0.4万hm^2以上（李禄仁，2002）。

民勤盆地是石羊河流域的水盐聚积区，盐分在土壤中向上扩散，单向运动，在时间和空间上经历着不可逆过程。20世纪70年代以来的频繁打井，使地下苦咸水穿层运动，破坏了上层淡水层水体的分布规律，高矿化度的地下水被反复提灌、消耗、浓缩。据地质部门的资

料，湖区地下水矿化度普遍为4～10g/L，最高矿化度达75.7～109.0g/L，且每年以0.3～1.48g/L的幅度递增。作物生育期每年灌水7～10次，灌溉定额按7500～9000m^3/hm^2计，当地下水矿化度为3g/L时，每年因灌溉在土壤耕作层造成的积盐可达22.5～27.0t/hm^2。过度开采地下咸水进行灌溉，造成了咸水灌溉型土壤盐渍化，这种盐渍化由原来的斑状分布发展成面状分布，由北向南逐年扩大，加重了民勤盆地土壤盐渍化。使盐碱化面积由50年代的1.05万hm^2、70年代的1.27万hm^2，到80年代初猛增到2.56万hm^2，仅80年代中、后期就净增0.81万hm^2，达3.37万hm^2（朱震达等，1994）。1992年5月民勤绿洲区内共有盐渍化土地4.08万hm^2，其中重盐碱化土地2.52万hm^2；中度盐碱化地0.84万hm^2，轻度盐碱化地0.72万hm^2（李福兴等，1996）。

3.4.4 植被大量衰败，土地沙漠化加剧

民勤绿洲内部与耕地交错分布的沙丘面积3.73万hm^2，其中流动沙丘约0.18万hm^2，20世纪50年代民勤县大力营造绿洲防护体系，曾使绿洲边缘与内部的沙地在一定程度上固定，沙漠化土地情况发生逆转，减轻了风沙灾害。如今由于防护体系的衰败，固定、半固定沙丘活化，逐步向密集的流动新月形沙丘演化。这一状况在绿洲边缘及内部（包括河床的输沙带下风向）均有出现。目前已经沙漠化的耕地有0.61万hm^2，沙压耕地0.52万hm^2。湖区30个村有867hm^2耕地被沙压，占耕地总面积的8.7%（朱震达等，1994）。

绿洲边缘植被的衰败，使天然防沙屏障逐段开口，风蚀加剧，沙漠入侵，主要风沙口沙丘以平均每年10m左右的速度推进。目前，民勤绿洲已有0.67万hm^2耕地被沙化，湖区2.0万hm^2农田被迫弃耕。绿洲内现已有约1/3的耕地受到风沙威胁（张海元，2001）。全县有近2/3的农田建起了可有效保护绿洲的防护林带，另有1/3农田直接受风沙侵袭。在绿洲边缘，风沙危害农田现象尤为严重。湖区北部沙丘以每年3～4m的速度前移，有30个村庄近9%的耕地被流沙埋压。湖区荒漠化土地每年以2.3%的速度增加，每年新增荒漠化土地466.6hm^2（张革文等，2001）。全县尚有亟待治理的流沙面积4.0多万hm^2，风沙口有69处。流沙以每年3～4m的速度向绿洲推进，个别地段前移速度达到8～10m，由于下游各种植被大面积萎缩、枯死，固沙能力减弱，荒漠化蔓延的势头仍在加剧（陆浩，2002）。

土地沙漠化也是导致沙尘暴产生的重要因素之一。我国强沙尘暴频次在10次以上的中心有3片，以民勤县为中心的河西及内蒙古西部地区即为其中之一（钱正安等，2001）。民勤县年均强沙尘暴日数达到29天。据统计，我国西北及内蒙古自治区中西部1952—2000年共发生强或特强沙尘暴近130次，甘肃民勤和新疆和田两地平均每年都多达30次左右。胡金明（1999）等的研究表明，1952—1998年，民勤盆地的沙尘暴年出现日数在35天左右，居全国之冠。1993年5月5日、1996年5月30日、2000年4月12日、2000年6月5日先后发生4次特大沙尘风暴，每次都使农田受灾面积超过3.33万hm^2，给全县农业生产造成直接经济损失达1.0亿多元。

3.4.5 农业生态环境恶化，脱贫农户重返贫穷

生态环境的恶化，严重影响着民勤县农业生产和农民生活水平。湖区一些刚刚脱贫的农民因生态环境的恶化又返贫困。一方水土难养一方人，许多人不得不背井离乡，成为“生态难民”（马维坤等，2002）。近10年来，湖区自然外流人口为6489户、26453人，其中2000年以来外流2111户、8524人，分别占总户数、总人口的12.2%、10.4%。目前人口外流趋

势仍在继续加剧，特别是处于风沙沿线和地下无淡水的村庄，农户所剩无几，有的村庄全部外流（李禄仁，2002）。民勤县的生态环境还在继续恶化，不仅对当地人民群众的生存产生直接威胁，而且对全省乃至西北、华北的生态环境建设都造成了很大影响，在一定程度上抵消了多年来在生态环境保护和建设方面所做的努力（陆浩，2002）。2001 年 10 月 22 日，《中华工商时报》刊登了《民勤生态频频告急》的文章。中央电视台的《绿色空间》节目播出了反映民勤县绿洲生态环境的专题片——“飘逝的柳林”。多家报纸、期刊等媒体从不同侧面报道了民勤盆地生态环境的恶化状况，表明民勤县的生态环境问题不但引起各级政府的重视，也受到全社会的关注。

民勤盆地处于全国荒漠化监控和防治的前沿地带，是西北部风沙线上的一座桥头堡。民勤盆地在内蒙古自治区阿拉善左旗和阿拉善右旗之间，也是我国第三大沙漠巴丹吉林沙漠和第四大沙漠腾格里沙漠之间的一片绿洲，正是由于它的存在阻挡了我国第三、第四两大沙漠的合拢。民勤盆地生态环境的演变，在全国的生态格局中有举足轻重的战略地位。

3.5 石羊河流域水资源开发利用与农业生态环境现状评价

3.5.1 水资源利用现状及其评价

3.5.1.1 供用水量现状分析

石羊河流域内供水工程较多，工程类型有蓄水工程、引水工程和提水工程，供水能力 31 亿 m^3，仅武威市辖区内已建成中小型水库 16 座，2000 年流域内实际供水 28.54 亿 m^3，比 1980 年和 1995 年分别增长了 11%和 10%，主要是地下水开采量增加所致。石羊河流域 1980 年、1995 年、2000 年实际供水量对照表见表 3.4。

表 3.4 石羊河流域 1980 年、1995 年、2000 年实际供水量对照表

年份	项　目	地表水供水量				地下水供水	其他供水	合计
		蓄水工程	引水工程	提水工程	小计			
1980	水量/亿 m^3	10.32	5.62	—	15.94	9.80	—	25.74
	比例/%	40.09	21.83	—	61.92	38.08	—	100
1995	水量/亿 m^3	9.20	4.32	0.24	13.76	12.10	0.01	25.87
	比例/%	35.56	16.70	0.93	53.19	46.77	0.04	100
2000	水量/亿 m^3	9.95	3.94	0.01	13.90	14.47	0.17	28.54
	比例/%	34.86	13.80	0.04	48.70	50.70	0.60	100

3.5.1.2 地下水均衡分析

经对本流域平原区 2000 年地下水的均衡计算，平原区地下水总补给量 11.93 亿 m^3，如果扣除井泉水回归量 2.51 亿 m^3，则地下水补给量 9.42 亿 m^3。总排泄量 16.67 亿 m^3，如果减去井泉水浇灌回归量，实际消耗地下水 14.16 亿 m^3，地下水超采量 4.74 亿 m^3。地下水资源利用率为 121%。从地下水均衡分析判断，大靖盆地属于一般超采区，潜力指数为 0.74，武威盆地属于中等超采区，潜力指数为 0.57，民勤盆地和金川昌宁盆地属于严重超采区，潜力指数分别为 0.46 和 0.39，地下水已严重超采。

3.5.1.3 现状耗水水平分析

2000 年全流域总耗水量 21.35 亿 m^3，其中山区耗水量 0.46 亿 m^3；生产、生活、人工生态用耗水量 17.18 亿 m^3；天然生态及无效蒸发耗水量 3.71 亿 m^3。人均实际水资源消耗量 769m^3，公顷耗水量 4876.5m^3/hm^2，在中游凉州区人均实际水资源消耗量 742.1m^3，公顷耗水量 4720.5m^3/hm^2，下游民勤县人均耗水量 1653.8m^3，公顷耗水量 6915m^3/hm^2，分别约是中游凉州区的 2.23 倍和 1.46 倍，其人均、公顷均水资源消耗水平不仅在石羊河流域最高，而且在内陆河流域也是最高的。

3.5.1.4 用水效率分析

石羊河流域万元 GDP 用水量约 3014m^3，是全国平均水平的 4 倍，单方水生产粮食 0.41kg/m^3，低于全国 0.6～1.0kg/m^3 的平均水平。下游民勤县万元 GDP 用水量高达 8487m^3，为全国平均水平的 12 倍，单方水生产粮食仅有 0.23kg/m^3，充分说明石羊河流域水资源配置主要在低产出行业，单方水的利用效率较低。

3.5.1.5 现状供需平衡分析

按照现状用水水平，保灌面积维持在 22.38 万 hm^2，当置信度水平 $P=50\%$时，总用水量 28.54 亿 m^3，缺水程度 16.5%，若考虑灌溉面积全部达到低水平保灌，总用水量 31.86 亿 m^3，在全流域地下水超采近 4.74 亿 m^3的情况下，仍缺水 5.25 亿 m^3，缺水程度高达 31%，供需矛盾十分突出。

3.5.1.6 水资源开发利用率分析

按 2000 年的供水量计算，石羊河水资源的开发利用率（供水量与水资源总量的比值）为 162%，全国为 20.0%，西北地区为 53.3%，内陆河流域为 52.5%，河西走廊为 92%，可见石羊河流域水资源开发利用率最高，主要是由于水资源的重复利用和超采地下水所致，该区开发利用时完全没有考虑生态环境的用水。2000 年西北地区内陆河流域各河流水资源开发利用率如图 3.2 所示。

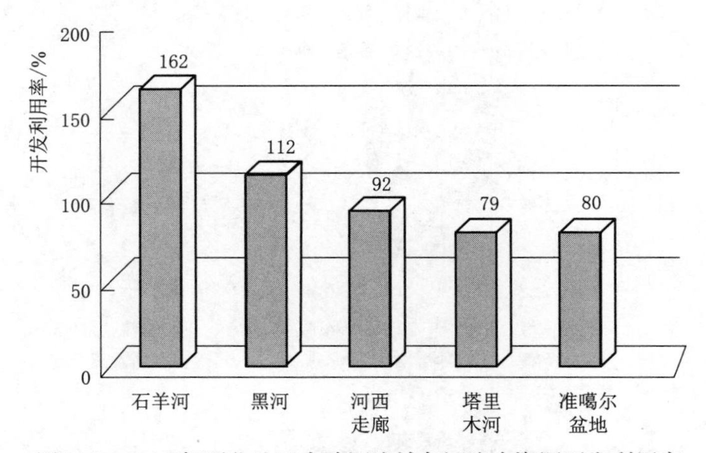

图 3.2 2000 年西北地区内陆河流域各河流水资源开发利用率

3.5.1.7 综合评价

1. 综合评价指标体系

根据水资源开发利用研究成果，结合河西内陆河流域及石羊河水资源开发利用特点，提出10项指标，据此对石羊河流域水资源现状开发利用情况进行综合评价，见表3.5。

表3.5 石羊河流域水资源现状开发利用情况综合评价

评价指标	数值	评价指标	数值
耕地灌溉率/%	84.1	水库工程调畜率/%	21.85
农村人均耕地面积/(hm²/人)	0.23	地表水开发利用率/%	89.0
农村人均灌溉面积/(hm²/人)	0.19	地下水开发利用率/%	121.0
人均水资源量/(m³/人)	789	总水资源利用率/%	162.0
人均年用水量/(m³/人)	1278	地下水资源开采潜力指数/%	52.1

2. 综合评价分析

石羊河流域地表水利用率达到89%，地下水利用率达到121%，水资源利用过度，已经严重超载，开发潜力很小。

地下水开采潜力指数仅0.52，属于中等超采地区。当务之急是限制地下水开采量，逐步达到采补平衡。总水资源利用率达162%，农业用水是用水大户。

水库工程调蓄率21.9%，水库调蓄能力中等，可将部分水库加固、扩建成多年调节水库，进一步提高对径流的调蓄能力。

3.5.2 农业生态环境现状评价

内陆河流域农业生态环境、生态系统与水资源关系十分密切，山地—绿洲—荒漠生态系统通过水资源以链条方式耦合、维系。水资源链条中的任一个环节改变，都将引起生态系统的改变。石羊河流域是典型的内陆河流域，生态系统类型与水资源的关系如图3.3所示。

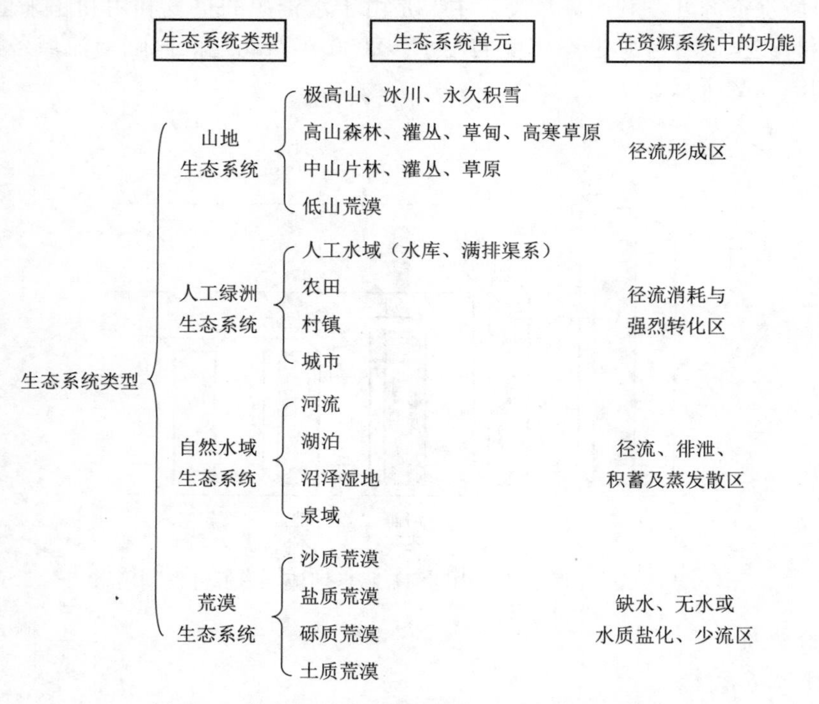

图3.3 内陆河流域生态系统类型与水资源的关系

在20世纪80年代，古浪县就提出了“南护水源，中建绿洲，北治风沙”的治理方针，这三方面的建设都围绕着水资源的涵养、保护及合理开发利用的主线展开。而事实上50—90年代，石羊河流域的人口增长了93.4%，灌溉面积增长了13.4%。80年代的河西走廊商品粮基地建设战略使中建绿洲的步伐加快，绿洲范围扩大，人口剧增；上游保水源、下游治风沙演变成乱砍滥伐，滥垦滥种的粮食生产运动，结果同样是耕地面积扩大，人口增加。以干旱区为主要区域的石羊河流域，生态系统内的水资源链平衡和衔接作用遭到破坏，出现了干旱区生态系统退化的一般模式，如图3.4所示。

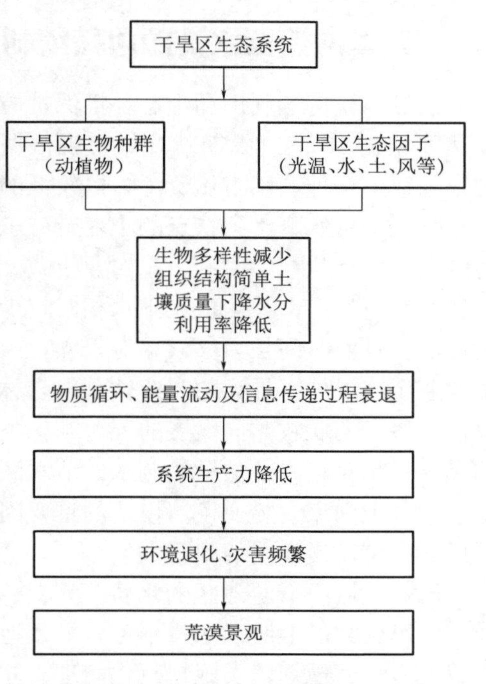

图3.4 干旱区生态系统退化的一般模式

3.5.2.1 荒漠生态系统退化

荒漠生态系统是河西走廊乃至全球各种类型生态系统中最脆弱的一类，广泛分布于绿洲外围的荒漠，多由缺水导致，宏观上表现为一片荒凉景象，其生长植被主要依赖地下水生存，且受“临界水位”的控制。一般而言，地下水埋深小于3m时，各植物群落均能正常生长。随着地下水埋深增大及矿化度增高，植被盖度明显下降且向盐生演替，组织结构趋于简单，进而引发荒漠化过程。石羊河流域下游民勤盆地由于地下水水位下降，近50年间草场植被盖度降低60%～80%，草本植物种类大幅减少，生物量不足7500kg/hm^2。随着沙生植物的枯萎和死亡，多年固定的、半固定的沙丘重新活化，变成流动的沙丘，沙漠化土地面积迅猛增加。

3.5.2.2 自然绿洲生态系统退化

自然绿洲生态系统是由不依赖天然降水的中生或中旱生的天然乔木、灌木、草本等非地带性植被及其环境构成，是随着河流和水分条件的变化而变化的生态系统。系统中植物伴河而生，伴河而存，沿干旱区内陆河形成连续的宽窄不一的绿色植被带。自河流两岸向外为次一级生态系统单元，主要包括盐化草甸、荒漠河岸林及灌丛等。自然绿洲生态系统在抗风沙、抗盐碱和耐干旱方面具有重要作用，对维持人工绿洲系统的安全具有不可替代的功能。河湖系统的退化，如下游断流、水系间失去联系等，引发绿洲萎缩、土地荒漠化、植被退化等一系列环境问题。石羊河流域下游民勤自然绿洲群由繁茂的梭梭林、沙枣林、白刺灌丛及芦苇等草甸天然植被组成。梭梭、沙枣、红柳大面积枯死，芦苇等草甸仅限于在井渠附近零星分布。绿洲萎缩过程也正是土地荒漠化的过程。

3.5.3 小结

本节对石羊河流域水资源利用现状，从7个方面进行了分析，总水资源利用率高达162%，地表水利用率89%，地下水利用率121%，表明水资源利用过度，属水资源严重超载区，再进行开发的潜力已很小。需对过度超采区限制地下水开采，逐步达到采补平衡。

对石羊河流域农业生态环境的评价，从内陆流域生态系统类型与水资源的关系入手，提出了水资源在生态系统内的链条作用，牵动其中一环，而动全身的效应明显。因此，合理开发利用水资源是改善该区农业生态环境退化的关键问题。

3.6 石羊河流域水资源可持续利用对策

水资源可持续利用和生态环境保护原则是农牧业结构调整的基本决策要素。世界上农业发达国家在 20 世纪中期就开始重视依据水资源的特点确定农牧业发展的模式，宜农则农，宜牧则牧，合理利用自然资源，以较低的生产成本获得较高的经济产量。美国中东部形成了以充分利用自然降水为特点的小麦带、玉米带，中西部干旱少雨，以天然林、草植被保护，适度发展以畜牧业为主的生态农业模式。欧洲大部分国家均在自然降雨较为丰富的平原宜农区发展农业生产，在山地或雨水相对较少的地区则以林、草牧业为主。法国南部是典型的高山地区，日照时间长，气候相对干燥，山上是茂密的森林，山下是广袤的草地，除了适度的畜牧业生产以外，最大的产业就是以森林和草地为中心的旅游业。澳大利亚则是以自然生态保护为特点的农牧共同发展的混合结构类型。以色列由于国土资源和自然资源的原因，最终选择成本相对较高，从异地调水的节水灌溉高效农业。可以看出，作为农业命脉的水，无疑是决定各个国家农牧业发展模式的首要因素。尤其是在水资源相当缺乏的国家和地区，水成了最终决定发展模式的因素。

研究流域内下游地区的水资源可持续利用问题，必须从全流域入手寻找有效对策和途径，即民勤县的上游来水量不足，导致地下水超采，农业生态环境严重恶化，要对石羊河全流域进行全面规划，实施规范化治理，才能取得成效。

3.6.1 依据水资源总量确定农业发展模式

3.6.1.1 水资源短缺与商品粮基地建设的矛盾

根据 2000 年石羊河流域水资源总量，计算出人均、平均公顷用水量见表 3.6。河西地区现状实际用水量见表 3.7，进一步说明资源型缺水是石羊河流域的基本特征。由此确定农业用水大户的农业发展模式。

表 3.6 石羊河流域水资源总量及人均、平均公顷用水量

水资源总量/亿 m^3	自产总水资源/亿 m^3	人口/万人	人均用水量/(m^3/人)	耕地/hm^2	公顷均用水量/(m^3/hm^2)
17.62	16.61	223.2	789	30.445	5787

表 3.7 河西地区现状实际用水量表 单位：亿 m^3

农业用水	工业用水	城镇生活	农村生活	总用水量
24.209	1.691	0.243	0.312	26.455

由表 3.6 可知，水资源总量为 17.62 亿 m^3，人均、平均公顷用水量相对很低，而实际总用水量为 26.455 亿 m^3，尚欠 8.835 亿 m^3的水靠开采地下水获取。

河西内陆河流域地下水可开采量是根据原水电部兰州勘测设计院编的《内陆河流域地下水资源》和“九五”国家重点科技攻关项目“西北地区水资源合理开发利用与生态环境保护研究”确定的，地下水可开采系数以 0.5 计算。地下水可开采量是指在经济合理、技术可能和不致造成地下水水位持续下降、水质恶化及其他不良结果情况下，可供开采的地下水资源量。一般来说，平原区地下水水质较好，水量较多，埋藏浅，易于开发，是地下水开采的主要地区。

河西走廊是甘肃省地下水主要开采区，早在20世纪60年代初，由于水利化程度较低，中下游地区地下水埋深极浅，沼泽成片，植被茂盛。随着水利化程度的不断提高，地下水补给量逐年减少，而开采量增加，地下水水位下降，植被退化、土地沙化、生态环境问题恶化等生态环境问题相继出现。这一现象在石羊河流域更加突出，80年代初期，石羊河流域渠系水利用系数约为0.5，地下水开采量约为9.8亿m^3，全流域地表水与地下水之间的转换比较协调，是地下水补给与开采的相对平衡阶段。21世纪初地下水资源量11.51亿m^3，可开采系数0.5，可开采地下水5.26亿m^3。超采3.1亿m^3才能满足各类用水需求。实际上，石羊河全流域的地下水已严重超采，急需回补，而不是开采，只有部分区域可供限量开采，但是需要探明地下水位，划定限量开采区域和范围。

农业用水占总用水量的91.5%，压缩农业用水是解决该流域水资源短缺、上下游用水矛盾突出、地下水超采的根本途径。压缩农业用水就意味着减少耕地面积，减少粮食生产，减少商品粮总量。这与建设河西商品粮基地、实施国家粮食安全战略相悖，但水资源短缺，农业生态环境的恶化，迫使人们不得不做出这样的选择。石羊河流域耕地面积、有效灌溉面积和旱灾面积见表3.8。

表3.8　石羊河流域耕地面积、有效灌溉面积和旱灾面积　单位：万hm^2

耕地面积	类型		有效灌溉面积	旱灾面积	
	水地	旱地		受灾	成灾
30.445	—	30.445	23.562	11.941	9.954

石羊河流域有效灌溉面积23.562万hm^2，农业用水24.209亿m^3，减去尚缺量8.835亿m^3，不计地下水开采量，农业可用总水量为15.374亿m^3，该区域灌溉定额为7500～9500m^3/hm^2，取定额为8500m^3/hm^2，有效灌溉面积为18.087万hm^2，按本地区域粮食产量平均值7500kg/hm^2计算，粮食总产量约为135.653万t，人均608kg，是联合国粮农组织粮食安全最低标准300kg/人的2倍，仍为自给有余地区。在粮食交易市场价格下，农民种粮食的成本高而经济效益低，如果控制本流域粮食自给自足，发展耗水较低的多种经营和加工工业，则会增加农民的经济收入，提高农民的生活水平。压缩灌溉面积是恢复石羊河流域环境最有效的途径。各级政府对石羊河流域的环境恶化问题十分重视，如果流域内的乡村人口按每人0.1hm^2灌溉面积配置，实施内陆河流域"密集型绿洲"的科学理念，在石羊河流域调整土地布局，取消和减少耗水大的商品粮开发基地，减少个体拥有的大量农业灌溉面积，压缩绿洲边缘耗水大的区域和土壤严重盐碱化区域的灌溉面积，会大幅度减少农业用水量，必将取得显著的节水效果。

内陆河流域人工绿洲开发建设，水资源居诸多制约因素之首，合理开发、持续利用水资源，适度合理地开发建设人工绿洲，才能促进该流域社会经济可持续发展。

3.6.1.2 人工绿洲化建设的问题解析

1. 解析方法——问题树分析法

在区域发展和生态环境研究中，首要工作是通过分析研究发现问题的症结所在，而通常用的研究方法是定性描述法、层次分析法，一般很少用结构模型法来研究，因而难以对因果关系进行系统深入的研究，找出的问题是阶段性和条块性的。本节采用德国管理硕士甄霖2000年在《科研管理》上介绍的区域发展研究有效分析方法"问题树分析法"（problem tree analysis）进行分析。

问题树分析法是一种以树状图形系统地分析存在的问题及相互关系的方法。该方法不仅可以找出研究地区存在的主要问题及其核心问题，而且可以发现这些问题之间的因果关系，具有思路简洁、形象直观、不需要复杂的定量数据和实用性广的特点。

在应用问题树分析法时必须注意以下方面：第一，问题树中的每个问题都应分解在问题树结构模型的框格中，每框格里只能有一个问题，而且问题的阐述一般采用否定式的陈述语气；第二，主要问题是指在研究时期内研究地区已存在的问题，而不是根据想象可能存在的问题或将来存在的问题；第三，在问题树中问题所处的位置并不代表其重要性，也就是说，每个问题都具有同样的重要性；第四，所提出的问题必须要具体；第五，某一个问题可能由许多原因造成，同时某一个问题也可能造成许多后果，分析时要注意这种关系；第六，在分析问题之间的因果关系时，必须具有逻辑性，可用“分离”和“结合”的方法来分析这种因果关系。最后用箭头把具有因果关系的问题连接起来。单层次问题的因果关系结构如图 3.5 所示。

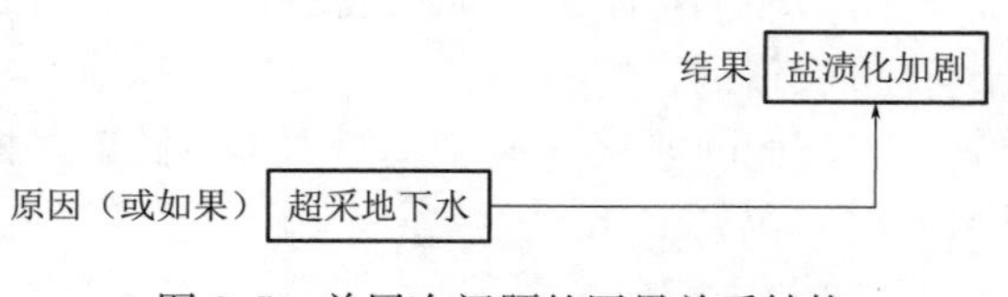

图 3.5 单层次问题的因果关系结构

对多层次复杂的问题也可用类似的方法表示。比如因过度砍伐森林导致森林面积减少，进而破坏了水分平衡，造成下游水分不平衡分布，致使山洪暴发和山体崩塌、滑坡等灾害。多层次问题的因果关系结构如图 3.6 所示。

2. 石羊河流域人工绿洲农业生态环境存在的主要问题分析

近年来石羊河流域经济社会的快速发展对人工绿洲农业生态环境产生了巨大的影响，须从以下几个方面进行深入剖析其存在的主要环境问题及原因。

（1）找出人工绿洲农业生态环境存在的主要问题。根据内陆河干旱区生态系统退化的基本模式及对石羊河流域人工绿洲农业生态环境现状的评价，找出其存在并可能进一步恶化的原因，包括人工绿洲生态环境退化、荒漠化过程加快、水资源日趋短缺、林草地面积逐年缩小、生物多样性丧失、盐渍化程度愈演愈烈 6 大方面。

（2）筛选确定出“核心问题”或“起始问题”。通过研究石羊河流域农业发展过程、演变规律、演变趋向，认为人工绿洲农业生态环境恶化的核心问题是人工绿洲化开发建设过程加快，进而引发了其他诸多问题。

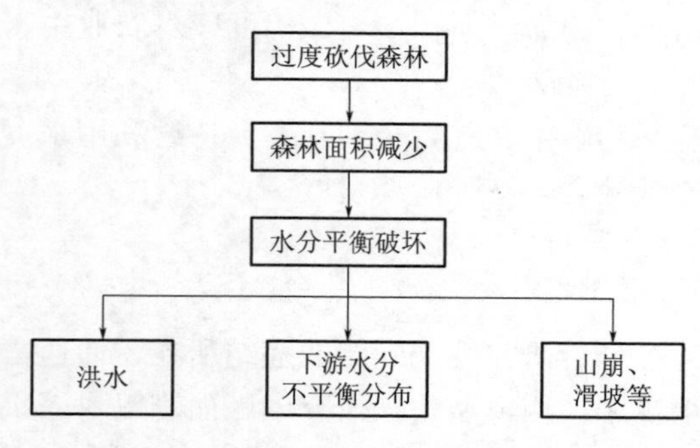

图 3.6 多层次问题的因果关系结构

（3）确定引起绿洲化过程加快的主要原因。分析认为绿洲化加快的原因较多，起主导作用的是人口增加，种植面积扩大，农业用水量增大，超采地下水，破坏森林、草原，从而引发沙漠化，土壤盐碱化，最终导致生态环境退化。

（4）确定“核心问题”导致的后果。核心问题导致的结果是水资源短缺，草场减少，生物多样性下降，再经一系列的生态转化，最终使绿洲农业生态环境恶化。

（5）根据以上关系绘制出石羊河流域人工绿洲生态环境演替问题树，如图 3.7 所示。

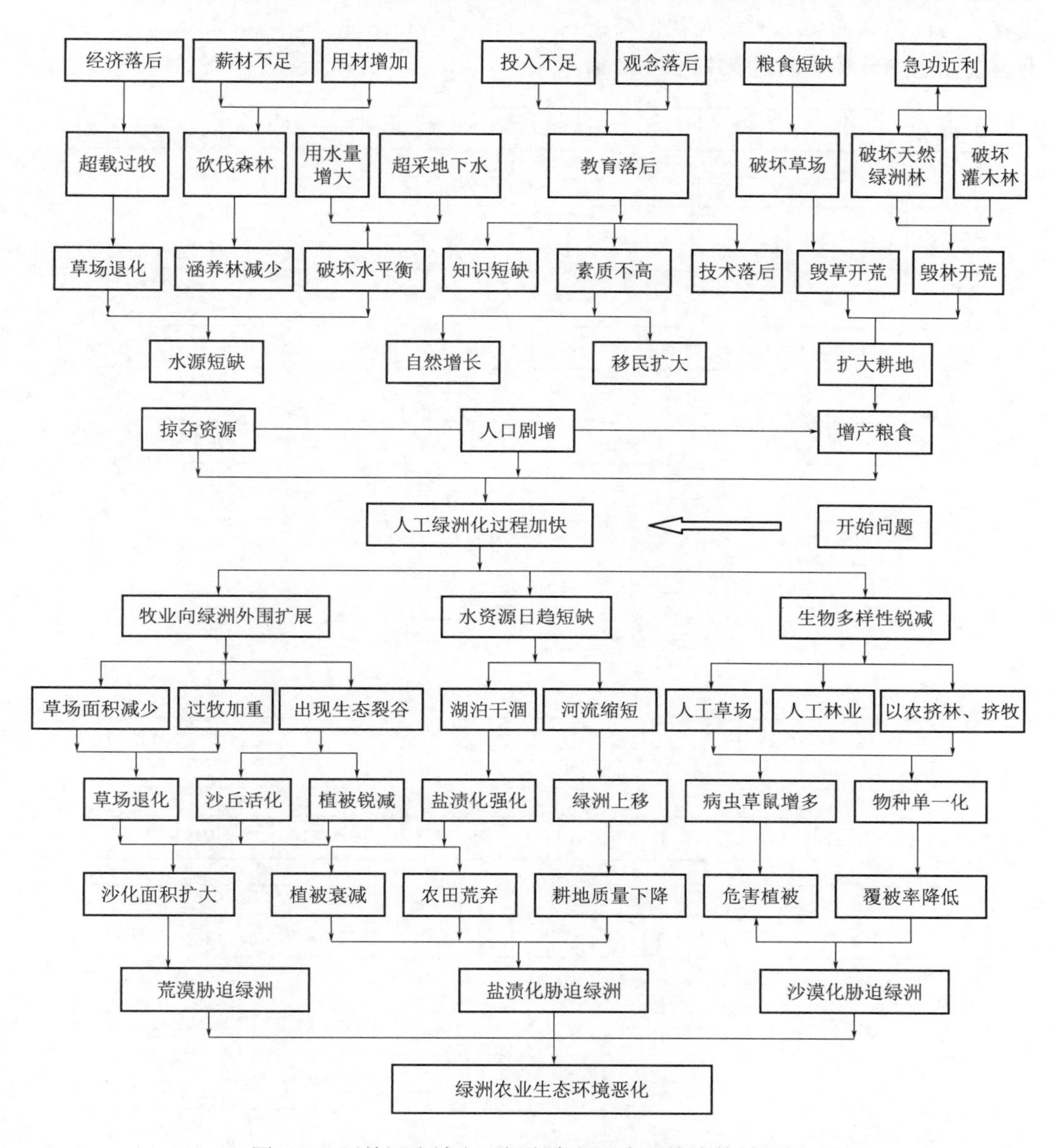

图 3.7　石羊河流域人工绿洲农业生态环境演替问题树

从图 3.7 中看到，绿洲农业生态环境退化的核心问题是绿洲化过程太快，超过了生态容量，特别是水资源的承载力，从而引起了水资源日趋短缺、牧业向绿洲外围延伸、生物多样性锐减等生态问题，这些问题进一步放大升级，导致盐渍化、沙漠化、荒漠化等问题的出现，最终导致绿洲农业生态环境恶化。

核心问题的产生也是有其根本诱因的，主要是人口剧增、粮食不足和资源掠夺三大并列原因，这些原因继续解析，会得到每个问题产生的根源。问题树研究提供的问题模型是一个问题系统，而问题系统又是由若干个亚问题组成，只要找到一个中心问题，就会清楚地找到产生问题的根源。这些对提出解决问题的途径和策略是较为便捷而准确的。

问题树中问题的相反做法，应为目标。因此，将问题树中的问题改为相反含义，问题树就变成了目标树，而目标树就是我们要解决问题的策略和途径。石羊河流域人工绿洲区恢复和重建农业生态环境的目标树如图 3.8 所示。

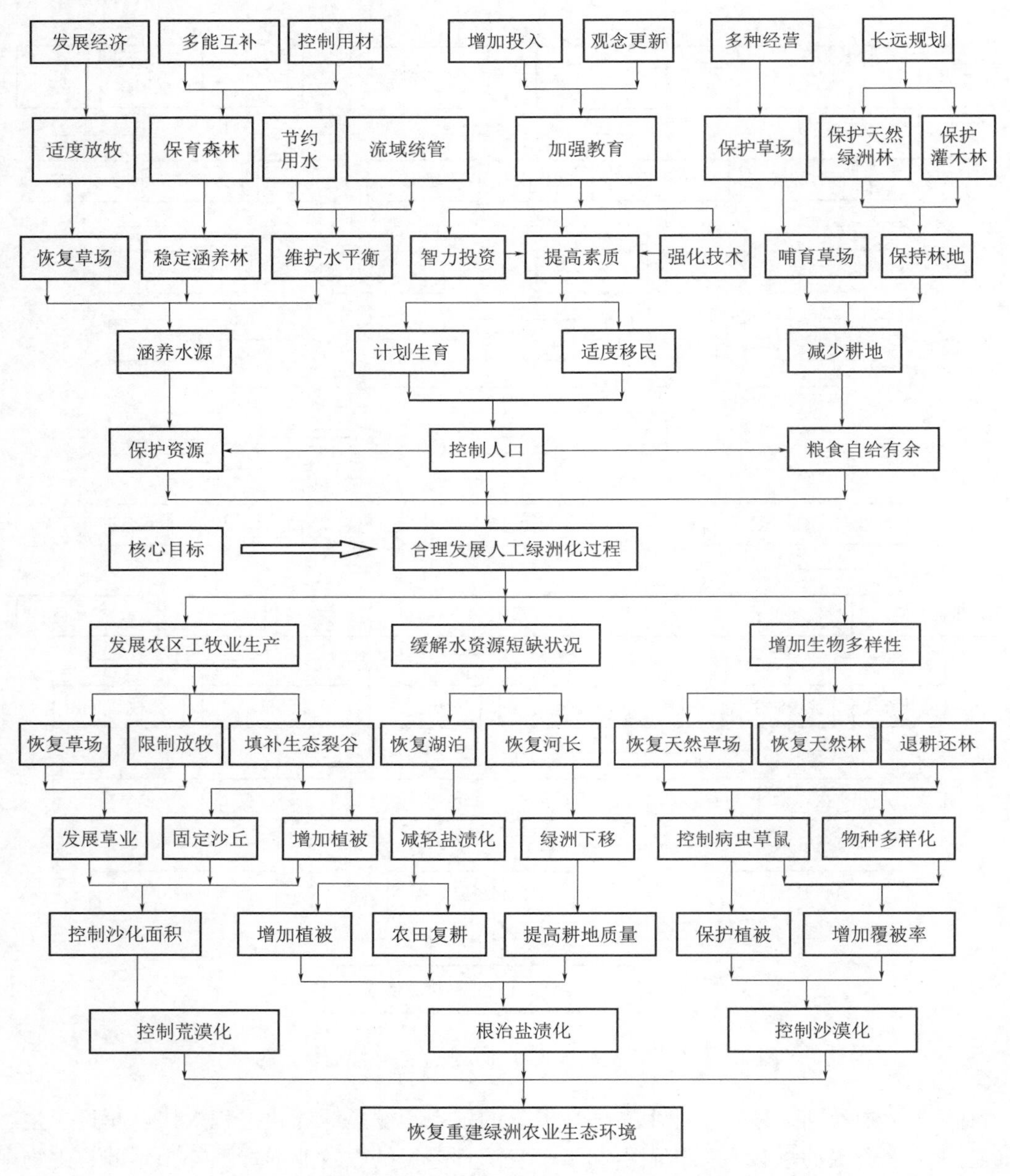

图 3.8　石羊河流域恢复重建绿洲农业生态环境目标树

3.6.1.3　*以经济结构调整为主线，加速水资源优化配置*

大力调整种植结构，由粮经二元结构调整为粮经草三元结构。将夏秋种植比例调整为 50∶40∶10，粮经草结构调整为 50∶40∶10，使农田灌溉用水量占总用水量的比例由目前的 91.5%减少到 75%以下。

大力调整区域生产布局。南部山区根据天然草场的合理承载能力，适度发展畜牧产业。种植业则突出优质地膜马铃薯、优质油菜、特色制种、中药材等优质高效农业；中部绿洲在稳定适度规模商品粮食生产的基础上，积极发展舍饲养殖，大力发展优质高效的无公害反季节瓜菜；北部荒漠区要大力发展优质酿造葡萄、牧草、棉花等高效节水的经济作物面积，把发展草畜产业作为农业结构调整的突破口，重点发展苜蓿草种植、优质肉牛养殖、羔羊育肥，积极发展特种养殖。

做大扶强龙头企业，培养壮大农业产业化基地，大力推进农业产业化经营和标准化生产，通过发展葡萄酒酿造和玉米淀粉精深加工等产业，带动葡萄基地、加工型玉米基地和制种基地，加强优质商品蔬菜基地和优质瓜果基地的建设。同时积极开发畜产品加工业，尽快建成猪、羊、牛和鸡的畜禽基地，加速畜产品加工开发，特别是“白牦牛”系列产品的开发，不断延伸产业链。

通过优化农业产业结构，逐步实现水资源在经济建设和社会生活中的优化配置，以不断满足城乡人民生活水平提高、工业富市战略实现、生态环境建设加快等对水资源的需求。

3.6.2 改变传统的农业生产模式，走生态农业建设之路

广种薄收、大水漫灌、超采地下水等落后的生产技术和生产观念，导致人力、物力、财力和资源的浪费，实属结构性错位和掠夺式经营，结果是高资源消耗、低效益产出。走生态农业建设之路是优化农业生态环境的必由之路。

石羊河流域的生态环境问题既有自然因素，更是人类不合理的生产活动造成的。农业即是生态环境恶化的受害者，又是生态环境的主要破坏者。不合理的生产方式、生活方式如农牧民为了生存，滥开荒滥采地下水，草原超载过牧，滥采乱挖甘草、发菜，采集薪柴等掠夺式生产行为造成了环境恶化。因此，如果不寻求最优的农业生产方式，将会导致更大的生态灾难。

生态农业的内涵是因地制宜地利用现代化科学技术，与传统农业精华相结合，充分发挥区域优势，依据经济发展水平及“整体、协调、循环、再生”的原则，运用系统工程方法全面规划、合理地组织农业生产，实现高产、优质、高效持续发展，达到生态与经济两个系统的良性循环和经济、生态、社会三大效益的统一。其中生态与经济的两个良性循环是其内涵的核心。生态农业有利于提高绿色覆盖率、改善生态环境，有利于资源的高效利用，减少废弃物排放造成的环境污染。实施生态农业建设重在加强高效节水生态农业建设和农田保护性耕作生态农业建设。

3.6.2.1 高效节水生态农业建设

高效节水生态农业建设包括大力推广以农田节水为主的高效生态农业建设，探索合理的灌溉模式，以水定规模、定种植品种、定种植结构比例。应用各种节水技术，如引进抗旱的优质农作物新品种，扩大节水作物种植面积，推广地膜覆盖、保水剂、滴灌、限额灌溉、小畦灌溉等节水技术，完善灌溉设施，提高用水效率，减少农业耗水，建设石羊河流域高效节水生态农业。

3.6.2.2 农田保护性耕作生态农业建设

内陆河荒漠农业区，水资源短缺，植被稀少，大风天气较多，冬春季大风天气更多。防止地表土壤尤其是春季地表土壤、作物籽种、肥料被大风吹起是长期困扰该地区农业发展的难题。除种草、种树、营造防风林带减缓风速之外，应推广保护性耕作技术，可减少风与地表土壤接触的面积、时间，防止水分蒸发，保墒作用明显。干土层少使土表风蚀量减少

60%～80%，土壤肥力及作物籽种得以保全，增产 15%～17%，有效地控制土地沙化和沙尘暴。

3.6.2.3 扩种冬麦，保护生态

甘肃省科学技术协会专家咨询团专家提出关于在甘肃河西实施“扩种冬麦，保护生态”项目的建议，对减少农业用水，保护农业生态环境有明显的经济效益和社会效益。

甘肃河西地区种植约 26.7 万 hm^2 春小麦，石羊河流域种植面积约 12 万 hm^2。春季播种时，必须翻耕土地，造成耕层水分大量蒸发，表土疏松，一旦遭遇大风天气，必然造成表土风蚀，同时给沙尘暴提供了大量沙尘来源，既降低了土壤水分利用率，又破坏了土壤和生态环境，人们一直在探寻既能保证小麦生产，又能保护生态环境的相应耕作方式。为此，在石羊河流域扩种冬小麦，有利于节水和农业生态环境保护。

冬小麦秋季耕地播种，在形成沙尘暴天气的主要季节——春季，地表不必翻耕，且地面可以形成较为牢固的植被层。在遭遇大风天气时，可以有效固定地表土壤，防止沙尘暴形成。冬小麦播种季节正值石羊河流域雨季，可以有效地利用雨水，减小来年春季用水压力，有效节约和调节农业用水，为增加生态用水创造条件。另外，冬小麦比春小麦成熟早 15 天左右，有利于复种、带种、调整茬口。冬小麦品质相对较好，可有效提高农产品质量。

石羊河流域内的灌区，特别是中下游绿洲农业区气候干燥，土壤肥沃，日照充足，既适合种植春小麦，也适合种植冬小麦。20 世纪 70 年代，曾经大面积种植过冬小麦，年种植面积近 3 万 hm^2，是目前春小麦种植面积的 1/4。但由于冬小麦与春小麦同地插花种植，给病毒传播创造了有利条件，造成小麦黄矮病大面积严重流行，为了防治病害，当地政府 80 年代大力压缩冬小麦种植面积，但由于冬小麦的某些特点，目前仍然保留约 0.3 万 hm^2 的面积。说明妨碍冬小麦种植的主要因素不是气候，而是病害。利用人工绿洲农业的良好隔离条件选育（用）抗病毒优良品种，试验推广冬小麦科学栽培技术，逐步在沙漠沿线和平川灌区，按绿洲区域压缩春小麦种植面积，扩大冬小麦种植面积，最终实现冬小麦的主体种植。在适宜流域内种植冬小麦并进行品种选择、引进和推广的基础上，研究解决冬小麦与玉米等作物的立体种植技术、与冬小麦栽培相适应的节水灌溉制度、春小麦区扩种冬小麦过渡期的病毒病及低温冷害防治技术和沙漠沿线及平川灌区整体推广种植冬小麦的方法。

在沙漠沿线和平川灌区，由主种春小麦实现主种冬小麦预期可以十分有效地发挥防止沙尘暴的作用，使农业成为保护生态环境的重要组成部分，可以节省和调节农业用水，提高小麦品质，为小麦收获后复种增加半个月左右的有利时段。

3.6.3 水资源可持续利用的水利对策

直至目前，人类在开发利用水资源方面已经取得了很大成绩，水资源的利用增加速率至少是人口增加速率的两倍，不仅改善了许多地区的用水条件，而且增加了粮食产量，在实现粮食自给和粮食安全方面发挥了重要作用。但也出现了干旱和半干旱的内陆河流域地区对水资源的过度开发利用现象，造成中下游地区河道干枯，湖泊和地下含水层水量减少。在水资源利用速率增加的背后，是水资源质量下降、景观生态功能急剧退化，并已严重威胁人类的居住环境。

国内外在水资源的管理和利用方面，基本上可分为三个发展阶段。第一阶段为单纯靠“获取更多的水”解决供水缺乏，主要通过大规模的工程措施来实现这一目标；第二阶段是当大规模的开发水资源受到严重限制或成为不可能时，重点采取提高用水效率的措施，使每

滴水发挥更大利用效率；第三阶段是在人类活动索取和利用水资源的同时，对生态环境造成严重影响，资源退化和环境恶化给人类生存敲响了警钟。为此，人类为了与自然协调共存，开始重视生态安全，目标使每滴水获得更大的价值，由此提出了针对水资源优化配置和可持续利用的对策。

3.6.3.1 监控地下水水位，算清地下水水账

对于石羊河流域上、中、下游各区段的地下水水位，近年来无系统性地勘测调查，目前局部了解全域不清，因此，难以理清地下水水账，难以准确划定可开采区和非开采区；水资源总量中的地下水部分回补量和可开采量不易计算；全流域的可用水资源总量数据多有估值的特性。

地下水水账不清是当前研究水资源的一个重大缺陷。在内陆河流域，地表水与地下水不断转化，关系复杂。从祁连山下来的地表水，到了冲积层转为地下水，然后再溢出来变成泉水和河流，通过灌溉又转变为地下水。许多地方在河流的两岸超采地下水，使地下水水位大幅度下降，结果河流来水又补充两岸的地下水，地表水就变得更少。地表水与地下水转变如此复杂，只有河流的观测结果，而没有地下水的动态变化，是难以算清地下水水量的。值得引起重视的是，在干旱地区，天然植被不是靠雨水成活，而是靠地下水支持，某些种类的天然植被在一定的地下水水位时可以维持。当地下水水位逐步下降，天然植被就逐步萎缩，地下水水位下降到植被难以吸收利用的位置时，植被将完全枯死，荒漠化和沙漠化随之而来。可见，研究水资源和水资源利用，搞清地下水水账至关重要，要建立对地下水水位的监控机制。

3.6.3.2 强化流域管理机制，完善水资源优化配置体系

甘肃省水利厅石羊河流域管理局的成立，标志着流域管理机构已开始运作，但水资源管理尚未完全实行流域的统一调度和管理，过去偏重区域管理轻流域管理，流域内的区域性合作协调机制薄弱，加之分工不尽合理等原因，致使在水利工程的建设与管理，生态环境的治理与保护等方面存在的一些问题长期得不到解决。

流域的统一管理涉及有关各方利益的重新调整和内部复杂的用水矛盾，加之流域管理与地方管理事权划分尚未完全理顺，流域管理中的一些突出问题很难一时得到解决。目前以行政区域为单元，地方管理为主的管理方式难以统筹调配、优化配置水资源，流域水资源管理工作实质上仍很薄弱。另外，流域水资源和生态环境的综合治理是一项庞大的系统工程，关系到流域内水资源开发利用的有效管理、水资源的重新配置、节水工程的建设、用水结构的调整、水权的界定和转让、水源地的保护、地下水开采的控制、生态系统的建设与保护等诸多方面，不是采取某一项措施就能够全面见效的，必须全面系统地进行齐抓共管，运用法律、行政、经济、工程等综合措施和系统工程原理，进行整体整治才能收到预期的成效。

水资源管理体制要按照流域管理与区域管理相结合的原则，明确流域管理和区域管理的事权划分，建立权威、高效、协调的流域管理体制，统一对水资源进行调度和管理。按照“一龙管水，多龙治水”的模式，加强城乡水务一体化建设。建议研究建立长期稳定、导向正确、全面系统的投资机制和明确的水价政策和水价体系，这对节水、治污和水环境保护都将起到至关重要的作用。

水是流动的、不可替代的自然资源和环境要素，以流域或水文地质单元构成一个统一体。地下水和地表水相互转化，上下游、左右岸、干支流之间相互影响，水的这种特殊性客观上要求必须实行统一管理。要通过理顺流域管理与区域管理的关系，加强水资源的统一管

理，强化流域机构对水资源统一规划、统一调度的职能，建立水资源统一管理体制。按照各流域和各市、县水资源的承载能力、水环境承载能力和经济社会发展状况，科学合理地分析水利工程供水能力和各用水户的平均需求量，确定合理的上下游、各部门、各行业用水总量分配，并用水权的形式确定下来，作为水量分配的依据，同时制定科学合理的各行业、各类用水定额控制指标，对各类用水实行总量控制、定额管理、计量收费和超采超用累进加价的制度，逐步将从超计划用水加价过渡到超定额用水加价，有效促进节约用水和水资源保护。

水资源配置包括“三生态”用水的配置，流域上、中、下游水量配置，产业部门间的配置等。解决石羊河流域内水资源的分配问题，可以通过水资源统一管理和水权制度这两个突破口去解决问题。

3.6.4 水资源可持续利用政策研究

石羊河流域水资源量在缓慢减少，与此相反，耕地面积和人口数量不断增加，用水矛盾越显突出。上游人工绿洲面积的增大是以下游来水量的减少为代价的，上游的污染需要付出下游生态环境恶化的代价。为了生存和发展，下游无序地垦荒打井，超采地下水，民勤县的生态危机就是佐证。在内陆河流域绿洲农业区，要以水资源的合理利用、可持续利用，支持社会经济的可持续发展。

3.6.4.1 以水法为准绳、市场为导向，促进全流域水资源的持续利用

水资源利用涉及各地方、各部门的利益，水资源管理相对复杂，必须依法治水，从流域上、中、下游整体利益考虑，将水资源分配方案以相应的法律条款固定下来，由石羊河流域管理局进行监督落实，出现纠纷应由执法部门裁决。在水资源利用和管理中引入市场机制，进行开源节流，促进全流域农业生产，调整作物布局、种植结构、品种结构以及灌溉制度、灌溉定额，引进先进的节水设施、耕作技术，采取“多用多收、少用少收、节约奖励、浪费处罚”的方针，使全流域水资源得到持续利用，实现社会、经济和生态环境持续发展。

3.6.4.2 水资源重复利用模式是提高用水效率的途径

石羊河流域具有广阔的倾斜平原，地面坡度大、地下水存储能力强、水平径流快，为水资源多次利用创造了得天独厚的自然条件。地表水、泉水、地下水的多次重复利用是水资源利用的主要方式。因此，在充分尊重流域水循环特性的前提下，按照以水定地、以水定发展方向和发展速度的指导思想，规划利用好中下游引水灌区，实现水资源的多次重复利用，是提高用水效率的有效途径。

3.6.4.3 加大跨流域调水的力度是解决水资源供需矛盾的主要途径

石羊河流域是一个资源性缺水的流域，在跨流域调水中已建成了“引硫济金”工程、景电二期向民勤输水工程。近期发挥这些调水工程的作用，对缓解石羊河流域水资源短缺的矛盾十分重要。远期可考虑在黄河上修建黑山峡水库，实现向民勤县调水 3 亿～5 亿 m^3，彻底改变民勤县缺水的面貌。

3.6.4.4 加强绿洲生态环境建设

确定生态需水量，为生态环境的保护提供科学依据。中下游盆地中的天然绿洲和荒漠区的植被全靠植物根系吸取地下水来维持生命，因此，应根据不同区域的具体情况，确定相应的地下水警戒水位（或埋深）值，禁止在地下水水位警戒线以下的区域开采地下水，对保护生态环境至关重要。在地下水埋深浅处和地下水溢出排泄带，应合理开发地下水，适当降低地下水水位，强化地下水循环过程，减轻土地盐碱化程度。加强对水资源变化趋势的分析预

报和对工农业生产用水的需求预测，为今后水资源合理利用、优化配置提供具有前瞻性的科学依据。

3.6.5 坚持保护与建设相结合的林业发展对策

继续坚持“南护水源，中建绿洲，北治风沙”的综合治理方针，坚持走保护与建设相结合的林业发展之路，努力改善已恶化了的农业生态环境。

3.6.5.1 南护祁连山山地森林生态圈

石羊河流域山地森林资源的不合理开发利用，使森林生态圈环境不断恶化，进而直接导致水资源匮乏。山地森林生态为陆地生态系统的主体，在维护该区脆弱的生态平衡中占有极重要的作用，如果失去了祁连山森林生态圈，那么陆地生态系统就会变得脆弱无序，甚至走向瓦解。地方性气候干旱化、水源枯竭、水土流失、旱洪灾害、沙化、宜农宜牧地变得不适于农用牧用等，这些就是生态系统无序、功能降低、结构紊乱、稳定性减弱的表现。因此，保护性开发利用祁连山山地森林就显得非常重要和迫切。

祁连山森林经营，首先是要保护好、管理好、经营好现有森林，采取以营林为基础，全面封山育林，休养生息一段时期的方法。保护和恢复森林主要靠政策、科技、群众和集约经营。森林经营应吸取过去林业上重取轻予、粗放经营、单纯原木生产忽视森林生态作用的经验教训，今后力求避免出现急功近利的短期效应。

上游水源林集水区范围内的森林禁止主伐，沿河两岸要划出至少200m宽的水源涵养防护林带，只允许抚育伐、卫生伐。经营方针是全面保护，重点经营，充分发挥山地森林贮水蓄水和防止侵蚀的功能。延长轮伐期，慎重审核采伐更新方案。从涵养水源的观点出发，凡林相不良者如树冠过于稀疏或过于密集的老龄林或幼龄林，凡集水区内蓄水储水功能不高且低劣的天然林或次生林，都宜用去劣留优、定量间伐、疏伐、修枝，或人工移植野生苗或补种阔叶树等办法，加以进行林分改良，尽可能使之形成针阔叶混交的异龄复层林，目的是提高林地生产力和增强水分含蓄能力，减少水土流失现象的发生。

应保护、管理好高山灌丛（3200～4000m）和中低山阳性灌丛（2000～2400m）。祁连山林区灌木林面积大，约有28.8万hm^2，是现有乔木森林面积的2.3倍，灌木林生态系统是干旱区山地森林生态圈的重要组成部分，其涵养水源和防止侵蚀的作用很重要。据付辉恩（1983）研究，高山灌木林每公顷枯枝落叶物、苔藓地被物每公顷干重22.9t，根系总重量21.8t，含蓄水量95t。高山灌丛含蓄高山冰川积雪融水的作用最为显著。高山湿性灌丛的功能主要是防止牧民超载滥牧；低山阳性灌丛主要可以防止滥伐樵采薪柴，防止村民毁林开垦、蚕食林地扩大耕地。

造林树种要多样化，在不同海拔高度选育种植与之气候相适应的林种，防止林种单一化，如青海云杉、祁连圆柏、华北落叶松等优良树种，在水源区已被证明有各自的优势。

重要集水区要开展裸地种草造林。森林地与裸地的蓄水功能相差悬殊，一般情况下，森林中的降水，25%的雨量停留在树冠上，25%缓缓流出地表，25%渗透后留存地中，25%渗透后成为地下水。在裸露地，雨量的50%急速流出地表，40%由地表蒸发，而渗透后成为地下水的仅10%。由此可知，森林地蓄水保水率是裸露地的5倍以上。祁连山林区石羊河上游重要集水区裸露地甚多，应加快种草与造林，促成植被覆盖，增强水源涵养与防止侵蚀的功能。

在上游区，经勘查论证，凡属水源涵养区，严禁垦荒放牧，实施人工造林，退耕还林

（草）工程，开展封山育林（草）工程。此过程应遵循恢复重建的原则，即尽可能地去修复改善。生态系统是一个复杂的生物群落，与其所处的环境相互依存和制约，人类的过量活动破坏了其相对稳定和自身组织功能，这种破坏力一旦减弱或退出，该系统仍具有恢复到接近原来平衡状态的自我修复功能。以人的破坏停止为先决条件，让该系统自我修复；人类去重建，就是加速恢复，让由人为破坏而减弱涵养水源功能的地区得以恢复重建。

3.6.5.2 中建农田防护林网

石羊河流域中游区是主要的农业区，灌溉渠系配套齐全，长期以来田、渠、林、路规划建设由政府主管部门统一规划管理，营造农田小气候取得一定成效。科学建造农田防护林网，可以起到节水、保墒、保护农田的作用。

3.6.5.3 北治风沙任重道远

石羊河流域的用水是上游挤中游，中游挤下游，下游挤生态用水，民勤盆地的用水紧张问题在西北内陆河流域具有代表性意义。石羊河流域下游的生态危机已引起地方到中央的关注，北治风沙是解救生态危机的突破口。人类不可能征服沙漠更不可能消灭沙漠，而要设法和谐共存，避免盲目地“向沙漠进军”，科学地防止“沙进人退”。防沙治沙的经验总体上是：“人进沙进，人退沙退”，在有水源保障的情况下建设防风林带和人工绿洲是有积极意义的，但防沙治沙应定位于防止原有耕地、草地、林地的沙化。民勤县前些年以“决不能让民勤成为第二个罗布泊”为整治的突破口，首先实行“三禁”，即禁牧以保护生态；禁荒以修复生态；禁采以维护生态。其次是“退”，指人退沙退，在于解决人口与资源、经济发展与保护生态的固有矛盾，其核心是实行教育移民、劳动输出等措施减少人口容量。再则为“治”，青土湖无水有沙，“治”即为防治风沙，应用工程措施、生物措施、高科技与行之有效的传统经验结合，使沙化了的耕地、草地、林地得以恢复与重建。禁、退、治是重建与恢复的一项系统工程，必须进行科学论证，科学规划，在宏观上定位，在微观和局部将工作做细，才能达到预期结果。

拯救下游区的生态危机，解决水问题是根本：首先是上游增加来水，从外地调水和停止开采地下水；其次是减少人口数量，把加剧生态恶化的人为活动停下来，让生态系统自修复；再加上科学的重建措施。经过以上措施，下游区的农业生态环境会有大的改善。

3.6.6 小结

石羊河流域下游地区出现的水资源危机、生态环境危机，是由全流域对本就短缺的水资源不合理开发利用引起的，因此，实施社会经济可持续发展战略，实现全流域水资源可持续利用最主要的是整合资源。应以水资源可用量确定农业发展模式，建设节水型农业、节水型社会；强化流域水资源统一管理与配置，查清地下水、地表水水量，协调解决上游占中游、中游挤下游、下游挤生态用水的突出矛盾；以科学的方法保护水源涵养林，建立绿洲农田防护林网，采用防护林和其他林业措施治理风沙。通过农业、水利、林业各行业和上、中、下游的联动治理，使石羊河流域的问题和矛盾得到解决。

3.7 主要结论

3.7.1 主要结论

3.7.1.1 石羊河流域水资源衰减较难避免

石羊河流域水资源衰减是从两个层面进行分析研究得出的结论，即出山口径流量的变化和石羊河干流入下游流量的变化。21世纪初与20世纪50年代相比，出山口径流量减少了4亿多m^3，其原因有自然因素即气温升高，融雪增加而蒸发量加大，回流量却在减少；山区内气温高而降雨量有所减少。人为因素有砍伐森林、垦荒种植，减弱了水源涵养林功能，导致水分蒸发加剧。

下游来水量衰减，原因除上游出山口水量减少外，还有中游的人工绿洲化建设规模增大，发展过快是主要因素。下游的生存和发展主要依赖超采地下水。因此石羊河流域的水资源衰减结论是正确的。

3.7.1.2 石羊河流域是水资源开发利用极不合理的流域

通过供用水量现状分析，2000年较1980年地表供水量减少2亿m^3，总用水量却增加2.80m^3，开采的地下水量增加，使地下水的利用率达到了121%，从中游的中等超采（潜力指数0.57）到下游的严重超采（潜力指数0.39），地表水利用率达到89%，水资源总利用率162%，在全国内陆河流域位列第一，属严重的超载区。

3.7.1.3 石羊河流域农业生态环境恶化使荒漠化由下游向上游推进

石羊河流域属内陆河流域生态系统，是各类型生态系统中最为脆弱的一类，水资源短缺，水链条效应十分明显，如果人类不加限制地去开发利用水资源，最终将导致荒漠景观。

从20世纪50年代到90年代，该流域人口增长了93.4%，灌溉面积增长了13.4%，人口用水、工业用水、农业用水在水资源总量减少的情况下却在增加，势必产生上、中、下游争相用水现象，用水不足会促进地下水开采，形成一种恶性循环，污水净化设施和自净化环境较差，导致水质污染，矿化度增加。上流挤中游，无节制地用水；中游挤下游，扩大和加快人工绿洲化建设而大量耗水；下游生活生产用水挤占生态用水。流域内出现农业生态环境局部改善而整体恶化、荒漠化由下游向上流推进的局面。

3.7.1.4 水资源可持续利用是经济社会可持续发展的保障

水资源可持续利用涉及方方面面，主要有农业、水利、林业几大领域。

世界农业发达国家的成功经验可为石羊河流域所借鉴，以水资源总量来确定农业发展规模和发展模式。

走生态农业建设之路是摆脱传统农业生产模式的束缚，走出农业生产环境恶化困境的正确选择。首先加强高效节水生态农业建设，以水定规模、定品种、定种植结构、定灌溉措施，采取相应方法落实到千家万户。然后实施保护性耕作技术，可使土表风蚀量减少60%～80%，且增产16%左右。提倡试种冬小麦，秋雨季种植，充分利用天然降水，春天返青时可覆盖地面，防扬沙止沙尘，可谓一举多得。

从水利工程建设和管理的角度看，目前重传统的水利工程建设，而轻流域统一管理。但实际上管理出效益，管理在有些区域可使节水比例高达50%。同样石羊河流域要强化其用水规划、用水组织和用水协调功能，把各个单位、各个层面、各个区段的用水矛盾解决好，使其职能得到充分发挥。水利工程建设在原有的基础上要考虑地下水如何与地面水联动运转和开发，如何建设水保工程和生态工程，打破各自为政的单一建设，实施全流域水安全战略，总体规划，分项分阶段建设。正确处理防渗漏的内在性问题，即防渗与渗漏回补地下水的关系。在防止蒸发问题上把明渠与暗渠暗管输水有机结合，考虑库面蒸发导致水分大量“逃逸”现象，使该流域水资源利用中蒸发损失的比例有所下降。

在林业建设中，保护好祁连山森林生态圈，以增强水源涵养能力，石羊河的策源地、天然绿色水库的保护要科学规范，严禁乱砍滥伐，实施封山育林（草）工程。人工绿洲区营造好“带、片、网”三位一体的防护网络，可起到阻沙、防风、涵养水源、改变绿洲小气候的作用。下游区停止开采地下水，可由上游增加来水，从外地调水，对外移民，把生态自修复和恢复重建科学结合，方可解决下游区的生态危机。

3.7.2 研究展望

3.7.2.1 用宏观经济的方法重新审视石羊河全流域的水资源开发模式

水资源开发利用不当引发的水资源危机，推动和促进了人类对水资源循环、形成、转化、利用规律的探索和认识；同时，可持续发展思想和系统科学观点、方法地逐渐普及，可以不断深化人们对水资源开发利用模式的理性思考。从流域尺度审视和研究水资源开发利用模式是我们面向生态文明、面向可持续发展、推进人水和谐的重要选择。石羊河流域水资源的开发利用存在许多需要我们深刻反思和深入研究的问题。用全局、系统、整体的观点，从流域尺度审视和研究流域水资源开发利用的合理模式，应特别加强以下几个方面的研究。

1. 生态功能区研究

生态功能区研究包含流域内不同区域生态价值和功能的估算，生态功能区的划分和运行，不同生态功能区的生态用水量计算、核定，生态用水量的分组规划和保障机制。

2. 水循环规律分析

水循环规律分析研究自然水循环的路径、层次、过程和数量，人工水循环对整体水循环的影响机理和定量分析，“自然—人工”二元水循环模式，自然水循环与人工水循环的耦合机理和模型，水土资源开发利用的生态和环境的影响，土地覆被和土地利用变化对水循环的影响，土地利用对产汇流、物质输送影响的模拟，还包括用区域气候模型研究大面积土地覆被变化对降水的影响等。

3. 水环境效应分析

水环境效应分析研究水环境与生态演进规律，水资源短缺的生态退化过程和因果关系，水形态转化过程中污染形成与水质转化机理，水盐失衡与水环境的相互作用机制，水文周期性变化以及河湖库冲淤变化的影响；还包括水资源与水环境的相互作用与转化关系，如干旱化趋势下水资源与水环境的相互作用规律（枯水期、断流、湖泊萎缩、水位下降、地下水超采等）、水环境劣变对水资源量与质的影响机理（水体污染、生态和环境劣变等）。

4. 水资源开发利用与生态、环境的动态平衡

水资源开发利用与生态、环境动态平衡内容包括两者相互作用的关系，水资源—水环境—生态系统的稳定性，水资源—水环境—生态系统的协调机制，水资源—水环境—生态系统的制约机制。

5. 节水型“社会—经济—生态”复合大系统理论与技术研究

节水型“社会—经济—生态”复合大系统理论与技术研究内容包括节水型社会目标下的水权与水价理论；法律体系的建立与执行（法律法规、水资源规划、环境保护规划、土地利用规划、生态安全规划、执法、水冲突协调）；节水产业的发展政策、防污对策；保障支持体系的建立与运行（财政支持、税收优惠、科技支持、政策保障）；监测与调控体系的建立与运行，流域尺度各种节水措施的真实节水量及其对水循环的影响；全流域节水型“社会—经济—生态”复合大系统综合效益的评价等。

石羊河流域水资源的开发利用研究有不少成果积累，在对全流域进行以上 5 个方面的研

究时，必须和实践紧密结合，要使研究成果贴近实际，具有可操作性，并形成政策体系从而指导和推动实践，为社会经济发展和生态保护提供支持。

3.7.2.2 建立石羊河流域水资源管理信息系统，实现流域信息集纳与共享

1. 必要性

石羊河流域的水问题和生态问题暴露出流域水资源管理工作的缺陷。目前，石羊河流域的资料分散保存在不同的管理部门中，专家、学者和相关单位不能及时有效地获得必要的资料；同时，在对石羊河流域研究过程中获得的试验数据也不能及时共享，造成不必要的重复观测，既浪费了时间，也浪费了人力、物力。

资料的分散使得研究人员不能对数据进行系统分析。因此，将水资源管理信息系统运用到石羊河流域，建立符合该流域水资源特征的管理信息系统，并利用它来收集整理以往多年的数据资料，分析预测资源供给量及其分布情况，可以用来协助有关管理部门及时调整用水政策、合理配置水资源。

2. 开发系统的原则

水资源信息管理系统是运用新技术和新手段，以标准化、网络化、空间化为主要特征，建成通用的水资源管理信息系统，并在条件成熟的时候实现联网，是水行政主管部门管理决策支持系统的有机组成部分。系统的开发本着完备性和可拓展性相结合的原则。完备性是指系统里收录资料的完整性，在调查分析管理人员使用情况的基础上收集必要的数据资料，确保系统里收录的资料能满足不同用户的使用需求。可拓展性是指系统既要满足当前用户的查询、分析需要，也要满足流域中长期研究发展战略的需要。在系统建设中应着重考虑如何使数据信息更易于维护与更新，使得系统在新情况、新问题出现后，仍然能够加以扩展。

3. 系统应具有的功能

系统以数据资料管理为核心，通过对数据的处理，使其以不同的形式（数据表格、变化趋势图等）显示，同时建立与其他模型、软件的接口，通过动态数据传输，对石羊河流域水资源的利用情况进行科学分析与预测。系统主要应有两个功能：一个功能是数据录入，对石羊河流域水资源及其相关信息进行系统地管理，不断地收集相关资料，并将这些资料添加到数据库中，及时更新基础数据资料。另一个功能是查询与统计，主要是对基础数据和试验数据的查询、统计、作图及预测。使管理人员能对水资源利用情况进行浏览和分析。研究人员利用模型等对数据进行分析后，以图形、图表的形式展现给管理人员，辅助管理人员制定合理用水计划。石羊河流域水资源管理信息系统结构图如图 3.9 所示。

3.7.2.3 将创建资源节约型社会作为主攻目标

石羊河流域的水资源是制约经济社会发展的关键资源，进一步开发利用的潜力已十分有限，创建资源节约型社会在该流域应把重点体现在节水型经济、节水型社会和节水型生态环境上。工业、农业、林业、畜牧业及各个生产加工行业，都要采用先进的技术和设备，在水上取得低消耗高收益的结果。全社会在对水的重复利用上应肯投资（治污），供水管网更新改造使损失高达 20%以上的跑、漏问题大幅度降低。在生态环境治理中，也要注重节水，防风林忌单一性的高大乔木，以乔灌草结合为宜，减少乔木耗水。防沙治沙、防止荒漠化要科学论证、科学规划，用同样的水投入换得高产出。全民节水意识应形成且能应用到实际中，将有 2 亿 m^3 的水用于再生产，是石羊河流域目前计划外调水的水量。若实现以上目标其经济效益、社会效益和对生态效益将是十分可观的。

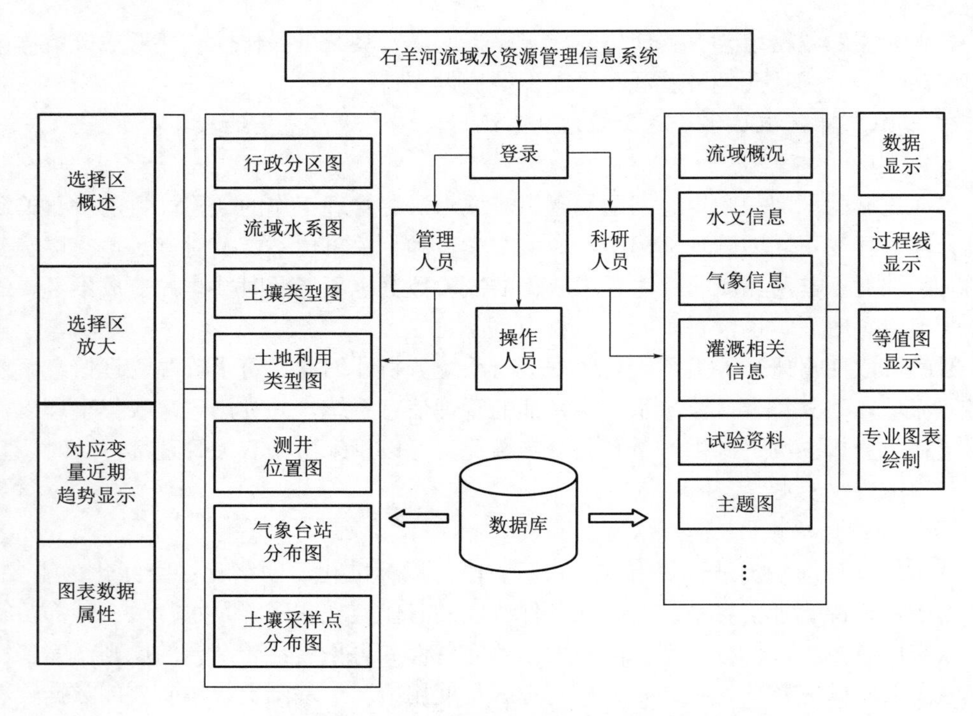

图 3.9 石羊河流域水资源管理信息系统结构图

3.7.2.4 水利工程建设效益突出，负面效应不容忽视，诸多问题亟待研究解决

石羊河流域现有中、小型水库 26 座，总库容 4.51 亿 m^3；干、支渠道总长 4872km，已衬砌 75%；大型灌区（500hm^2以上）机电井约 14800 眼。这对调蓄供水、发展绿洲农业，特别是粮食生产起到了十分重要的作用，为该流域社会经济的发展具有历史性贡献。水库的修建使调蓄功能加强，人工绿洲面积不断扩大，并从流域的下游向中上游推进，大大改善了人类的生存环境，同时也带来了小气候良性化，气温降低 1～2℃，风速降低 80%，空气湿度提高 1%～2%的"冷岛效应"。在出山口处修水库，通过高标准衬砌的各级渠道输水入田间，试验推广各种节水灌溉方法再扩大耕种面积。

以往由于历史原因和认识上的局限性，没有把水资源合理配制、高效利用和生态环境保护作为水利工程建设的首要任务，以致存在的问题有：①工程建设和管理的粗放；②水资源开发过度。水利工程建设和管理的粗放造成农田灌溉粗放，水资源浪费严重，并造成部分灌区土壤的次生盐碱化；水资源开发过度使石羊河流域出现中游绿洲和下游绿洲的此长彼消现象，最后导致下游人工绿洲、天然绿洲、荒漠植被和终端湖泊的萎缩甚至消亡。因此，要研究地面水库和地下水库之间的联合开发利用模式，研究两间的运行转化规律，达到地表水与地下水、开发与保护及人与水的协调共存，实现生态友好型流域。

在渠道输水中，人们不断追求渠道的高利用系数，影响渠道水利用系数的主因素是渗漏和蒸发，一般在防渗漏上采取具体措施多（衬砌），在防蒸发上具体措施少。

防渗漏应做到不同情况做不同处理。要勘测干、支渠沿线地下水水位，在常年高水位区段，高标准衬砌渠道、严格防渗漏；在常年低水位区段，实行低标准衬砌，以适度渗漏回补地下水位。

针对河西走廊因修建水库和水渠而蒸发损失水资源的研究甚少，寥寥的几处资料很不系统。李宝兴（1982）根据河西走廊1977年地下水平衡资料研究得出河西南盆地地区地下水蒸发蒸腾损失占天然水资源的32.6%，北盆地高达70%。黄培祐（1993）对新疆干旱区水资源环境研究认为：通常在干旱区用于灌溉的水量中，有25%～50%的水直接通过蒸发而损失。王勋陵（2002）在报告中提到：河西各水库年蒸发损失水约7000万 m^3，占水库库容量的17%。已有研究指出，石羊河水资源消耗量中蒸发损失占13.23%，民勤红崖山水库年蒸发量达3000万 m^3，占库容量9930万 m^3 的30.2%。

全流域水库蒸发按19%的保守比例计算，达0.85亿 m^3，渠道输水蒸发0.15亿 m^3，两项合计年蒸发量达1.0亿 m^3。因此，在未来修建水利工程时，特别是兴建水库、明渠时要充分论证水资源的蒸发损失，并采取措施加以防止或抑制。古代劳动人民创造的“坎儿井”，在我国新疆以及甘肃河西地区有千余年的辉煌历史。“坎儿井”的合理处就在于引水渠道建在地下，减少输水蒸发损失。兴建明渠导致渠系蒸发失水的弊端，尚需研究解决。

参 考 文 献

[1] 蔺海明. 河西走廊绿洲农业区生态足迹和环境资产负债研究 [D]. 兰州：甘肃农业大学，2003.

[2] 中国工程院“西北水资源”项目组. 西北地区水资源配置、生态环境建设和可持续发展战略研究项目综合报告 [R]. 2003.

[3] 程国栋. 虚拟水——中国水资源安全战略的新思路 [C] //河西内陆河流域生态建设与社会经济可持续发展2003年学术年会. 兰州：兰州大学出版社，2003.

[4] 魏迈进. 河西内陆河流域生态保护与可持续发展的农业对策 [C] //河西内陆河流域生态建设与社会经济可持续发展2003年学术年会. 兰州：兰州大学出版社，2003.

[5] 周生斌. 加快水资源治理，拯救石羊河生态 [C] //河西内陆河流域生态建设与社会经济可持续发展2003年学术年会. 兰州：兰州大学出版社，2003.

[6] 胡恒觉，高旺盛，黄高宝. 甘肃省土地生产力与承载力 [M]. 北京：中国科学技术出版社，1992.

[7] 张自强，孙成权，王学定. 甘肃省生态建设与大农业可持续发展研究 [M]. 北京：中国环境科学出版社，2001.

[8] 陈隆亨，黄耀光. 河西地区水土资源及其合理开发利用 [M]. 北京：科学出版社，1992.

[9] 甘肃省地方志编纂委员会编纂. 甘肃省志・农业志（上下册）[M]. 兰州：甘肃文化出版社，1995.

[10] 路明. 建设生态农业是实现我国农业现代化的必由之路 [J]. 生态农业研究，2000，8 (2)：1-4.

[11] 马彦琳. 干旱区绿洲持续农业与农村发展评价指标体系初步研究 [J]. 自然资源学报，1999，14 (1)：89-92.

[12] 王根绪，程国栋，徐中民. 中国西北干旱区水资源利用及其生态环境问题 [J]. 自然资源学报，1999，14 (2)：109-115.

[13] 周文麟. 关于在甘肃河西实施“扩种冬麦，保护生态”项目的建议 [C] //河西内陆河流域生态建设与社会经济可持续发展2003年学术年会. 兰州：兰州大学出版社，2003.

[14] 高前兆，李元红，刘发民，张新民，许彦卿. 建设甘肃河西内陆区水资源安全体系 [C] //河西内陆河流域生态建设与社会经济可持续发展2003年学术年会. 兰州：兰州大学出版社，2003.

[15] 成自勇，张自和，张步翀. 河西内陆河流域生态环境综合治理思路与措施 [C] //河西内陆河流域生态建设与社会经济可持续发展2003年学术年会. 兰州：兰州大学出版社，2003.

[16] 沈清林，张永明. 石羊河流域水资源利用现状分析 [C] //河西内陆河流域生态建设与社会经济可持续发展2003年学术年会. 兰州：兰州大学出版社，2003.

[17] 牛最荣，赵志农，姜光辉．石羊河流域水资源需求管理分析［C］//河西内陆河流域生态建设与社会经济可持续发展2003年学术年会．兰州：兰州大学出版社，2003.
[18] 冯建英，李栋梁．甘肃省内陆河流量长期变化特征［C］//河西内陆河流域生态建设与社会经济可持续发展2003年学术年会．兰州：兰州大学出版社，2003.
[19] 刘进琪，刘刚，宋凌云．河西地区水资源现状与农牧业定位的思考［C］//河西内陆河流域生态建设与社会经济可持续发展2003年学术年会．兰州：兰州大学出版社，2003.
[20] Tian Yuan，Li Fengmin，Liu Puhai. Economic analysis of rainwater harvestieg and irrigation methods，with an example from China [J]. Aaricultural water management，2003 (60)：217-216.
[21] Gan Yantai，Liu Puhai. Sustainable Cropping Systems and Soil and water Conservation [C] //区域农业发展与农作制建设中国年会．兰州：甘肃科学技术出版社，2002.
[22] Liu P H，Gan Y，Warkentin T，Mcdonald C L. Morphological plasticity of chickpea in a semiarid environment [J]. Crop Sci，2003，43 (1)：426-429.
[23] Bu-Chong Zhang，Feng-Min Li，Gao-Bao Huang，Yantai Gan，Pu-Hai liu，Zi-Yong Cheng. Effects of regulated deficit irrigation on grain yield and water use efficiency of spring wheat in an arid environment [J]. Canadian Journal of Plant science. 2005，85 (4)：829-837.
[24] 陈怀顺，赵晓英．甘肃农业可持续发展面临的问题［J］．国土与自然资源．2000（1）：29-32.
[25] 黄胜利，胡全明．我国人口与生态压力分析［J］．中国人口、资源与环境．2000，10（1）：34-37.
[26] 左心平．河西走廊农业持续发展之浅见［J］．农业现代化研究．1998，19（3）：166-169.
[27] 于书胖．河西走廊绿洲农业区土地资源利用现状与进一步开发思考［J］．甘肃农业科技，1994（9）：4-5.
[28] 李福兴，杜虎林，尚洪浪，等．河西走廊的生态环境战略和建设［J］．中国沙漠，1996，16（4）：417-421.
[29] 刘普幸．河西人口与绿洲资源、环境、经济发展研究［J］．干旱区资源与环境，1998，12（1）：69-73.
[30] 宋凤兰．河西走廊绿洲生态系统及农业可持续发展问题研究［J］．干旱区资源与环境，1999，13（4）：9-14.
[31] 南忠仁，赵传燕．甘肃河西地区土地资源农业开发程度评价及持续利用对策研究［J］．中国沙漠，1998，18（1）：51-56.
[32] 汪久文．论绿洲、绿洲化过程及绿洲建设［J］．干旱区资源与环境，1995，9（3）：1-12.
[33] 蔺海明，胡恒觉．旱地农业生态学［M］．兰州：兰州大学出版社，1992.
[34] 张志强．河西地区的生态建设与可持续农业发展战略及对策［J］．中国人口·资源与环境，2000，10（4）：34-38.
[35] 秦大河．中国西部环境演变评估（综合卷，一、二、三卷）［M］．北京：科学出版社，2002.
[36] 胡恒觉．旱地农业与绿洲农业发展研究［M］．北京：中国农业大学出版社，1997.
[37] 安兴琴，陈玉春．浅议西北地区生态环境建设的气候效应［J］．干旱地区农业研究，2002，20（1）：116-119.
[38] 王让会，樊自立．干旱区内陆河流域生态脆弱性评价［J］．生态学杂志，2001，20（3）：71-73.
[39] 路明．我国沙尘暴发生成因及其防御策略［J］．中国农业科学，2002，35（4）：440-446.
[40] 黄培祐．干旱生态学［M］．乌鲁木齐：新疆大学出版社，1993.
[41] 黄高宝，王当峰，高旺盛．区域农业发展与农作制建设［C］．兰州：甘肃科学技术出版社，2002.
[42] 蔺海明，王峰．甘肃省农业生态系统的能量产投分析［J］．甘肃农业科技，1989（6）：18-20.
[43] 蔺海明．旱地农业区对咸水灌溉的研究和应用［J］．世界农业，1996（2）：45-47.
[44] 蔺海明，胡恒觉，陈垣．甘肃省高效集约农业发展趋向及前景展望［J］．中国农学通报，1997，13（4）：62-63.
[45] 蔺海明．河西风沙前沿绿洲农业区的生态环境问题与可持续发展［C］//中国西北荒漠持续农业与沙漠治理国际学术会议论文集．兰州：兰州大学出版社，1998.

[46] 苏春华，曹志强．可持续的生态农业是我国农业现代化道路的选择［J］．农业现代化研究，1999，20（6）：325－328.

[47] 甄霖．问题树分析法——区域发展研究的有效分析方法［J］．科研管理，2000，21（5）：103－107.

[48] 任继周，朱兴远．中国河西走廊草地农业的基本格局和它的系统相悖：草原退化的机理初探［J］．草业学报，1995（4）：69－79.

[49] 唐绍忠，蔡焕杰，陈勇，沈清林，孔德禄．河西石羊河流域高效农业节水的途径与对策［J］．干旱地区农业研究，1996，14（1）：10－18.

[50] 肖振华，Prender gast B，Noble C L．灌溉水质对土壤水盐动态的影响［J］．土壤学报，1994，31（1）：8－17.

[51] 张永波，王秀兰．表层盐化土壤区咸水灌溉试验研究［J］．土壤学报，1994，34（1）：53－59.

[52] 甘肃省民勤治沙综合试验站．甘肃沙漠与治理［M］．兰州：甘肃人民出版社，1975.

[53] 黄培祐．绿洲外界区的生态地位与沙漠化过程逆转的策略［J］．系统生态，1990（10）：20－25.

[54] 刘巽浩．对我国西北干旱半干旱地区农业若干规律性问题的探讨［J］．干旱地区农业研究，2000，18（1）：1－8.

[55] 蔺海明．何春雨．建立现代农作制是我国西部农业发展的必然抉择［C］//区域农业发展与农作制建设．兰州：甘肃科学技术出版社，2002.

[56] 姚辉，徐国昌．甘肃省近520年旱涝特征及干旱频率变化［J］．干旱地区农业研究，1993，6（1）：68－71.

[57] 唐登银，罗毅，于强．农业节水的科学基础［J］．资源科学，1999，21（5）：1－8.

[58] 信乃诠，王立祥．中国北方旱区农业［M］．南京：江苏科技出版社，1998.

[59] 陈兴鹏．甘肃水土资源与社会经济要持续发展研究［D］．兰州：中国科学院寒区寒区环境与工程研究所，2001.

[60] 范志平，曾德慧，姜凤岐，等．农田防护林可持续集约经营模型的应用［J］．应用生态学报，2001，12（6）：811－814.

[61] 胡隐樵，左洪超．绿洲环境形成机制和干旱区生态环境建设对象［J］．高原气象，2003，12（6）：537－544.

[62] 谢永成．甘肃省河西内陆河流域水资源开发利用现状及合理利用途径探讨［C］//河西内陆河流域生态建设与社会经济可持续发展2003年学术年会．兰州：兰州大学出版社，2003.

[63] 崔振卿，张荷生，杨丽萍，屈君霞．河西走廊生态系统退化特征及防治对策［C］//河西内陆河流域生态建设与社会经济可持续发展2003年学术年会．兰州：兰州大学出版社，2003.

[64] 陆炳浩．甘肃省祁连山森林的重要性与生态环境问题［C］//河西内陆河流域生态建设与社会经济可持续发展2003年学术年会．兰州：兰州大学出版社，2003.

[65] 付辉恩．东祁连山西段（北坡）森林涵养水源作用的研究［J］．北京林业大学学报，1983（1）：27－41.

[66] 景喆，李新文．甘肃内陆河流域节水农业制度创新［C］//河西内陆河流域生态建设与社会经济可持续发展2003年学术年会．兰州：兰州大学出版社，2003.

[67] 施炯林，郭忠，贾生海．节水灌溉技术［M］．兰州：甘肃民族出版社，2002.

[68] Brandle J R. Windbreaks for the future［J］．Agric Ecosyst Enuiron，1986，22/23：593－596.

[69] Brown L. Who will feed China? Wake up call for a small planet［M］．World Watch Institve，London England Earthscan Pulication. 1995.

[70] Horming L B，Stetler L D，Saxton K E. Surface residue and roughness for wind erosion protection［J］．Trans ASAE，1998，4（4）：1061－1065.

[71] Brian Robisen. Expert Systems in Agriculture and Langtorm Research Can［J］．J. Plant Sci.，1996（26）：611－617.

[72] Mitchell J. The Greenhouse effect and Climate change［J］．Rev. Geophys.，1989（27）：115－139.

[73] Geralb R N，Robert F C，James A C J. Energy Balance Climate Models [J]. Rev. Geophys，1981 (19)：91 - 121.

[74] Wackernagel M. An evaluation of the ecological footprint [J]. Ecological Economics，1999 (31)：317 -318.

[75] Meredith Burke B. Our Ecological Footprint：Reducing Human Impact on the Earth [J]. Population and Enviroment，1997，19 (2)：185 - 189.

[76] Rapport D J. Ecological footprints and ecosystem health：complementary approaches to a sustainable future [J]. Ecological Economics，2000 (32)：367 - 370.

[77] Lisa Deutsch，Jansson A，Max Troell，Ronnback P. The ecological footprint：communicating human dependence on nature's work [J]. Ecological Economics，2000 (32)：351 - 355.

[78] Rhoades J D Kandiah A，Mashali A M. The use of Saline waters for crop production [M] . FAO，Irrigation and Drainage Paper 48，Rome，1992.

第4章　石羊河流域水权分配与交易价格研究

4.1　概述

4.1.1　研究目的及意义

4.1.1.1　我国水资源概况

水资源是大自然赋予我们的宝贵资源，稀缺且不可替代，同时也是战略性的经济资源，是人类生存、文明进步以及社会可持续发展不可或缺的物质条件。随着人口、经济的快速增长，城市化及工业化的加快推进，人类需要大量的水资源供给，我国甚至全球都在面临严峻的水资源短缺危机。

我国拥有的淡水资源总量约为2.8万亿m^3，全球排行第6，但由于人口基数庞大，人均水资源占有量仅2200m^3，居世界人均水资源占有量的第119位，属全球13个贫水国之一，我国人均水资源占有量处于严重缺水线以下的省、自治区、直辖市多达15个，全国一半以上的城市面临着不同程度的缺水问题。由于受到自然地理条件的影响，除水资源短缺外我国水资源分布还具有空间分布极不均衡的特点，基本趋势自东南向西北递减，西北内陆地区的水资源极其匮乏，加上落后的农业灌溉方式对水资源的浪费，水资源问题已经严重威胁到这些地区的经济发展、社会稳定和生态保护，解决水资源问题已经刻不容缓。随着农药的广泛使用以及工业的迅速发展，水资源的污染问题也不容小觑。大量未经处理净化的污水直接排入江海湖泊，远远超过了河流的自净能力，导致很多地区出现了有水不能用的尴尬境地，也严重影响到当地居民的健康状况。由于属于季风气候，我国七大流域的中下游时常有洪涝灾害的发生，造成巨大的经济损失，使我国水资源问题进一步加剧，成为国家富强、人民幸福路上的巨大阻碍。

4.1.1.2　水资源危机的解决途径

面对我国的水资源现状及问题，首先应从节水观念的树立和宣传做起，人们对水资源认识观念的转变是节水的根本所在。在古代，人类对水资源的需求量远低于水资源供给量，不存在水资源短缺问题，水资源“取之不尽、用之不竭”的理念伴随人类历史的发展已经根深蒂固。然而，随着人口数量的增加和社会的进步，人类对水资源的需求量也同步迅速增长，水资源的供给局面开始出现转变，水资源供不应求的状况开始频繁出现，甚至出现水资源危机。人们对水资源进行了重新的审视，从“无度性资源”观念向“经济物品”观念转变。通过节水减少水资源浪费存在很大的潜力，应提高国民的节水意识，建立节水型社会以保证水资源的可持续利用。

我国大部分农业灌溉依旧沿用长期形成的漫灌方式，造成了水资源的极大浪费，节水灌溉设备如滴灌、喷灌设备等的配置与更新增加了农业成本且存在一定的自然条件局限性，这限制了节水灌溉方式在我国农业灌溉中的推广。压减部分灌溉面积，增加节水型作物的种植成为多地政府的节水策略。我国工业由于本身耗水量大的性质与较低的水资源重复利用率而存在水资源浪费现象，因此需改进工业设备，加大水资源的循环利用，提高水资源的利用效率以缓解水资源危机。

为了合理高效地利用水资源，缓解水资源危机，必须对现有水资源进行经济合理的配置，制定长期、可持续的规划，根据流域对水资源水质水量的不同需求统筹分配，对生活和生产用水进行最优化的配置。针对水资源分配的不均衡，可利用水利工程的修建对水资源进行人为的再分配，将水资源从充沛地区引入匮乏地区，缓解当地水资源短缺现状。

伴随着水资源矛盾的日益加剧，除上述几种途径外，还可以通过经济手段即水权制度的建立和完善对水资源进行进一步合理配置，水权持有者通过水权市场以买卖的方式出售或者购入水权，对水资源的分配进一步优化调节。

4.1.2 石羊河流域概况

4.1.2.1 基本情况

石羊河流域是甘肃河西走廊三大水系之一，发源于祁连山南部，位于东经 101°41′～104°16′，北纬 36°29′～39°27′。与巴丹吉林沙漠、腾格里沙漠相连，其东南、东北、西南、西北各与兰州市、白银市、内蒙古自治区、青海省门源县、张掖市萧南县相邻。地势自西南向东北倾斜，包括山地、平原、山丘陵区及荒漠区，海拔 1300.00～5000.00m。石羊河流域属于日照强、温差大的大陆性温带干旱气候，且少雨水多蒸发空气极干燥，流域年降水量 50～600mm，年蒸发量 1000～2600mm，干旱指数范围 4～15，属极干旱地区。

组成石羊河流域的主要水系自西向东为西大河、东大河、西营河、金塔河、杂木河、黄羊河、古浪河及大靖河八条河流，地表水资源来源依靠大气降水以及祁连山区冰雪融水，流域总面积 4.16 万 km^2，水资源总量 16.59 亿 m^3，其中地表水资源量约 14.542 亿 m^3，地下水资源量约 0.99 亿 m^3。石羊河流域地表水资源见表 4.1。石羊河流域地下水资源见表 4.2。

表 4.1 **石羊河流域地表水资源** 单位：亿 m^3

河流名称	西大河	东大河	西营河	金塔河	杂木河	黄羊河	古浪河	大靖河	总计
水资源量	1.577	3.232	3.702	1.368	2.380	1.428	0.728	0.127	14.542

表 4.2 **石羊河流域地下水资源** 单位：万 m^3

项目		大靖盆地	武威盆地	永昌盆地	民勤盆地	昌宁盆地	总计
降水入渗量		0	1446.48	10	221.71	312.43	1990.62
凝结水入渗量		0	1076.11	30	509.63	704.42	2320.16
测向补给量（不包括盆地间补给）	祁连山区补给	20	681.65	0	0	0	701.65
	沙漠补给量	0	2500	0	2390.83	0	4890.83
总计		20	5704.24	40	3122.17	1016.85	9903.26

石羊河流域主要水资源供给为降水，主汛期为 7—9 月，枯雨季节从 10 月至来年 3 月，石羊河流域多年平均降水月分布图如图 4.1 所示。

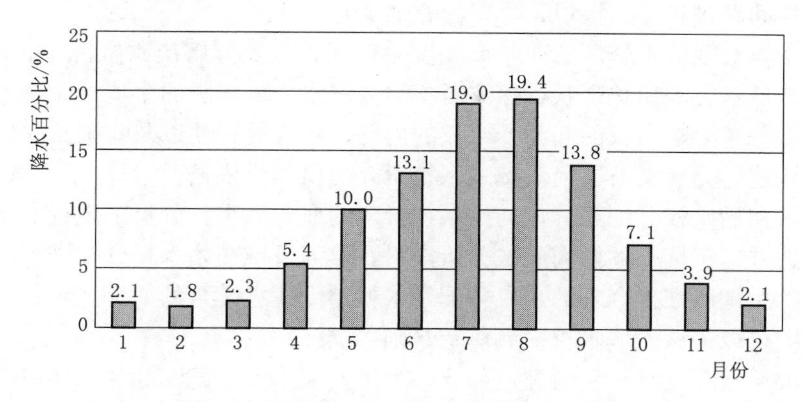

图 4.1 石羊河流域多年平均降水月分布图

4.1.2.2 *石羊河流域面临的严峻水资源危机*

1. 历史沿革

随着近年来人口的迅速增长和经济社会的发展，流域水资源使用量已经远超其承载能力，超出量达到 6 亿 m^3，不断扩大的调水也无法填补缺口。石羊河流域下游民勤地区由于地表水资源的极度匮乏转向开采地下水，年超采量达 4.32 亿 m^3 之多，致使生态环境恶化加剧，沙尘暴频繁出现，危害程度和范围也日益扩大，严重威胁当地群众生活，也成为当地经济和社会可持续发展的极大阻碍。

2. 缺水严重

石羊河流域位于具备大陆性温带干旱气候的特性，最典型的表现为降水稀少。而地表水资源供给主要靠降水，主汛期 7—9 月，枯雨季节从 10 月至来年 3 月，7—9 月由于阳光充足，蒸发量也极大，加之降水量充足月份所占比例极少，在枯雨季节缺水问题极其严重。

石羊河流域因自然原因导致了资源型缺水，而近几十年来大量城市废水的无度排入也造成了水质型缺水的形成。据统计，武威市年污水排放量约 2471.47 万 t，金昌市则约为 3364.42 万 t，这些污水已经远超河流自净能力范围，流域水质较差，多为Ⅴ类或劣Ⅴ类。地表水水质也通过渗漏影响到地下水资源的水质，流域部分地区水资源矿化度极高，根本无法供人类使用。石羊河流域由于资金缺乏，先进的节水灌溉技术难以被引进推广，这也造成了局部地区的技术性缺水。

3. 缺乏科学管理

石羊河流域缺乏与水资源现状相适应的管理体制，致使政府制定的相关政策不能有效实施。由于人们对水资源的观念转变较为缓慢，加快管理体制的完善将促进意识观念的变革，对流域产业结构的调整，用水效率的提高，节水型社会的建设均具有重大意义。

石羊河流域水资源的不足成为当地面临的突出问题，用水效率低下、产业结构不合理、水资源无序开发利用都加剧了问题的发展，水权问题的研究成为突破这一阻碍的关键点。通过明晰水权，建设节水型社会，合理配置水资源，通过产业结构调整和生态移民等修复当地的生态系统，缓解水资源压力，实现水资源的可持续利用。

4.1.3 研究内容和创新之处

4.1.3.1 研究内容

本研究基于石羊河流域用水的历史、现状及存在的问题，结合水权制度的建立理念，对石羊河流域水权问题进行深入探讨，主要内容如下：

概述部分主要对我国水资源的严峻形势做一概述，且探究解决水资源危机的有效途径，再引出石羊河流域水资源短缺现状，探究石羊河流域水危机解决的紧迫性。

水权理论部分主要对水权的起源、水权的内涵、水权的特性以及我国水权研究现状和存在的问题进行综述，为后文石羊河流域的水权研究提供理论依据。

石羊河流域初始水权分配部分从初始水权分配的概念入手，分析了现行初始水权分配的各类模型，并选择基于熵权的模糊层次分析法对石羊河流域初始水权分配进行研究。水权明晰是水权问题的关键所在，合理的水权分配是水权制度建立健全的前提，对石羊河流域初始水权分配的研究可以为该流域水权发展奠定基础。

在石羊河流域水权交易价格的确定部分，为了提高水资源配置和利用效率，有效途径之一即为水权交易已经成为不争的事实，但水权交易价格合理性成为制约水权交易的关键因素，合理的水权价格是水权交易成功的充分条件。本部分综合分析现行水权定价模型，选择成本分析法与影子价格法组合而成的综合定价模型，以武威市为例对当地水权交易价格进行计算研究，以促进当地水权交易的发展。

主要结论部分对本文的研究情况进行总结和分析，并对未能研究的问题进行展望，为日后该领域的深入研究奠定基础。

4.1.3.2 创新之处

本章以现有水权理论为指导，结合石羊河流域水资源利用现状，加深了对石羊河流域第一层及第二层次初始水权的分配和武威市水权交易价格的研究，填补了理论运用中存在的空白。同时对各类水权初始分配方法与水权定价方法进行了优缺点分析，将计算结果与石羊河流域实际水权分配方案进行对比，验证了计算方法的实用性。将理论研究与实践相结合，也为当地初始水权分配方法的选择与水权交易价格的确定提供了参考，也为石羊河流域水权问题的深入研究提供更为翔实的依据。

4.2 水权理论

4.2.1 水权概念的起源

水权概念的起源大约可追溯到 20 世纪 70—80 年代，美国、英国及澳大利亚等国对水权的研究起步较早，通过在实践中的不断完善于 90 年代建立了相对成熟的水权制度体系。水资源如何引申出水权的概念归纳起来有两点决定性成因。

（1）水资源短缺日益凸显。在人类活动的初期，水资源充沛，即使即取即用也不存在彼此间利益的影响，水资源自然赋予深入人心，产品概念与水资源相去甚远，不存在任何联系，无偿使用水资源的习惯延续至今。然而，随着人类生活多样化与社会进步，对水资源的需求量也随之增加，随意占有水资源开始对其余用水者产生负效应，人们为了维护自身利益而导致了冲突的出现。水资源从自然赋予开始转向产品范畴，水资源从“无价值”形式向具体的经济物品转变，水资源的稀缺催化了水资源价值的产生。

（2）价值观念变革。不同的研究领域如人文、法学、社会学以及经济学等都具有不同的价值观念，甚至在同一领域之内的不同流派之间，由于研究的侧重点和理论基础的不同也存在分歧。通过研究总结可以归纳出水权概念的产生主要基于产权的定义，水资源划归为人类计划使用范围内时凝结了人类的劳动，作为产品具备所有产品所共有的属性。人们水资源价值观念的转变产生了以产权理论引申而出的水权，然而由于观念转变的不彻底性，现实水价没能合理地反映水资源理应拥有的真实价值，往往不能体现水资源的稀缺程度。水权概念起源至今，虽然在实践过程中存在诸多问题与波折，但取得的成果还是值得肯定的。在水资源需求量剧增的今天，水权是缓解水资源危机的有效途径之一。未来水权的发展应朝着客观反映水资源需求状况的方向，水价的提高是必然的趋势。

美国采用较为广泛的是占有优先说（prior appropriation doctrine），即“时先权先（first in time，first in right）”——越早占有越早申请则越早拥有水权，“过期即废（use it or lose it）”——申请所得的水权超过期限而不使用则算作废即不延迟不累加，“有益使用（beneficial use）”——所得水权必须基于可产生效益的用途，而部分州将水权交易包含其中，对水权的合理再分配利用起到相当大的促进作用。作为对占有优先说的补充，公共信任准则（the public trust doctrine）应运而生，即委托一定的机构对公共用水权利加以保障，维护公共利益的稳定性。

英国和澳大利亚的水权起源形式为滨岸所有准则（riparian ownership doctrine），该原则依照流域周围的居住状况分配水权，在一定程度上具有与土地所有权捆绑的性质，不存在占有优先、过期及有意用途限制。随着水资源短缺问题的日渐显露，该原则的弊端也日益明显，流域沿岸居民用水充足而内陆居民水源紧缺，改变存在已久的水权体系困难较大也需要时间，水权交易中将水权与土地所有权分离进行交易成为解决这一矛盾的有利途径。

在国外应用较为广泛的还有平等用水原则（equal water doctrine），即所有居民拥有平等的用水权利，遇到干旱水资源供应不足时所有居民也相应同比例削减供应，该原则注重水权使用的公平性，但并不能达到最优的水资源利用；条件优先制度（conditional priority）主要含义为具备一定条件（如资助水利工程建设等）的用户具备优先获得水权的权利，不受其他原则的约束；惯例用水权（customary water right）顾名思义指从历史延续而来的水权体系，通常来讲不属于任何一种水权体系的延伸，而是由多种混合而成，这种水权体系大多因尊重当地的用水习惯和社会风俗而保留至今。

4.2.2 水权的内涵

我国国内目前对水权的定义仍处于研究探讨的阶段，不同领域的学者从不同角度出发，对水权的概念有着不同的见解，综合来讲主要分为以下几种：

（1）以裴丽萍为代表的学者认为水权为“一权”，即使用权，在某种程度上也可理解为对地表及地下水的优先使用权。樊晶晶则认为因我国水资源属于国家所有，在应用实践中其所有权不再考虑，所涉及的仅为取水权。

（2）汪恕诚等表明水权的内涵不能仅为使用权，在其基础上还应包括产权最基本的所有权，即水权为“二权”。也有学者根据水资源的属性将使用权划分为自然与社会水权，并进行再次划分，形成层次理论。

（3）以姜文来为代表的一系列学者则将人们对稀缺水资源的权利进行总结后划分为水资源的所有权、使用权与经营权，即“三权”。这种定义方法较前两种多考虑到经营权，但还是没能全面解释何为水权。

（4）相当一部分学者从产权理论的角度，把对产权的定义引申到水权，认为水权不仅是一种单一的权利，而应该是一组权利束，除上述几种观点提到的权利外还应包括诸如量水权、交易权、处分权等，即“多权”。水资源作为一种存在的事物，虽然有其流动、可分割、灾害等特性，但仍然可以借鉴对产权内涵的界定对水权做一描述。水权是涉水的各种权利组成的权利束，以所有权为基础，对水权的全面描述也有利于避免因定义的模糊而引起的水权纠纷问题。

我国水权概念的产生较迟，并不代表我国水资源紧缺状况出现晚，主要原因是我国经济理论体系尤其是产权概念的建立健全远远落后于发达国家。我国大部分地区长期处于通过水利工程建设、节水设备改进等的工程措施解决水资源危机的状态，忽略了经济手段的重要作用。

4.2.3 水权的特性

水权，顾名思义为对“水”的权利，根据不同的分类依据可以将水分为不同的种类，如按照水存在的状态可以分为固态、液态及气态；按水的用途可以分为基本生活用水、农业用水、工业用水和公共用水；按水是否被注入人类劳动分为自然状态水和产品。对不可被人类利用的水没有界定权利的价值和必要，因此在水权研究中涉及的水一般指水资源。联合国教科文组织（United Nations Educational，Scientific and Cultural Organization）于 1977 年对水资源进行了较为权威的定义，水资源即为“可利用或有可能被利用的水源，这个水源应具有足够的数量和可用的质量，并能在某一地点为满足某种用途而可被利用”。

对水权特性进行分析就不得不研究水资源的性质，周玉玺等总结了流域水资源的三个特性：①外部效应特性：所谓外部效应是指在水资源在使用过程中对主体外的他人带来收益或者造成损害且没有相应的回报或者补偿；②共有资源特性：水资源包括很多公共用水，如养殖用水、生态用水等，这些水资源均不能为私人所有；③长期合作博弈性：对流域内的水资源使用者而言，获得最优的水资源分配是每个人的最终目标，他们之间存在长期博弈关系，且随着水资源状况的改变而产生变化，属于动态博弈范畴。苏青等则从自然、生产、消费和经济四个方面对水资源的特性进行归纳，总结来说水资源有流动性、区域性、波动性及可垄断性等。

我国目前对水权特性研究得到较多公认的为姜文来的研究，他指出水权的特性主要有四点：①非排他性：我国水资源被规定为国家所有，但实际利用过程中被各流域各部门划分占有，水权在本质上并不具备“排他”的特性；②分离性：在我国水资源利用过程中，所有权属于国家，分配权属于流域相关部门，使用权最终在用水户，具备明显的权利分离特性；③外部性：该特性基于水资源的外部效应特性而产生，水权分配使用过程中均会产生一定的正外部效应或负外部效应，造成超过使用范围的损害或产生额外的效益；④不平衡性：除水资源的所有权归国家所有，水权中其余权利的进行转让或交易的主体双方通常具有不相同的交易条件与地位，此即为水权的不平衡特性。

针对上述的水权特性，笔者认为我国水资源虽被规定为国家所有，但国家为一个拥有相同语言、种族和历史的社会群体的抽象概念，因此水权属于集体所有的公有权利范畴，对公有权利而言非排他行是共性而非特性。至于水权的分离性和外部性，由于水权本身即为诸多权利的组合，其余物品如矿产的使用权、所有权和经营权也都可进行分离且会产生污染之类的外部效应，因此分离性与外部性并非水权所特有。水权的交易主体也存在平衡的可能性，如在两个经济水平相差不大的用水户之间的交易，水权的不平衡是大多数情况而非绝对，因此不平衡性也不属于水权特性。综合来讲，水权具备产权共有的属性而无特性。

4.2.4 我国水权现状及亟待解决的问题

我国水权的研究较国外要晚得多，可以说依旧处于研究的初始阶段，研究重点多为水权内涵、初始水权分配原则、水市场存在必要性等，对我国水权研究的现状及存在问题的总结可从以下几个方面入手：

（1）水权的内涵。对水权内涵的探讨，我国学者有着不同的理解与认识，部分学者认为水权定义应该简单明了，只包括水资源的使用权，部分则认为应该全面翔实，应理解为使用权、经营权甚至一组权利束。但是学者间至今仍未能达成共识，缺少一个让学术界各领域基本认同的定义，这是我国水权制度需解决的首要问题，明晰水权界定才能在此基础上进行水权体系构建和水权市场的发展。

（2）水权的法律界定。对于水权的界定，《中华人民共和国宪法》第九条，《中华人民共和国水法》第三条、第三十二条、第三十四条，国务院《取水许可制度实施办法》第二十六条、第三十条，《水利工程税费核定、计收和管理办法》以及《中华人民共和国民法典》中相关条款均是较为明晰实用的条例条款。但仍然存在需要完善之处，如对水权交易中交易价格、水市场规范、水资源经营、使用权划分、承认水资源转让权的合法性等的相关规定，需我国立法部门尽快健全法律体系，弥补漏洞，为我国水权的发展提供稳固的法律依据。

（3）水权制度。水权制度包括水权的分配制度、交易制度以及管理制度，制度的建立健全是水权得以发展的保障。合理的水权分配制度可以明晰水权，保证水资源的公平高效率分配，减少交易过程中因权利交叠而产生的分歧。交易制度的完善主要考虑对水权交易的主体双方资料进行统计完善，可建立相应的信用度评价体系，为水权交易提供便利，对主体的权利范围进行划分，避免出现越权交易的发生。管理体制即对水权的分配、交易过程进行监督，惩处不法行为，包括对各水管部门、用水户的监督。

（4）交易范例。我国发生最早的一起水权交易案例为2000年11月24日发生在浙江省东阳与义乌两市间的水权交易，东阳市以2亿元的价格出售横锦水库5000万m^3水资源的使用权给义乌市，以缓解义乌市城区面临的水资源短缺危机。对这一水权交易案例的评价褒贬不一，王亚华等认为东阳—义乌水权交易“是我国水权制度变迁进程中的一次重大创新”，是我国水权市场建立的标志，也肯定了市场机制在水资源配置中的积极作用。也有学者分析指出，由于东阳—义乌水权交易的主体为两地政府部门，交易建立在一定程度的行政手段之上，对交易本质进行分析后认为东阳—义乌的水权交易并不能算作真正的水权交易，而应该定性为两地政府未经过上级机关彼此间协商而进行的行政权力再分配。笔者认为，由于东阳—义乌水权交易是我国首例水权交易案例，因此必然存在不可避免的缺陷，但它在我国水权交易实践探索道路上起到不容小觑的重要作用，为我国水权制度的改革开创了新局面。因此，应该从积极意义与存在缺陷两方面客观评价东阳—义乌水权交易，从中汲取经验教训，为保证交易的成功进行应在水权交易之前进行全面的调查研究，建立完善交易制度，权衡各方面利弊，最终建立市场机制下最优的水权交易系统。

我国水利部确定的第一个节水型社会建设试点为张掖市，水资源以水权证的形式发放到用水户手中，用水户凭水票取水、进行彼此间的水权交易，由各级水务局负责具体的宏观管理工作，成立“农民用水者协会”进行监督和协调。张掖市的水权交易主体为各用水户，其主要特点是在市场机制下由政府引导进行的交易。张掖市节水型社会建设水权制度的改革是值得肯定的，在今后的水权交易中应对市场中存在的问题进一步完善，以保障市场的稳定发展。

综上，我国水权研究远远落后于发达国家，依旧处于研究的初步阶段，基于水权理论的研究较多，而由于水权交易实例的稀少和小范围性对实践过程中存在问题的深入研究极少。我国水权的发展还有很长的路要走，相关政府部门与流域机构及各用水户都要积极配合，为水权体系在我国的建立健全尽最大努力，实现我国水资源及经济社会的可持续发展。

4.3　石羊河流域初始水权分配

4.3.1　概况

一般来讲，流域的初始水权分配可划分为两个层级：首先为流域水管理部门代表我国有关水管理部门将水权分配到该流域的省、市、县级行政区；其次即为水权由各级行政部门向代表不同行业的用水户分配。初始水权的合理分配对流域内有限及短缺水资源的高效利用有着极其重要的意义，可以减少因自由取用水资源而造成的水资源无度浪费。

石羊河流域初始水权的分配面临着很多问题，如流域内的水资源多样，有地表、地下水资源，也有经景电二期外调的水资源，这些水资源该如何公平分配，是将所有水资源总和之后再分配给各行政区域还是将各种水资源分别分配；再如石羊河由八条河流及其余小河组成，该如何分配才能保证流域下游的民勤地区得到充足的水资源，防止当地生态环境继续恶化和地下水的严重超采；石羊河流域各河流的水质也不尽相同，对水污染权的分配问题也需进行全面谨慎的思考。

4.3.2　分配结构图

本节研究石羊河流域第一及第二层次的初始水权分配，石羊河流域初始水权分配结构图如图 4.2 所示。

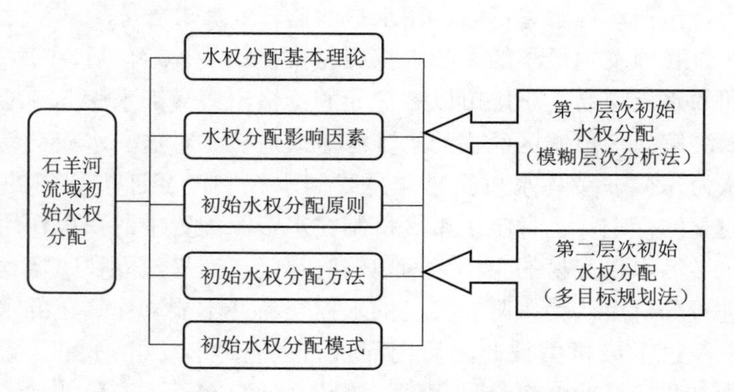

图 4.2　石羊河流域初始水权分配结构图

4.3.3　分配的影响因素及原则

4.3.3.1　分配的影响因素

初始水权的分配受到很多因素的影响，综合石羊河流域现状，可以从社会、经济、生态及政策四个方面分析。

（1）我国社会大背景在一定程度上对各地区的水权分配有着重要的影响。目前我国产业结构依旧存在许多问题，产业结构调整是解决这一问题的有效途径，“三农”问题是产业结构调整的重中之重，由于水资源短缺问题，我国积极倡导节水农业的发展。石羊河流域应通过水权的有效配置推进现代节水农业的进步，压减高耗水作物的种植。

（2）农业在石羊河流域的产业结构中占有相当大的比重，然而农业用水效率低下，导致当地的经济发展面临瓶颈，该流域工业用水效益较全国平均水平也较低，拥有较大的节水潜力。金昌市以第二产业为主，而武威市则以农业为主，两地区存在相互协调补充的可能。为加快该流域经济发展，合理水权分配是取得成功的第一步。

（3）石羊河流域生态问题的严峻形势已不言而喻，在初始水权分配中必须重点考虑该流域生态环境的可持续规划，保障流域自然保护区防护林、草地与绿洲的基本生态需水量。通过合理配水减少地下水的开采，为生态保护与改善提供条件。

（4）在政策法规方面应施行奖励与惩罚并行，对流域节水突出的产业和用水户实行一定的奖励措施，如补贴、优惠政策等，而对不按照规定取水的用水户则要严厉惩治。对超额用水和地下水水价应适当提高，以鼓励人们的节水积极性。

4.3.3.2 分配的原则

石玉波在《关于水权与水市场的几点认识》一文中对初始水权分配原则有较详细的介绍，他指出水权分配应优先考虑满足人们基本生活需求和生态用水的需求，社会稳定所必须水量、保障粮食生产水量也应重点考虑，其余原则有时间或地域优先原则、合理利用原则、余量预留原则、公平与效率兼顾且公平优先原则等。刘晓鸽等结合塔里木河流域的具体情况，确定了公平性、高效性和可持续性三大原则。吴丹则分别从流域和区域层面给出了尊重现状、宏观调控、公平性、效率性、可持续性、弱势群体保护、权责统一原则和基本生活用水保障、“三生”用水统筹兼顾、保障农业粮食安全及生态健康的原则。

这些学者对原则的概括比较全面，但有些原则在实际应用中过于理论化，综合考虑石羊河流域的情况，该流域初始水权分配应遵循原则的确立应首先考虑以下问题：

（1）优先权问题。石羊河流域初始水权的分配，最先要满足的是该流域人民生活基本用水需求。对于其余配水的优先次序，可按照公共用水所对应的公共水权优先于经济用水所对应的竞争性水权，生态需水与保障社会稳定需水（包括医院等公共部门需水、保障粮食供应的基本需水等）的分配紧随其次的思路。在经济用水中所占比重较大的为农业与工业用水，由于农业用水耗水量巨大但用水效率低，因此在粮食供应和生态用水已得到保证的前提下，可考虑将部分通过节水或压减耕地节约的水资源转为用水效率较高的工业用水。

（2）现状问题。由于石羊河流域水资源短缺由来已久，加上人们长期以来形成的灌溉用水习惯，导致水资源的供需产生了从量变到质变的结果。中游对水资源的大量取用导致下游地区无水可用，只能转向抽取地下水，长年累积导致下游地区地下水严重超采，生态环境濒临崩溃，甚至无法保证当地居民的基本生存用水。石羊河流域的初始水权分配必须正视该地区严峻的现状，将生态保护与改善放在重要位置，同时对流域下游的来水量进行硬性指标限定，以缓解下游地区水资源短缺，减少地下水开采，从根本上切断这种恶性循环。

（3）公平、效率问题。公平性与效率性都是初始水权分配的基本原则，在石羊河流域的研究背景下，应以公平性为分配的主要原则。这种情况必然会影响水权分配的效率，为弥补这一损失可以增加对水权交易的鼓励，加强水权市场构建，促进水权从低效率使用转向高效率使用。相比较以效率优代替初始水权分配的公平性，该种分配更具有灵活变通的可能，综合来说较为合理。

4.3.4 分配方法

对于初始水权的配置目前国内常用的方法主要有层次分析法、综合权重法、模糊决策法、博弈分析法、多目标规划法，其中以层次分析法应用最为广泛。

1. 层次分析法

层次分析法（analytic hierarchy process，AHP）在20世纪70年代就被提出，其原理是将复杂系统逐层分解，划分为目标、准则、方案等层次，将思维过程数字化定性与定量相结合，再确定方案的优劣顺序。

应用层次分析法分析复杂系统的步骤大致归纳为建立系统的层次结构、构造判断矩阵、计算各元素权重、确定指标隶属度及一致性检测等。层次分析法的系统性与简洁性使得其在解决这类问题时有相当大的优势，也存在定量数据较少、可信度较低、指标越多时计算量也越大等缺点。

2. 综合权重法

该法是针对系统指标，选出核心指标（Ⅰ级指标）、相关指标（Ⅱ级指标），确定核心指标、相关指标的权重系数；根据指标的作用强弱，对每个具体指标给出评价分值和评价等级；再确定每个评价等级的权重系数，然后根据数学公式计算出各组综合权重评价分值，找出一个合适的综合评价系统等级的总分值范围，对评价对象进行分析和评价，以决定各组优劣。

3. 模糊决策法

自1965年创立以来，模糊数学迅速发展，已经在各个领域有了广泛的应用。模糊决策法对界限不明晰事物的评价有极大优势，可以将模糊事物与数学计算相结合，为这类问题的解决提供一种途径。

初始水权配置中最主要部分为水量分配，由于其影响因素极其复杂，且分为可定量与可定性两类，水权模糊性成了影响水权分配的主要因素。模糊决策法弥补了AHP法在判断矩阵构建过程中忽略掉的模糊性问题。该方法首先建立影响因素集，对定量因素与定性因素分别采用指标与评语表示，最后通过计算权重与隶属度确定水权分配结果。

4. 博弈分析法

John von Neumann和Oskar Morgenstern在1944年发表的《博弈理论和经济行为》代表着现代系统性博弈理论的创立，John Nash于1950—1953年提出了纳什均衡的概念，为博弈论在实际应用中的推广起到历史性的促进作用。博弈分析法在水权分配问题解决方面也有了较多应用，如对水市场进行博弈分析，对水资源分配中的冲突进行博弈分析，以及流域水资源分配如何通过反复博弈来实现纳什均衡的分析。应用时先明确研究问题所涉及的局中人以及可能存在的策略集，再通过建立函数进行博弈分析，最终确定最优水权分配策略，以保障水资源最大化的合理利用。

5. 多目标规划法

1961年美国数学家Charles和Cooper最早提出多目标规划的概念，其与线性规划相比还不太成熟，但作为决策方法之一，多目标规划法在资源分配、计划编制方面都有一定程度的应用。水权分配的任务之一就是水资源配置，使用多目标规划法时应先确定配置的目标函数，通常基于效益最大、污染最小等多个目标，再判断供水能力、取水量、耕地面积等多个约束条件，确定模型中涉及的各个参数，最终得到相应的最佳水资源分配方案。

4.3.5　分配模式

对不同的地区，由于经济发展和水资源状况的差异，往往会根据实际情况选择不同的水权分配模式，即使在同一地区同条件的水资源状况下，分配给不同产业部门时也会考虑使用不同分配模式，所选模式不同会产生不同的分配效果，对成本和效益有不同影响。我国现行初始水权分配模式主要有以下几种：

（1）人口分配模式。该模式的主要使用国家为智利，其原理为同一水源地居民，其水权按照人口数量平均分配，是人人平等思想在水权分配领域的体现。人口分配模式的计算可表示为

$$WR_i = \frac{P_i}{P} WR \quad (i=1,2,\cdots,n) \tag{4.1}$$

式中 WR_i——各用水行业水权分配量；

P_i——各用水行业总人口数；

WR——可供分配的总水权量；

P——该水源地的总人口数。

人口分配模式虽然极具公平性，但在我国的国情下并不适用。我国同一水源地的用水户由于身份不同而具有不同的需水要求，城镇居民需水仅包括日常生活的基本用水，而对于农村居民不仅要满足日常生活用水，还需要满足基本灌溉用水。同时，按人口分配模式，劳动力需求越大的行业获得的水资源越多，可能导致产业结构混乱，不利于产业发展。

（2）面积分配模式。该模式与滨岸所有原则对水权的分配近似，其原理为按流域用水户所占面积为依据进行水权分配。面积分配模式的计算可表示为

$$WR_i = \frac{M_i}{M} WR \quad (i=1,2,\cdots,n) \tag{4.2}$$

式中 M_i——各用水户所占有区域的面积；

M——流域所辖区域总面积。

面积分配模式基于历史原因而形成，其存在的合理性是肯定的，但也存在着一定不足。该模式分配原理将所占有面积与所需水量的关系简单化，认为流域用水户占有面积与水权分配量成正比例关系。然而，实际情况并非如此，往往还掺杂其他影响因素，并不能简单按面积来分配水权。假若该模式应用于农业领域则较为合理，可根据农业用水户所占有耕地面积分配水权。

（3）产值分配模式。产值分配模式以流域各地区经济发展状况为水权分配依据，通常情况下经济水平越发达的地区需水量也越多，对某地区经济发展水平最常使用的衡量标准为人均国内生产总值，则产值分配模式可表示为

$$WR_i = \frac{GDP_i}{GDP} WR \quad (i=1,2,\cdots,n) \tag{4.3}$$

式中 GDP_i——流域内各地区人均国内生产总值；

GDP——该流域研究区域总人均国内生产总值。

产值分配模式的水权分配原理看似合理，深入探究后则不然。依照产值分配模式，经济水平发达的地区将获得更多的水资源，同等于更多的发展机遇，而经济相对落后的地区则不能获得足够水资源以支持其发展，长此以往必然导致流域贫富两极分化加剧，产生恶性效应。该分配模式也完全违背了水权分配公平性原则，不但无法保证不同经济水平地区获得平

等的水权，还加速了差距的扩大。从产业分配来讲，由于农业为高耗水、低效益产业，按产值分配模式农业将获得极少的水权，这必然导致农业的衰退，引起产业失衡，若在各产业内部水权分配采用此分配模式将具有更有益的价值。

（4）混合分配模式。上述三种水权分配模式的一个共同点即为考虑因素较为单一，不同区域由于实际情况以及决策者分配思路各异往往会选择不同水权分配模式。为了较为全面合理地进行水权分配，产生出一种新的分配模式即混合分配模式，可表示为

$$WR_i=\left(W_1\frac{P_i}{P}+W_2\frac{M_i}{M}+W_3\frac{GDP_i}{GDP}\right)WR\quad(i=1,2,\cdots,n)\tag{4.4}$$

式中 W_1——人口分配模式所占的加权值；

W_2——面积分配模式所占的加权值；

W_3——产值分配模式所占的加权值。

混合分配模式将以上三种模式综合加权考虑，比单一分配模式全面，能更好地实现水权分配的公平性与效率性。由于权重可由决策者根据该地区社会经济发展水平与水资源状况来实际确定，具有较好的灵活性和适应性，易于被各地区接纳。

（5）现状分配模式。以上分配模式均需要按照一定的标准重新进行水权分配，在实际实施过程中有一定难度。而由历史形成并保留至今的水权分配方法即现状分配法，因经过长期磨合调整已较好地适应当地经济社会状况。该模式的原理为尊重分水现状，以前一年或近几年用水量的加权平均值为依据进行水权分配。

使用现状分配模式不会产生“从零开始”的水权分配过程，减少了冲击的产生，执行时所面临的困难也更少。现状分配模式也存在一定弊端：一方面无法与当地产业结构调整的步伐保持一致，甚至阻碍调整的实施；另一方面，无法从公平性与效率性着手优化水权分配，是较为保守的水权分配方式，风险与效益均最小。

（6）市场分配模式。以上水权分配模式均以政府调控手段进行水资源配置，从经济学角度出发存在另一种水权分配手段，即市场分配模式。市场分配模式主要途径包括拍卖和水权交易两种。市场分配模式将水权流动的特权交由用水户掌控，可以根据水资源的需求状况进行水权的转让，以市场手段促使水权从低效益用途转向高效益用途，避免了水资源浪费，具有极强的灵活性。

但完全交由市场控制的水权交易与拍卖存在一定程度风险，有些“水霸”会恶意造成水资源垄断，将水权分配的公平、效率性转变为为私人谋利，失去了水权分配的意义。为避免这种垄断行为的产生，可以考虑采用政府宏观控制与市场分配相结合的模式，对水权交易不法行为进行强有力的监督和惩治，提高水权分配效率，实现社会稳定快速发展。

在实际水权分配中，各地区应搜寻尽可能翔实的资料，重点结合当地经济社会状况，着眼历史，尊重现状，筹划未来，选择适合当地的水权分配模式。几种水权分配模式的对比见表 4.3。

表 4.3　几种水权分配模式对比

项　目	人口分配模式	面积分配模式	产值分配模式	混合分配模式	现状分配模式	市场分配模式
适用范围	省际分配	省际分配及农业水权分配	省际分配及行业内水权分配	各层面水权分配	各层面水权分配	机动水权分配
复杂程度	简单	简单	简单	复杂	简单	简单

续表

项目	人口分配模式	面积分配模式	产值分配模式	混合分配模式	现状分配模式	市场分配模式
公平性与效率性	公平性	公平性	效率性	两者兼顾	两者均无	效率性
适用行业	非农行业	农业	非农行业	均可	均可	高效行业
实施难度	较大	较大	较大	较小	较小	较小

4.3.6 石羊河流域第一层次初始水权分配

综合上述各种初始水权分配方法的优缺点分析，层次分析法虽然计算简单清晰，但未考虑到水权分配中的模糊性，因此本节选择基于熵权的模糊层次分析法确定石羊河流域初始水权分配，且在模糊层次分析法中采用标度转换构造模糊判断矩阵，具体步骤如下：

4.3.6.1 模型建立

1. 指标的确定

基于前文对初始水权分配影响因素和原则的分析，该模型分别从环境准则、经济准则、社会准则和管理准则四个方面共选择 14 个指标进行分析，指标为：①环境指标：人均水资源占有量、生态用水比例、区域缺水状况、污水回收效率；②经济指标：人均 GDP、产业比例、产业耗水比例、有效灌溉面积；③社会指标：城市化程度、城镇用水定额、农村用水定额；④管理指标：灌溉水利用系数、产业万元用水量、农业灌溉定额。

2. 层次结构图

石羊河流域第一层次初始水权分配层次结构图如图 4.3 所示。目标层为初始水权分配，准则层分为环境准则、经济准则、社会准则与管理准则，方案层涉及石羊河流域流经的行政区域，由于白银市及张掖市区域面积所占比例较少，故选择古浪县、凉州区、民勤县、金川区、永昌县五个县区。

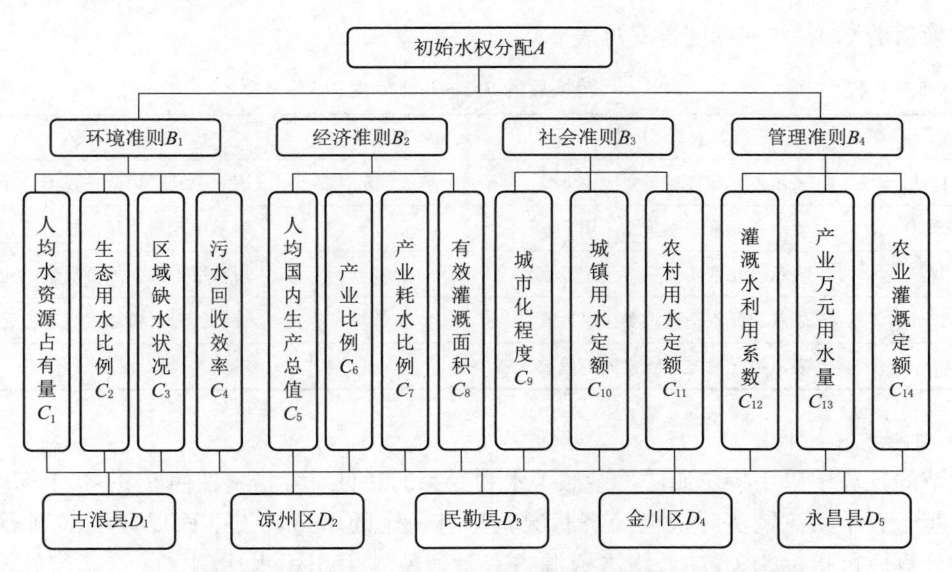

图 4.3 石羊河流域第一层次初始水权分配层次结构图

4.3.6.2　第一层次初始水权分配

1. 两类标度及标度转换

层次分析法中对因素测评采用的标度可分为互反性、互补性两大类，互反性标度包括 1～9 标度、9/9～9/1 标度、指数标度及 10/10～18/2 标度，互补性标度包括 0.1～0.9 标度、0～1 标度、0～2 标度以及－2～2 标度，相关测试表明 9/9～9/1 标度与 10/10～18/2 标度虽然没能像 1～9 标度那样广泛应用，但性能却优于 1～9 标度，弥补了其精确性的缺陷。本节决定采用 9/9～9/1 标度与经过标度转换的 0.1～0.9 标度确定模糊互补矩阵。9/9～9/1 标度、0.1～0.9 标度重要程度和含义见表 4.4。

表 4.4　9/9～9/1 标度、0.1～0.9 标度重要程度和含义

9/9～9/1 标度	0.1～0.9 标度	重要程度	含　义
9/9	0.1	同样重要	两元素对某属性同样重要
9/7	0.3	稍微重要	两元素对某属性，一元素比另一元素稍微重要
9/5	0.5	明显重要	两元素对某属性，一元素比另一元素明显重要
9/3	0.7	非常重要	两元素对某属性，一元素比另一元素非常重要
9/1	0.9	极端重要	两元素对某属性，一元素比另一元素极端重要
9/2，9/4，9/6，9/8	0.2，0.4，0.6，0.8	相邻标度中值	相邻两标度折中值
上列标度的倒数		若元素 i 与元素 j 的重要性之比为 a_{ij}，那么元素 j 与元素 i 重要性之比为 $a_{ji}=1/a_{ij}$	

由 9/9～9/1 标度可以构造判断矩阵 $\mathbf{A}=(a_{ij})_{n\times n}$，对该矩阵可通过进行标度转换，其公式为

$$b_{ij}=\frac{a_{ij}}{a_{ij}+1} \tag{4.5}$$

转换后的 0.1～0.9 标度含义见表 4.5。

表 4.5　转换后的 0.1～0.9 标度

标度	含　义	标度	含　义
0.1	表示乙元素极端重要于甲元素	0.563	表示甲元素稍微重要于乙元素
0.25	表示乙元素强烈重要于甲元素	0.643	表示甲元素明显重要于乙元素
0.357	表示乙元素明显重要于甲元素	0.75	表示甲元素强烈重要于乙元素
0.437	表示乙元素稍微重要于甲元素	0.9	表示甲元素极端重要于乙元素
0.5	表示甲元素与乙元素同等重要		

2. 判断矩阵的构建

本节的计算中采用特尔菲法，参照了水利专家的意见对各指标依照 9/9～9/1 标度打分，该打分基于石羊河流域实际社会经济状况，具有一定的可行性。下面以环境准则 B_1 为例，所选的计算评价指标为 C_1：人均水资源占有量，C_2：生态用水比例，C_3：区域缺水状况，C_4：污水回收率，构造判断矩阵。环境准则 B_1 打分表见表 4.6。

表 4.6 环境准则 B_1 打分表

B_1	C_1	C_2	C_3	C_4
C_1	9/9	9/7	7/9	9/6
C_2	7/9	9/9	6/9	9/7
C_3	9/7	9/6	9/9	9/5
C_4	6/9	7/9	5/9	9/9

则构造的判断矩阵 $\boldsymbol{A}$ 为

$$\boldsymbol{A}=\begin{bmatrix} 9/9 & 9/7 & 7/9 & 9/6 \\ 7/9 & 9/9 & 6/9 & 9/7 \\ 9/7 & 9/6 & 9/9 & 9/5 \\ 6/9 & 7/9 & 5/9 & 9/9 \end{bmatrix}$$

根据转换公式对打分表进行转换，得到转换后打分表，见表 4.7。

表 4.7 转换后打分表

B_1	C_1	C_2	C_3	C_4
C_1	0.5	0.56	0.44	0.6
C_2	0.44	0.5	0.4	0.56
C_3	0.56	0.6	0.5	0.64
C_4	0.4	0.44	0.36	0.5

则构造的模糊判断矩阵 $\boldsymbol{B}$ 为

$$\boldsymbol{B}=\begin{bmatrix} 0.5 & 0.56 & 0.44 & 0.6 \\ 0.44 & 0.5 & 0.4 & 0.56 \\ 0.56 & 0.6 & 0.5 & 0.64 \\ 0.4 & 0.44 & 0.36 & 0.5 \end{bmatrix}$$

3. 一致性检验

对经过标度转化得到的模糊互补矩阵 $\boldsymbol{B}=(b_{ij})_{n\times n}$ 进行一致性检验，需建立模糊一致性矩阵 $\boldsymbol{R}$。先将模糊互补矩阵 $\boldsymbol{B}=(b_{ij})_{n\times n}$ 按行相加，其和记作

$$r_{i行}=\sum_{k=1}^{n} b_{ik}\ ,\ i=1,\ 2,\ 3,\ 4$$

再按列相加，其和记做

$$r_{j列}=\sum_{k=1}^{n} b_{kj}\ ,\ j=1,\ 2,\ 3,\ 4$$

则

$$r_{ij}=\frac{r_i-r_j}{2(n-1)}+0.5$$

由此可以得出一致性矩阵 $\boldsymbol{R}$。

按行相加可得结果为：$r_{1行}=2.1$，$r_{2行}=1.9$，$r_{3行}=2.3$，$r_{4行}=1.7$；按列相加可得结果为：$r_{1列}=1.9$，$r_{2列}=2.1$，$r_{3列}=1.7$，$r_{4列}=2.3$。则矩阵 $\boldsymbol{R}$ 为

$$R=\begin{bmatrix}0.53 & 0.5 & 0.567 & 0.467\\ 0.5 & 0.467 & 0.533 & 0.433\\ 0.567 & 0.533 & 0.6 & 0.5\\ 0.4 & 0.433 & 0.5 & 0.4\end{bmatrix}$$

根据两指标

$$\delta=\max\{|b_{ij}-r_{ij}|\}\text{和}\sigma=\frac{\sqrt{\sum_{i=1}^{n}\sum_{j=1}^{n}(a_{ij}-r_{ij})^2}}{n},i、j=1,2,3,4;8\geqslant 6\geqslant 0$$

进行一致性检测，一般取$\delta=0.2$，$\sigma=0.1$作为判断的临界值，即当$\delta<0.2$且$\sigma<0.1$时，说明由专家打分经标度转换所得的模糊互补矩阵较合理；当$\delta\geqslant 0.2$或$\sigma\geqslant 0.1$时，表明所得模糊互补矩阵一致性较差，与实际情况不符，需重新进行打分，该矩阵可作为重新打分的参考矩阵。

经计算得该矩阵$\delta=0.14<0.2$，$\sigma=0.067<0.1$，因此满足一致性条件。

4. 熵值确定权重

对上述模糊判断矩阵$\boldsymbol{B}$进行归一化处理，得归一化判断矩阵$\boldsymbol{T}$，其中

$$t_{ij}=(x_{ij}-\min x)/(\max x-\min x) \tag{4.6}$$

则各指标的熵H_i为

$$H_i=\frac{1}{\ln m}\left(\sum_{j=1}^{n}f_{ij}\ln f_{ij}\right) \tag{4.7}$$

可求得

$$f_{ij}\ \frac{1+t_{ij}}{\sum_{j=1}^{n}t_{ij}}$$

则指标的熵权W为

$$W=(\omega_i)_{1\times n} \tag{4.8}$$

其中

$$\omega_i=\frac{1-H_i}{n-\sum_{i=1}^{n}H_i}\text{且}\sum_{i=1}^{n}\omega_i=1$$

计算可得$C_1\sim C_4$指标相对于环境准则B_1的权重$W_1=(0.0701，0.0407，0.0385，0.0448)^{\mathrm{T}}$，同理，可计算得各指标对经济准则$B_2$，社会准则$B_3$，管理准则$B_4$的权重为$W_2=(0.1950，0.1022，0.0627，0.0761)^{\mathrm{T}}$，$W_3=(0.1469，0.0737，0.0454)^{\mathrm{T}}$，$W_4=(0.0247，0.0350，0.0442)^{\mathrm{T}}$。

5. 各地区分水比例计算

各地区分水比例计算公式为

$$D_m=\sum A_i\cdot W_j\cdot C_k \tag{4.9}$$

式中 A_i——准则层B相对目标层A的权重；

W_j——指标层C相对于目标层B的权重；

C_k——子区层D相对于指标层C的权重。

各层次各地区权重计算汇总表见表4.8。

表 4.8 各层次各地区权重计算汇总表

评价指标	指标组合权重	各地区相对初始水权分配目标 A 权重				
		古浪 D_1	凉州 D_2	民勤 D_3	金川 D_4	永昌 D_5
人均水资源占有量 C_1	0.0701	0.0041	0.0317	0.0139	0.0086	0.0118
生态用水比例 C_2	0.0407	0.0024	0.0184	0.0081	0.0049	0.0069
区域缺水状况 C_3	0.0385	0.0022	0.0174	0.0076	0.0047	0.0066
污水回收效率 C_4	0.0448	0.0026	0.0203	0.0089	0.0055	0.0075
人均国内生产总值 C_5	0.1950	0.0114	0.0883	0.0386	0.0238	0.0329
产业比例 C_6	0.1022	0.0059	0.0463	0.0202	0.0125	0.0173
产业耗水比例 C_7	0.0627	0.0037	0.0284	0.0124	0.0077	0.0105
有效灌溉面积 C_8	0.0761	0.0044	0.0345	0.0151	0.0093	0.0128
城市化程度 C_9	0.1469	0.0086	0.0665	0.0291	0.0179	0.0248
城镇用水定额 C_{10}	0.0737	0.0043	0.0334	0.0146	0.0089	0.0125
农村用水定额 C_{11}	0.0454	0.0026	0.0206	0.0089	0.0055	0.0078
灌溉水利用系数 C_{12}	0.0247	0.0014	0.0112	0.0049	0.0030	0.0042
产业万元用水量 C_{13}	0.0350	0.0020	0.0158	0.0069	0.0043	0.0060
农业灌溉定额 C_{14}	0.0442	0.0026	0.0200	0.0088	0.0054	0.0074
方案组合权重	1.0000	0.0582	0.4528	0.1980	0.1220	0.1690

由表 4.8 可得，石羊河流域各地区初始水权分配比例为：古浪县 5.82%、凉州区 45.28%、民勤县 19.80%、金川区 12.20%、永昌县 16.90%。

6. 结果分析

将计算得到的初始水权分配结果与甘肃省水利厅与甘肃省发展和改革委员会对石羊河流域初始水权分配的结果绘制表格进行比较，见表 4.9。

表 4.9 石羊河流域初始水权分配方案对比

县区	各方案分配比例/%		各方案分配水量/万 m^3		相对误差/%
	本方案	甘肃省水利厅方案	本方案	甘肃省水利厅方案	
古浪县	5.83	5.96	8744	8996	−2.18
凉州区	45.27	47.78	67896	71661	−5.25
民勤县	19.81	18.92	29711	28372	4.70
金川区	12.21	11.51	18313	17260	6.08
永昌县	16.8	15.83	25317	23742	6.13

第一层次初始水权分配方案对比图如图 4.4 所示。

由表 4.9 与图 4.4 发现，本节由基于熵权的模糊层次分析法计算所得的石羊河流域第一层次初始水权分配方案与甘肃省水利厅的分配方案贴近度较高，误差较小，该方法在初始水权的分配的应用中具有可行性。

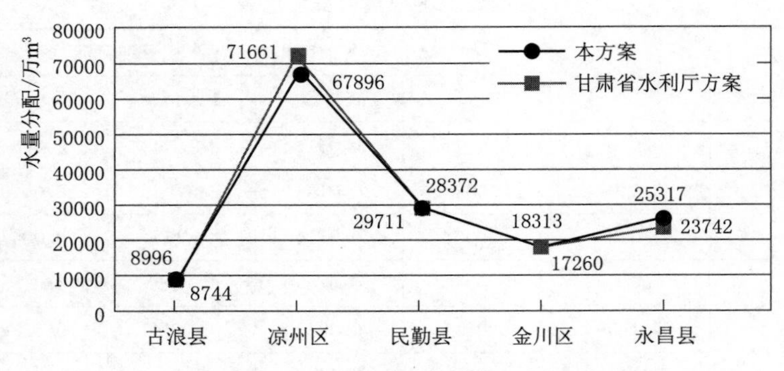

图4.4 第一层次初始水权分配方案对比图

4.3.7 第二层次初始水权分配

流域水权分配给各行政区域后的水权第二层次分配主要包括基本生活水权、生态水权、农业水权及工业水权四方面。由于基本生活水权需优先得到满足，且为水权分配的硬性条件，因此在第二层次初始水权的分配中基本生活水权由定额法确定，生态水权、农业水权与工业水权由多目标规划法进行配置。

4.3.7.1 模型建立

假设流域水权分配给各区域后 i 地区得到水资源量为 x_i。

1. 正负偏差变量确定

正负偏差值指决策值与目标值的偏差程度，正偏差值用 d_k^+ 表示，即第 k 个目标束的决策值超过目标值的部分，负偏差值用 d_k^- 表示，即第 k 个目标束的决策值不足目标值的部分，$d_k^+ \geqslant 0$，$d_k^- \geqslant 0$ 且 $d_k^+ \cdot d_k^- = 0$。定义各区域 i 的生态水权为 x_{i2}，农业水权为 x_{i3}，工业水权为 x_{i4}，式中 $i=1$，2，…，n。

2. 优先等级确定

水权分配往往有多个目标，且这些目标有重要性差异，在多目标规划法中首先要确定优先等级，即对目标进行优先级排序。假设首先要达到的目标优先等级为 P_1，其次要满足的优先等级为 P_2，以此类推，则第 k 个要达到的目标优先等级为 P_k 且规定 $P_k \gg P_{k+1}$。

3. 绝对约束、目标约束

绝对约束等同于线性规划中的硬性约束，在水权分配中多为各水权的总量不超过该地区水资源总量。目标约束为目标规划法所特有，该约束表示式一边为决策值与目标值之间的偏差变量，另一边为目标值。

4. 目标函数

目标规划法的目标函数有目标约束的偏差变量、优先因子以及权重系数三个组成部分。目标规划法的最终目的是得到最接近目标值的决策值，即偏差变量最小，因此目标函数应该取最小值，函数可表示为 $\min z = f(d_k^+, d_k^-)$，具体形式有三种：①$\min z = f(d_k^+ + d_k^-)$，表示决策值与目标值的正负偏差均最小，决策值基本等于目标值；②$\min z = f(d_k^+)$，表示决策值与目标值的正偏差尽可能最小，即决策值不高于目标值；③$\min z = f(d_k^-)$，表示决策值与目标值的负偏差尽可能最小，即决策值不低于目标值。

4.3.7.2　石羊河流域第二层次初始水权分配

1. 基本生活水权确定

基本生活水权按照定额控制法，将人口分配模式与现状分配模式相结合来确定，计算公式为

$$x_{i1} = \sum_{k=1}^{n} \lambda_k \cdot POP_k \tag{4.10}$$

式中　x_{i1}——i 地区的基本生活水权；

λ_k——i 地区各种基本生活水权的用水定额；

POP_k——i 地区的人口总数；

k——i 地区基本生活用水类型，$k=2$ 即分为城镇生活和农村生活用水。

石羊河流域各地区基本生活用水见表 4.10。

表 4.10　石羊河流域各地区基本生活用水

项　目	古浪县	凉州区	民勤县	金川区	永昌县
城镇人口数/万人	6.90	41.37	7.01	19.05	7.92
城镇用水定额/［L/(人·天)］	150	170	150	170	150
城镇基本用水/万 m^3	378	2567	384	1182	434
农村人口数/万人	23.82	79.81	29.41	3.69	19.96
农村用水定额/［L/(人·天)］	50	54	54	50	54
农村生活用水/万 m^3	435	1573	580	67	393
大小牲畜数/（万头、万只）	25.14	87.39	51.38	9.04	50.43
牲畜平均用水定额/［L/(头·天)］	25	25	25	25	25
牲畜总用水/万 m^3	229	797	469	82	460
用水合计/万 m^3	1042	4937	1433	1331	1287

由表 4.10 可得各地区基本生活水权：古浪县 1042 万 m^3，凉州区 4937 万 m^3，民勤县 1433 万 m^3，金川区 1331 万 m^3，永昌县 1287 万 m^3，石羊河流域各地区总基本生活用水量为 10030 万 m^3。预留水量按现状分配模式，依照近几年的平均值，确定为 7568 万 m^3，在流域第一层次初始水权分配时已扣除。

2. 正负偏差变量

选取古浪县、凉州区、民勤县、金川区和永昌县为研究区，分别记为地区 1、地区 2、地区 3、地区 4、地区 5，各地区基本生活用水量记为 x_{i1}，生态水权为 x_{i2}，农业水权为 x_{i3}，工业水权为 x_{i4}，其中 $i=1, 2, 3, 4, 5$。设定正偏差值 d_k^+ 与负偏差值 d_k^-，两者中至少有一个为零。

3. 优先级别确定

由于石羊河流域各地区具有不同的产业结构现状，武威市以农业为主而金昌市以工业为主，结合当地经济社会状况各自决定优先级别，因此确定各区域各水权优先级别见表 4.11。

表 4.11　　各区域各水权优先级别

项　　目	古浪县	凉州区	民勤县	金川区	永昌县
地区农业生产总值不低于相应目标值	P_1	P_1	P_2	P_2	P_1
地区生态环境用水不低于相应目标值	P_2	P_2	P_1	P_3	P_2
地区工业生产总值不低于相应目标值	P_3	P_3	P_3	P_1	P_3
地区农业与工业结构比等于相应目标值	P_4	P_4	P_4	P_4	P_4

注：表中 P_1、P_2、P_3、P_4 分别表示第一、第二、第三和第四优先级别。

4. 约束条件确定

各地区绝对约束不受优先级别的影响，目标约束因优先级别的不同而不同，由于各地区具有不同的优先级别，因此以民勤县为例进行约束条件的构造。

（1）绝对约束条件。绝对约束条件为各地区基本生活水量、预留水量、生态用水、农业用水及工业用水的总量不超过第一层次初始水权分配中确定的水量，表示为

$$\sum_{j=2}^{4} x_{ij} \leqslant x_i - x_{i1} - x_{i留} \quad (i=3) \tag{4.11}$$

（2）第一目标约束。第一目标约束为流域内各区域生态环境用水量不低于相应政策规定的目标值，表示为

$$x_{i2} + d_1^- - d_1^+ = h_i \quad (i=3) \tag{4.12}$$

式中　d_1^-——流域各地区生态环境用水不足 h_i 的负偏差值；

d_1^+——流域各地区生态环境用水多于 h_i 的正偏差值；

h_i——流域 i 地区河道外生态用水量目标值。

为保证生态用水的分配量，要满足第一目标约束就需要负偏差值最小，即 $\min(d_1^-)$。

（3）第二目标约束。第二目标约束为流域内各区域农业总产值不低于相应目标值，表示为

$$x_{i3} a_i + d_2^- - d_2^+ = n_i \quad (i=3) \tag{4.13}$$

式中　a_i——流域 i 地区每立方米水对应的农业产值；

d_2^-——流域 i 地区农业总产值不足 n_i 的负偏差值；

d_2^+——流域 i 地区农业总产值多于 n_i 的正偏差值；

n_i——流域 i 地区农业总产值期待达到的目标值。

为保证农业总产值尽可能达到目标值，则需要负偏差值最小，即 $\min(d_2^-)$。

（4）第三目标约束。第三目标约束为流域内各区域工业总产值不低于相应目标值，表示为

$$x_{i4} b_i + d_3^- - d_3^+ = g_i \quad (i=3) \tag{4.14}$$

式中　b_i——流域 i 地区每立方米水对应的工业产值；

d_3^-——流域 i 地区工业总产值不足 g_i 的负偏差值；

d_3^+——流域 i 地区工业总产值多于 g_i 的正偏差值；

g_i——流域 i 地区工业总产值期待达到的目标值。

为保证工业总产值尽可能达到目标值，则需要负偏差值最小，即 $\min(d_3^-)$。

（5）第四目标约束。第四目标约束为流域内各区域农业与工业产业结构比等于相应政策规定目标值，表示为

$$\frac{x_{i3}a_i}{x_{i4}b_i}+d_4^- - d_4^+ = c_i \quad (i=3) \tag{4.15}$$

式中 d_4^-——流域 i 地区农业与工业产业结构比不足 c_i 的负偏差值；

d_4^+——流域 i 地区农业与工业产业结构比多于 c_i 的正偏差值；

c_i——流域 i 地区农业与工业产业结构比期待达到的目标值。

变形为

$$x_{i3}a_i + d_4^- - d_4^+ = x_{i4}b_i c_i \quad (i=3) \tag{4.16}$$

为保证工业总产值尽可能达到目标值需使正负偏差值均最小，即 $\min(d_4^- + d_4^+)$。

5. 目标规划模型确定

综上可以得到民勤县第二层次初始水权分配的目标规划模型为

$$\min Z_i = P_1 d_1^- + P_2 d_2^- + P_3 d_3^- + (d_4^+ + d_4^-)$$

$$\begin{cases} \sum_{j=2}^{4} x_{ij} \leqslant x_i - x_{i1} - x_{i留} \\ x_{i2} + d_1^- - d_1^+ = h_i \\ x_{i3}a_i + d_2^- - d_2^+ = n_i \\ x_{i4}b_i + d_3^- - d_3^+ = g_i \\ x_{i3}a_i + d_4^- - d_4^+ = x_{i4}b_i c_i \\ x_{ij} \geqslant 0 \quad (j=2,3,4) \\ d_k^- \geqslant 0, d_k^+ \geqslant 0 \quad (k=1,2,3,4) \\ d_k^- \cdot d_k^+ \geqslant 0 \quad (k=1,2,3,4) \end{cases} \tag{4.17}$$

式中 Z_i——决策值与目标值的总偏差量。

由石羊河重点治理规划报告，古浪县：$h_1=91$ 万 m^3，$a_1=2.6$ 元/m^3，$n_1=5.94$ 亿元，$b_1=68.97$ 元/m^3，$g_1=11.67$ 亿元，$c_1=0.45$；凉州区：$h_2=3003$ 万 m^3，$a_2=2.7$ 元/m^3，$n_2=24.16$ 亿元，$b_2=74.07$ 元/m^3，$g_2=103.66$ 亿元，$c_2=0.37$；民勤县：$h_3=1322$ 万 m^3，$a_3=1.9$ 元/m^3，$n_3=10.94$ 亿元，$b_3=68.97$ 元/m^3，$g_3=12.44$ 亿元，$c_3=0.51$；金川区：$h_4=330$ 万 m^3，$a_4=2.5$ 元/m^3，$n_4=2.37$ 亿元，$b_4=68.97$ 元/m^3，$g_4=145.19$ 亿元，$c_4=0.20$；永昌县：$h_5=1045$ 万 m^3，$a_5=2.3$ 元/m^3，$n_5=6.78$ 亿元，$b_5=74.07$ 元/m^3，$g_5=45.84$ 亿元，$c_5=0.38$。将以上数据分地区分别代入目标规划模型，应用 Matlab 软件求解该模型，可求得民勤县的生态水权 x_{32}，农业水权 x_{33}，工业水权 x_{34}。

其余各区域各行业水权的求解过程类似，第二层次初始水权分配表见表 4.12。

表 4.12 **第二层次初始水权分配表**

项 目	古浪县	凉州区	民勤县	金川区	永昌县	共计
基本生活用水/万 m^3	1041	4937	1433	1331	1286	10028
生态用水/万 m^3	247	6972	4087	514	1843	13663
农业用水/万 m^3	6153	46311	21895	6162	19085	99606
工业用水/万 m^3	1303	9676	2296	10306	3103	26684
共计/万 m^3	8744	67896	29711	18313	25317	149981

由表 4.12 可得石羊河流域 2010 年各产业的用水量之比，生活：生态：农业：工业≈6.7：9.1：66.4：17.8，石羊河流域 2010 年用水结构比为 4.6：6.1：77.3：12.0。分析可得本计算的第二层次初始水权分配加大了生活基本用水、生态用水及工业用水的比例，而减少了农业用水比例。由于现状灌溉方式的落后与节水灌溉技术推广的限制，农业灌溉存在极大的节水潜力，且石羊河流域的生态问题已极其严峻，因此产业结构调整的趋势应为减少农业用水，加大生态用水比例，本节的计算结果具有一定的可靠性。

4.3.8 小结

本节基于初始水权分配的影响因素与原则、分配的方法与模式，结合石羊河流域的社会经济生态状况研究了该流域第一层次及第二层次初始水权分配。确定了石羊河流域古浪县、凉州区、民勤县、金川区及永昌县的初始水权分配量和各地区各行业初始水权分配量，且与省水利厅方案对比误差较小，具有可行性，同时兼顾了产业结构调整与未来节水发展的方向，可为石羊河流域初始水权明晰提供参考。

4.4 石羊河流域水权交易价格研究——以武威市为例

4.4.1 武威市概况

武威市包括凉州区、古浪县、民勤县和天祝藏族自治县，总面积约 3.3 万 km^2，共由 93 个乡镇、1125 个村组成，共计约 192 万人，其 90%以上人口和经济总量分布在石羊河流域。武威市多年平均地表来水量 10.287 亿 m^3，地下水 0.986 亿 m^3，水资源总量多年平均为 11.273 亿 m^3，人均水资源占有量约 600m^3，为全省人均水资源占有量的 1/2，全国的 1/3。该区多年平均降水量仅 113～410mm，高达 1548～2645mm 的水资源却被蒸发，干旱指数范围为 5～25，属典型资源性缺水地区。

由于长期的干旱缺水，人们不得不大量开采地下水以弥足地表水资源的短缺，这就导致了地下水严重超采和生态的持续恶化，人口与资源、环境之间的矛盾已十分尖锐。该市黄羊河上游设有的采金矿及西营河上游的九条岭煤矿都向河流排放大量污染水体，已经对两河水质产生一定影响；由于受到凉州区工业废水、城市生活污水以及农业灌溉回水的污染，位于平原区四坝桥断面的红崖山水库来水的水质基本为劣Ⅴ类水，已经无法满足灌溉要求。该市北部盆地地下水中各种有害离子含量较以前快速增多，矿化度明显升高，水质恶化问题严峻。民勤县平均矿化度 2.488g/L，其中湖区 4.223g/L，泉山 2.2976g/L，昌宁 2.4387g/L，环河 1.2344g/L。

截至目前，武威市已经建成了 17 个万亩以上灌区，设计灌溉面积共约 308.16 万亩，这其中包括 3 个 30 万亩以上大灌区。建成的大小水库共 22 座，总库容 2.41 亿 m^3，兴利库容 1.83 亿 m^3，包括 5 座中型水库，总库容 2.12 亿 m^3，兴利库容 1.63 亿 m^3。建成干渠 77 条 1075km，已衬砌 74 条 773.93km，支渠 495 条 1956km，已衬砌 451 条 1592.08km。配套机井 1.37 万眼，建成各类涝池、水窖、蓄水池约 1.38 万个。武威市近几十年来重点进行节水工程措施的建设，且取得了不错的成绩，从工程节水转向制度节水，以水权交易的方式缓解当地的水资源危机已经迫在眉睫，而确定合理的水权交易价格范围将为当地水权交易提供一个可靠的依据。

4.4.2 水权交易价格

4.4.2.1 水权交易

我国现行的水权市场通常可以划分为三个级别。第一级是水权所有者即国家水行政部门等有关部门对区域水权进行配置，由于国家水资源初始配置的垄断性和强制性，一级市场并不能称作真正的市场。第二级水权市场是水权在区域政府及流域机构内部和彼此之间的流转，是对水权的再分配。第三级水权市场是用水户之间的水权交易与转让，是完全意义上的水权市场，水权交易价格可由市场或买卖双方以协商或拍卖的方式决定。我国水权市场等级示意图如图 4.5 所示。

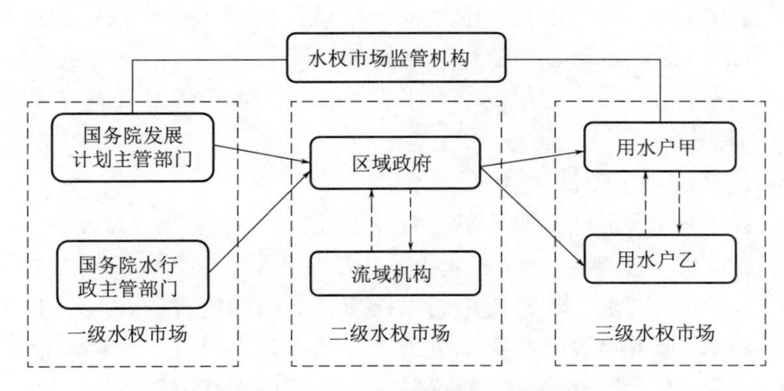

图 4.5　我国水权市场等级示意图

4.4.2.2　交易价格

我国的水权市场目前是政府主导与市场机制相结合的准市场，由于水资源不同于其他具有流动性特点的物质商品，因此水权交易过程中存在很多的问题。目前我国很多研究重点放在水权的界定与分配，水权政策与管理体制，国外水权理论、制度对我国的启示及水权分配的博弈问题上，对水权定价问题尤其是水权定价的模型及应用研究还较欠缺。水权交易价格的合理性成为制约水权交易的关键因素，合理的水权价格是水权交易成功的充分条件。本节针对石羊河流域武威市用水现状，结合国内外对水权交易价格的研究现状，选择合适的定价模型并根据当地实际情况确定适宜的水权交易价格，旨在为当地水权交易价格的最终确定提供借鉴，为水权交易奠定成功的基础。

作为水权分配和转让的经济杠杆，水权交易价格的确定受到诸多因素的影响，归纳起来主要有六个方面。

(1) 自然因素。我国水资源的分布有极强的时空不均匀性，水资源的稀缺程度可由水权价格直接反映出来，水资源越稀缺，水权价格也越高。

(2) 经济因素。经济发展水平、水权交易主体能承受的最大交易量等都在很大程度上影响着水权交易价格。一般来讲，社会经济发展水平越低，则水权交易主体能承受的水权交易量也越少，对应的水权价格相对较低；反之则越高。

(3) 工程因素。由于水资源具有流动的特殊属性，水权需可控才能进行交易，因此为了保证水权交易的正常进行，输水、蓄水等水利工程的新建或改善必不可少。工程因素主要包括工程设施规模、工程状况、供水保证率等。

(4) 生态与环境因素。水资源的水质与水权价格成正比，水质的下降会减少水资源的多功能性，打破水资源的供需平衡，造成“水质型缺水”，从而影响到水权价格。

(5) 交易期限因素。用水户所持有的取水许可证有交易的期限，这就决定了水权交易的有限性。张仁田等认为，暂时性的水权交易价格较低，持久性的水权交易价格相对高一些。

水权交易期限越长，该过程中不可控因素增多，则有可能出现越多的风险，水权交易价格也就越高。

（6）社会因素。国家相关权力机构对水资源的配置有一系列的政策规定，有诸多优惠措施及补贴。由于我国由计划经济体制转变成了市场经济体制，水权市场的市场化程度对水权价格有着关键性的影响。

由于影响因素极其复杂，确定合理的水权价格就比较困难。水权定价应该遵循公平性、成本回收与合理利润、流域定价、时效性、可持续性等原则。水权价格的合理性对减少水资源的浪费、污染，提高水资源的利用效率，吸引资金投入水资源的开发、保护、节约等方面都起到举足轻重的作用。

4.4.3　水权交易价格的确定方法

目前国内研究出的水权定价方法基本上有以下几种：

1. 成本评估定价法

成本评估定价法是国内现在较常使用的水权交易价格确定方法，对于水权交易成本的类型有几种不同的观点。李雷鸣等以水资源供需矛盾的协调为出发点，将水权交易成本分为五个部分，分别为库存成本、运送成本、商议成本、信息成本和风险成本。而沈满洪则以产权经济学交易成本的理论为依据，将交易成本分为探寻信息的成本、核算水权的成本、交涉成本、合同签订成本、监督合约执行进展的成本、违约赔偿成本和权利维护成本。陈洁等通过对水权影响因素的归纳总结将水权交易成本分为工程成本 $C_E(Q)$ 、风险补偿成本 $C_R(Q)$ 、生态补偿成本 $C_B(Q)$ 、经济补偿成本 $C_P(Q)$ 。笔者认为，后者较全面地考虑到了水权交易的各类费用，且分类较为明晰。水权交易价格成本示意图如图 4.6 所示。

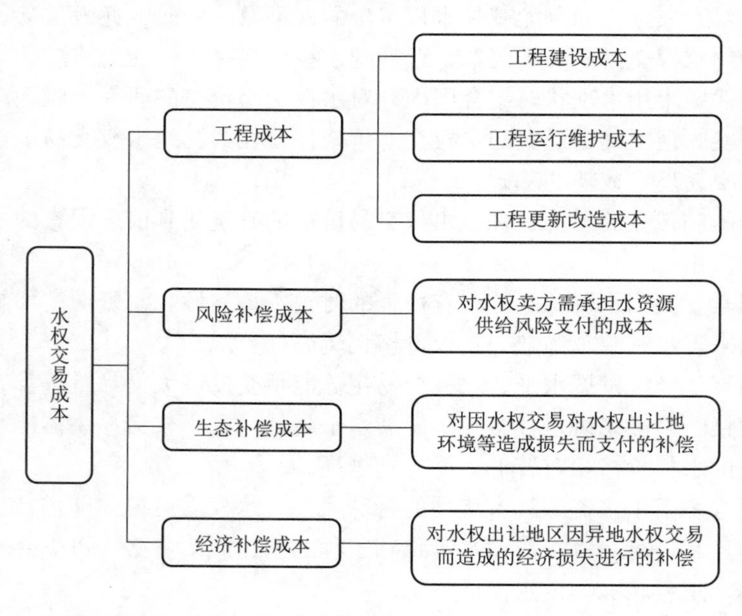

图 4.6　水权交易价格成本示意图

2. 模糊识别定价法

在研究复杂非线性系统时，为了解决不确定性、模糊性等问题，并对复杂系统进行综合的评价、控制、预测等，模糊识别模型已经被广泛应用并取得相当不错的成果。水权交易价格涉及自然、社会、经济等各个领域，由于影响因素的多方面性，其是个极复杂的系统，且很多因素都是定性的，无法进行定量研究。传统的经典数学方法对这类系统往往不能较好地描述，而模糊数学方法在测评时具有显著的优势。使用该方法确定水权价格可先提出指标体系 $\boldsymbol{X}=(x_1, x_2, x_3, x_4, x_5, x_6)$，其中 $x_1 \sim x_6$ 分别为供求指数、社会综合指标、水权交易期限、预期水权价格、工程综合指数和不确定性指数，通过确定指标的标准特征值、相对隶属函数，确定权重、$\boldsymbol{X}$ 对各价格等级的隶属度最终对水权定价。

3. 水权交易实物期权法

麻省理工学院的 Stewart Myers 首次提出实物期权（real option）的概念。Myers 和 Ross 认为："风险项目可能的投资机会可看作期权的不同形式——实物期权"。期权是指持有者对某种金融资产，如股票、期货、债券等，在未来某一时间内以一定价格进行出售或者购买的权利。实物期权则是将一系列的选择权应用于非金融领域即实物或项目资产，是金融期权定价理论的延伸。学者们对于实物期权的分类方法也呈现百家争鸣的态势，Myers 把实物期权分为等候投资期权、撤销项目期权、发展期权、终止期权四类；有学者归纳了实物期权的五种形式，即推迟投资期权、灵活性期权、生长期权、见习型期权和脱离型期权；还有一些学者则根据期权执行的方式和时间把实物期权分为膨胀期权、推迟期权、缩小期权、中止期权、转变期权、停启期权等。通过实物期权法对水权定价考虑到了水权买方使用水资源过程中存在的风险和某些不确定性，弥补了成本法只从回收成本角度考虑水权交易价格的局限性。

4. 定价决策博弈分析

陈洪转等根据我国水权交易定价的进展给出了准市场（流域水资源需建立在多功能用途基础上，且结合用水需求建立国家宏观调控与市场机制相结合的水资源市场）、正式水市场（完全在市场机制调节下进行交易的水资源市场）两种情况下的水权交易定价博弈模型。

4.4.4 综合定价模型

通过对上述水权定价方法的综合评估和利弊权衡，考虑使用谢文轩等的成本法与影子价格法相结合的综合定价模型来计算武威市水权交易价格。

4.4.4.1 水权定价成本确定

由水权交易定价的成本法，水权交易价格 $P_{成}(Q)$ ［元/(m³·年)］可表示为

$$P_{成}(Q)=\frac{C(Q)T(1+\alpha)(1+\beta)}{Q} \tag{4.18}$$

式中 $C(Q)$——水权交易成本，元/(m³·年)；

T——水权交易期限，年；

Q——水权交易量，m³；

α——政策调整系数；

β——利益调整系数。

根据水权交易成本的组成部分及水权交易期限 T 和水利工程的使用寿命 T_S 的大小关系，分以下两种情况讨论：

（1）$T \leqslant T_S$ 时，水权交易工程成本包括水利工程建设费用、水利工程运行维护费用和水利工程更新改造费。则有

$$
\begin{aligned}
C(Q) &= C_E(Q)+C_R(Q)+C_B(Q)+iC_P(Q) \\
&= [C_{EC}(Q)+C_{EM}(Q)+C_{EI}(Q)]+C_R(Q)+C_B(Q)+iC_P(Q)
\end{aligned} \tag{4.19}
$$

式中 $C_E(Q)$——水权交易工程成本，元/年；

$C_{EC}(Q)$——水利工程建设成本，元/年；

$C_{EM}(Q)$——水利工程运行维护成本，元/年；

$C_{EI}(Q)$——水利工程更新改造成本，元/年；

$C_R(Q)$——风险补偿成本，元/年；

$C_B(Q)$——生态补偿成本，元/年；

$C_P(Q)$——经济补偿成本，元/年；

i——系数，对于节水工程 $i=0$，对于输水工程 $i=1$。

水利工程的更新改造费用从交易成本中提取，与水权交易的期限相关，假设水利工程寿命结束时其价值也消失，则有

$$
C_{EI}(Q)=C_{EC}(Q)\times\frac{T}{T_S} \tag{4.20}
$$

将 $C(Q)$、$C_{EI}(Q)$ 的表达式代入 $P_{成}(Q)$ 的表达式中得到水权交易价格，为

$$
P_{成}(Q)=\frac{\left\{C_{EC}(Q)\times\frac{T}{T_S}+[C_{EM}(Q)+C_R(Q)+C_B(Q)+iC_P(Q)]\times T\right\}}{Q}\times(1+\alpha)\times(1+\beta) \tag{4.21}
$$

（2）$T>T_S$时，水利工程的建设费用将成倍地增加，将不大于 T/T_S的最大整数部分减1作为水利工程建设的次数，即对 T/T_S下取整函数减1，则有

$$
C_{EI}(Q)=C_{EC}(Q)\times\left(\left\lfloor\frac{T}{T_S}\right\rfloor-1+\frac{T-T_S\cdot\left\lfloor\frac{T}{T_S}\right\rfloor}{T_S}\right)
$$

其中，⌊ ⌋ 为下取整符号。

将 $C(Q)$、$C_{EI}(Q)$ 的表达式代入 $P_{成}(Q)$ 的表达式中，得水权交易价格，为

$$
P_{成}(Q)=\frac{C_{EC}(Q)\times\left(\left\lfloor\frac{T}{T_S}\right\rfloor-1+\frac{T-T_S\cdot\left\lfloor\frac{T}{T_S}\right\rfloor}{T_S}\right)\times(1+\alpha)\times(1+\beta)}{Q}+\frac{\{[C_{EM}(Q)+C_R(Q)+C_B(Q)+i\cdot C_P(Q)]\times T\}}{Q}\times(1+\alpha)\times(1+\beta) \tag{4.22}
$$

4.4.4.2 影子价格确定

20世纪50年代，影子价格的概念由苏联数学家、经济学家 Kantorovitch 和荷兰数理经济学家、计量经济学家 Jan Tinbergen 最早提出：在某一最优经济结构中，目标函数随某一资源的变化而变化，其变化率称为该资源产生的潜在边际效应，即该资源的影子价格。水资源的稀缺程度、区域的经济发展水平与经济结构都会对水权交易价格产生影响，当影子价格为0时表示该种资源在当地较丰富，影子价格往往能直接反映出该资源的稀缺程度。刘秀丽等给出了省级以下行政区域生产用水的影子价格，即

$$
PP=4.1684-0.59021\text{n}x_1+0.406b \tag{4.23}
$$

由于计算所得价格包含使用权价格和水资源费，计算水权交易价格时应减去水资源费，即

$$P_{影}=PP-P_{水}=4.1684-0.59021nx_1+0.406b-P_{水} \tag{4.24}$$

式中 x_1——农田亩均灌溉用水量，m³/亩；

b——农业灌溉用水量占水资源总量的比例；

$P_{水}$——水资源费，元/m³。

按水资源的短缺程度，我国各地区可划分为丰水地区、湿润地区、半湿润地区、半干旱地区和干旱地区5类，为考虑稀缺程度的不同使用调整系数 γ，上述5类地区依次为0.8，0.9，1.0，1.1，1.2。同时，为公平考虑水权供需方经济状况的影响采用经济系数 $k=GDP_{买}/GDP_{卖}$，其中 $GDP_{卖}$、$GDP_{买}$ 分别表示水权供需方所在市（县）区的人均国内生产总值。

4.4.4.3 定价模型

用以成本法计算得的水权交易价格为基础，辅以考虑水资源稀缺程度和经济状况的影子价格，综合定价模型能更全面地囊括影响水权交易价格的各种因素。水权交易价格为

$$P_{综}=P_{成}+k\gamma\frac{P_{影}}{10} \tag{4.25}$$

该综合模型以成本法计算得的水权交易价格作为下限，以综合法计算所得水权交易价格作为上限，确定水权交易价格的范围，即水权交易价格 $P\in[P_{成},P_{综}]$。

4.4.5 武威市水权交易价格确定

武威市的水权交易主要以第二级和第三级水权市场交易为主，多为同一地区内部不同部门间及农户间的水权交易，先按成本法确定其成本并计算出成本法水权交易价格，并根据当地的自然条件、水资源状况及经济发展状况确定经济系数与调整系数，并计算影子价格，最后确定合理的水权交易价格范围。

4.4.5.1 成本法水权交易价格的确定

1. 工程成本

（1）节水工程建设成本。武威市工程建设成本约49900万元，其他工程成本2479.43万元，总计工程建设成本 $C_{EC}(Q)=52379.43$ 万元。

（2）节水工程运行维护成本。节水工程的运行维护成本可按其建设成本的3.5%计，则运行维护成本 $C_{EM}(Q)=C_{EC}(Q)\cdot 3.5\%=52379.43$ 万元 $\times 3.5\%=1833.28$ 万元。

（3）节水工程更新改造成本。根据相关资料，武威市水权交易平均期限 $T=20$ 年，节水工程的平均使用寿命 $T_S=15$ 年。由于 $T>T_S$，可以得到节水工程更新改造成本 $C_{EI}(Q)=52379.43$ 万元 $\times 0.33=17285.21$ 万元。

2. 风险补偿成本

由李金晶等给出的农业风险补偿成本计算方法可知，灌区在枯水年实施节水后的灌溉定额为3598.20m³/hm²，灌区灌溉与不灌溉收入差值为9420元/hm²，补偿耗水239.52万m³，计算得风险补偿成本为627.06万元。

3. 生态补偿成本

一般情况下，生态补偿成本按工程建设成本的0.5%计，则生态补偿成本 $C_B(Q)=49900$ 万元 $\times 0.5\%=249.50$ 万元。

4. 经济补偿成本

由于该研究为石羊河流域武威地区内部的水权交易，不存在两地区间水权交易对当地经

济状况的影响，故该成本可忽略不计。

5. 成本法水权交易价格

2013 年武威人均 GDP 为 3567 元，全国人均 GDP 为 5414 元，所占比例约为 0.66；武威人均水资源占有量为 620m^3，全国人均水资源占有量为 2100m^3，所占比例约为 0.30，可见武威地区仍然面临着严重的水资源短缺，其水权交易价格需促进水资源的有效利用，但也不能太高以免降低积极性。水权交易中政策调整系数 α 的范围一般为 2%～6%，根据相关专家的意见将武威市的政策调整系数暂定为 4%；利益调整系数 β 的取值范围一般为 8%～12%，根据当地情况暂定为 9%。石羊河流域武威市水权交易成本见表 4.13。

表 4.13 石羊河流域武威市水权交易成本

节水工程建设成本/万元	节水工程运行维护成本/万元	节水工程更新改造成本/万元	风险补偿成本/万元	生态补偿成本/万元	政策调整系数	利益调整系数
52379.43	1833.28	17285.21	627.06	249.50	4%	9%

综上可得成本法水权交易价格 $P_{成}(Q)=0.216$ 元/m^3。

4.4.5.2 影子价格的确定

2011 年武威市农田亩均灌溉用水量为 260m^3/亩；水资源总量为 11.27 亿 m^3，用水总量为 16.03 亿 m^3，则 b=用水量/水资源总量=16.03/11.27≈1.42；2007 年下发的《武威市水利工程供水价格改革方案》中确定的水资源费为 0.02 元/m^3。根据以上数据计算可得水权交易影子价格 $P_{影}=1.46-0.02=1.44$ 元/m^3。

4.4.5.3 综合法水权交易价格的确定

由于研究的水权交易属于同一区域内，经济状况差别可忽略，因此 $k=GDP_{买}/GDP_{卖}=1$；石羊河流域武威市属于我国极干旱地区，故取 $\gamma=1.2$。根据以上数据计算得到综合方法确定的水权交易价格 $P_{综}=0.389$ 元/m^3，则武威市的水权交易价格 P 为 0.216～0.389 元/m^3。

4.4.6 小结

本节综合分析了现有水权交易价格确定的各种方法和模型的优缺点，最终以现行使用最广泛的成本法与考虑水资源稀缺状况的影子价格法相结合的综合模型为基础，结合石羊河流域武威市的经济与水资源状况，为当地水权交易价格 P 确定了取值范围为 0.216～0.389 元/m^3。2010 年 1 月 1 日实行调整后武威市平均水价为 0.157 元/m^3，其中凉州区为 0.141 元/m^3；天祝县为 0.129 元/m^3；古浪县为 0.229 元/m^3；民勤县为 0.225 元/m^3。由于农业灌溉水权交易价格不高于标准水价的三倍，该水权交易价格取值范围具有一定的可行性。该研究同时完善了定价模型在实际水权交易市场上的应用，推动和验证了这些理论本身的发展。

4.5 主要结论

4.5.1 主要研究结论

面对石羊河流域日益严峻的水资源危机，除利用水利工程建设与节水技术推广等工程措施外，提高现有水资源的利用效率是有效途径之一，因此对石羊河流域水权问题进行深入研究具有极重要的意义。

(1) 本章对我国水资源及石羊河流域水资源现状进行了概述，分析了解决石羊河流域水资源问题的迫切性。通过探究水权的起源、内涵与特性分析了我国水权的研究现状和存在的问题，为石羊河流域水权的研究奠定了理论基础。

(2) 本章结合石羊河流域现状，从社会、经济、生态及政策四个方面进行了总结，并确定了该流域水权分配先满足基本生活需水，其次为生态与保障社会稳定需水，农业用水与工业用水依次予以保障（由于金川区以工业为主，故农业用水的保证排在工业用水之后）的优先次序。

(3) 通过对初始水权分配模式和方法的总结，采用基于熵权的模糊层次分析法进行石羊河流域第一层次初始水权分配，综合了模糊综合法与层次分析法各自考虑模糊性与思路明晰的优点，并将层次分析法中的1～9标度转换为0.1～0.9标度进行计算，比前者更精确。最终确定石羊河流域各地区初始水权分配比例为古浪县5.83%、凉州区45.27%、民勤县19.81%、金川区12.21%、永昌县16.8%，与甘肃省水利厅的分配方案相比误差在5%左右。

(4) 在石羊河流域第二层次初始水权的分配中，基本生活需水采用人口分配模式与现状分配模式相结合的方法进行配置，计算得到各地区基本生活水权：古浪县1041万m^3、凉州区4937万m^3、民勤县1433万m^3、金川区1331万m^3、永昌县1286万m^3。生态水权、农业水权及工业水权的分配采用目标规划法，通过对五个地区水权优先级别的详细界定，确定了绝对目标约束与四个目标约束条件，最终得到各地区各行业水权分配。石羊河流域各产业用水量之比为生活：生态：农业：工业＝6.7：9.1：66.4：17.8，与该流域2010年用水结构比4.6：6.1：77.3：12.0相比重点加大了生态与工业水权的比重。

(5) 通过对现存水权交易价格计算方法的利弊分析，采用完全成本法与影子价格法相结合的综合定价模型对石羊河流域武威市水权交易价格进行了计算，得出武威市水权交易价格$P_{综}=0.389$元/m^3，水权交易价格的范围P为0.216～0.389元/m^3，可供当地水权交易参考。

4.5.2 存在的问题与展望

由于数据搜集过程中存在种种困难，本研究尚存在以下不足：

(1) 在石羊河流域第一层次初始水权分配的研究中，采用基于熵权的模糊层次分析法，层次分析法中采用了经过标度转化的0.1～0.9标度，但无法判断所使用计算方法的最优性。可通过使用目标规划、博弈分析、定额规划等其他方法各自计算，再进行比较分析得出最适宜石羊河流域的第一层次初始水权分配方法。

(2) 在石羊河流域第二层次初始水权的分配过程中，重点考虑了基本生活水权、生态水权、农业水权与工业水权而未能考虑污染权的分配。在水资源短缺情形下水资源的污染加剧了水形势的恶化，因此水资源污染问题研究也亟待深入研究。

(3) 本章只对石羊河流域武威市的水权交易价格进行了分析计算，未能计算其余地区的水权交易价格，也未能将水权交易价格细化到武威市内部各地区各县。在武威市的水权交易价格计算中可采用不同计算方法，再将计算结果进行比较分析得出最优计算模型，再将此模型应用于石羊河流域其余地区水权交易价格的计算中，这将是未来研究的重点之一。

(4) 在水权交易的过程中存在第三方效应，即水权交易本身对除水权交易主体双方外对第三方的利益存在一定程度的影响。石羊河流域的水权交易处在起步阶段，还存在许多缺陷有待完善，第三方效应的存在会对水权交易的整体效果和发展产生负面影响，因此对石羊河流域水权交易第三方效应的研究也应该引起重视。

（5）除对初始水权进行清晰界定，对水权交易价格范围进行计算外，水权体制中还有极重要的一部分即水权管理。水权管理体系的建立健全对流域水权分配的实施以及水权交易事务的管理方面都起着制度保障作用，是水权稳定发展的必要条件。未来研究应着眼于对石羊河流域水权管理现状进行分析，提出问题并借鉴国外成熟水权管理体系对该流域水权管理体系进行完善，使流域水权制度得到逐步完善。

参 考 文 献

[1] 雷川华，吴运卿．我国水资源现状、问题与对策研究 [J]．节水灌溉，2007 (4)：41-43.

[2] 龙晓辉，周卫军，郝吟菊，余宇航，薛涛．我国水资源现状及高效节水型农业发展对策 [J]．现代农业科技，2010 (11)：303-304.

[3] 王忠静．水权分配——开启石羊河重点治理的第一把钥匙 [J]．中国水利，2013 (5)：26-28.

[4] 隆薇，李春雨，王洪娟．关于水权的几点认识 [J]．城市建设理论研究，2011 (17)：1-4.

[5] 邢鸿飞，徐金海．水权及相关范畴研究 [J]．江苏社会科学，2006 (4)：162-168.

[6] 苏青，施国庆，祝瑞祥．水权研究综述 [J]．水利经济，2001，19 (4)：3-11.

[7] 安新代，殷会娟．国内外水权交易现状及黄河水权转换特点 [J]．中国水利，2007 (19)：35-37.

[8] Stephen Hodgson. Modern water rights：Theory and Practice [Z]．Food and Agriculture Organization of the United Nations，2006.

[9] 裴丽萍．水资源市场配置法律制度研究——一个以水资源利用为中心的水权制度构想 [C] //环境资源法论丛（第 1 卷）．北京：法律出版社，2001.

[10] 樊晶晶．论取水权的物化权 [J]．广西政法干部管理学院学报，2009，24 (4)：16-22.

[11] 汪恕诚．水权与水市场—谈实现水资源优化配置的经济手段 [J]．中国水利，2000，50 (11)：6-9.

[12] 姜文来．水权的特征及界定 [J]．中国水利报，2002 (12)：56-58.

[13] 马晓强．水权与水权的界定——水资源利用的产权经济学分析 [J]．北京行政学院学报，2002 (1)：37-41.

[14] 娄海东，夏芳．对水权定义与内容的认识——一个分析框架的初步建立 [J]．水利发展研究，2010，10 (2)：48-55.

[15] 蔡守秋．环境资源法教程 [M]．北京：高等教育出版社，2004.

[16] 周玉玺，胡继连，周霞．流域水资源产权的基本特性与我国水权制度建设研究 [J]．中国水利，2003 (11)：16-18.

[17] 姜文来．水权及其作用探讨 [J]．中国水利，2000 (12)：13-14.

[18] 李珂，蔡岚．水权与水权交易体制的理论分析 [J]．甘肃政法学院学报，2004 (1)：107-110.

[19] 王亚华，胡鞍钢．水权制度的重大创新——利用制度变迁理论对东阳—义乌水权交易的考察 [J]．水利发展研究，2001，1 (1)：5-8.

[20] 郑玲．对“东阳—义乌水权交易”的再认识 [J]．水利发展研究，2005，5 (2)：10-13.

[21] 马晓强，韩锦绵．政府、市场与制度变迁——以张掖水权制度为例 [J]．甘肃社会科学，2009 (1)：49-53.

[22] 吴凤平，葛敏．水权第一层级初始分配模型 [J]．河海大学学报，2005，33 (2)：216-219.

[23] 石玉波. 关于水权与水市场的几点认识 [J]. 中国水利，2001 (2)：31-32.

[24] 刘晓鸽，田俊峰. 基于半结构性模糊可变集合模型的流域初始水权分配 [J]. 吉林水利，2008，3 (310)：34-38.

[25] 吴丹. 科层结构下流域初始水权分配制度变迁评析 [J]. 软科学，2012，26 (8)：31-36.

[26] 苏青，施国庆，祝瑞祥. 水权研究综述 [J]. 水利经济，2001，19 (4)：3-11.

[27] 关爱萍，王科. 南水北调调水水权区域间初始配置研究 [J]. 人民长江，2011，42 (3)：57-61.

[28] 裴源生，李云玲，于福亮. 黄河置换水量的水权分配方法探讨 [J]. 资源科学，2003，25 (2)：32-37.

[29] 杨丽娟，高新才. 经济博弈论思想的产生与发展 [J]. 贵州财经学院学报，2010 (4)：77-80.

[30] 尹庆民，刘思思. 我国流域初始水权分配研究综述 [J]. 河海大学学报，2013，15 (4)：58-62.

[31] 郑剑锋. 内陆干旱区河流取水权初始分配研究——以玛纳斯河取水权初始分配研究为例 [D]. 乌鲁木齐：新疆农业大学，2006.

[32] 陈艳萍，吴凤平. 基于演化博弈的初始水权分配中的冲突分析 [J]. 中国人口·资源与环境，2010，20 (11)：48-52.

[33] 张洪波. 基于水权交易的流域水量联合调度系统研究 [D]. 南京：河海大学，2006.

[34] 吕跃进，张维. 指数标度在 AHP 标度系统中的重要作用 [J]. 系统工程学报，2003，18 (5)：452-456.

[35] 徐泽水. AHP 中两类标度的关系研究 [J]. 系统工程理论与实践，1999，19 (7)：31-36.

[36] 林钧昌，徐泽水. 模糊 AHP 中的一种新的标度法 [J]. 运筹于管理，1998，7 (2)：37-40.

[37] 郑州. 基于干旱区绿洲可持续发展的水权分配研究 [D]. 石河子：石河子大学，2008.

[38] 葛敏，吴凤平. 水权第二层次初始分配模型 [J]. 河海大学学报，2005，33 (5)：592-594.

[39] 任海军，王富国. 西北干旱区水权交易机制研究—以石羊河下游民勤绿洲为例 [J]. 兰州商学院报，2012，28 (2)：39-43.

[40] 李海红，王光谦. 水权交易机理分析 [J]. 水力发电学报，2005，24 (4)：104-109.

[41] 张海燕. 浅议水权价格 [J]. 决策与信息（下月刊），2011 (1)：5-6.

[42] 张仁田，童利忠. 水权、水权分配与水权交易体制的初步研究 [J]. 水利发展研究，2002，5 (2)：12-17.

[43] Bauer C J. Bringing water markets down to earth：the political economy of water rights in Chile [J]. World development，1997，25 (5)：639-656.

[44] 李雷鸣，陈俊芳. 供需矛盾与交易成本的构 [J]. 经济学家，2004 (5)：76-81.

[45] 沈满洪. 论水权交易与交易成本 [J]. 人民黄河，2004 (7)：19-22.

[46] 陈洁，郑卓. 基于成本补偿的水权定价模型研究 [J]. 价值工程，2008 (12)：20-23.

[47] Bastian A. Identifying Fuzzy Models Utilizing Genetic Programming [J]. Fuzzy Sets and Systems，2000，113 (3)：333-350.

[48] 陈守煜. 区域水资源可持续利用评价理论模型与方法 [J]. 中国工程科学，2001，3 (2)：33-38.

[49] 罗定贵. 模糊数学在水资源价值评价中的应用 [J]. 地下水，2003，25 (3)：181-182.

[50] 陈洁. 水权定价的模糊识别模型及其应用研究 [J]. 水电能源科学，2010，28 (12)：107-109.

[51] 周立新，尹晓玲. 实物期权理论及其应用研究综述 [J]. 重庆工商大学学报，2003，20 (2)：77-78.

[52] 田世海，李磊. 基于实物期权理论的水权价格研究 [J]. 科技与管理，2006 (2)：22-24.

[53] 陈洪转，杨向辉，羊震. 中国水权交易定价决策博弈分析 [J]. 系统工程，2006，24 (4)：49-53.

[54] 谢文轩，许长新. 水权交易中定价模型的研究 [J]. 人民长江，2009，40 (21)：101-103.

[55] 郑志飞，杨侃，王碧蓉. 水权交易水价计算方法研究 [J]. 黑龙江水专学报，2006，33 (3)：38-40.

[56] 刘秀丽，陈锡康. 生产用水和工业用水影子价格计算模型和应用 [J]. 水利水电科技进展，2003，

23 (4): 14-17.

[57] 李金晶，于永梅，张海峰. 黄河水权转换农业风险补偿费用测算方法研究 [J]. 中国水利，2009 (17): 28-33.

[58] 高亚运. 石羊河流域水权问题研究 [D]. 兰州：甘肃农业大学，2014.

第 5 章　石羊河流域生态恢复的思路与对策

5.1　概述

西部大开发的实质是通过加强基础设施建设，改善生态环境，调整产业结构及资源配置，协调人口、资源与环境的关系，实现西部经济的可持续发展。而生态环境建设是其根本和切入点。只有大力改善生态环境，西部地区丰富的资源才能得以被良好地开发和利用，也才能改善投资环境，吸引技术、资金和人才，加快西部地区的发展。可持续发展要求经济建设和社会发展与自然承载力相协调，在社会发展的同时保护和改善生态环境，实现经济、社会、资源、生态环境的协调统一和持续发展。

5.2　石羊河流域生态恢复的必要性

石羊河流域气候干燥，降水量少，蒸发强烈，植被稀疏，抗逆能力差，水土流失严重，自然灾害频繁，这些特点导致该区生态环境极其脆弱。加之人类对水土资源的不合理开发利用，使该区生态环境日益恶化。自河西绿洲形成以来，由于自然和人为因素的影响，土地沙漠化有进一步加剧的趋势。资料表明，石羊河流域近 50 年来沙漠化土地面积逐年递增，已成为现代沙漠化过程发展活跃的地区之一，也是甘肃省今后生态保护和恢复的重点区域。

（1）沙尘暴日益频繁。由于石羊河流域荒漠化的不断扩大，沙尘暴频率越来越高且强度越具破坏性，不仅对当地工农业生产建设造成极大的影响，而且对人民群众生命财产安全和生存环境构成直接威胁。如 1993 年“5·5”沙尘暴，仅金川区受损耕地达 6246.7hm^2，受损草地 1 万 hm^2，受害村庄 83 个，毁坏公路 86km，受害水渠 80km，造成直接经济损失 538.7 万元。此外，风沙不仅危害本流域，还对乌鞘岭以东的兰州、白银等地环境造成严重污染。

（2）干旱加剧。石羊河流域由于荒漠化的影响，绿洲地下水水位以平均每年 0.5～1.0m 的速度下降，地下水矿化度达 4～6g/L，不仅使人畜饮水发生困难，大量农田弃耕，而且使红柳、梭梭等具有防风固沙能力的沙生植物大量死亡。这种周而复始的恶性循环造成的干旱直接威胁着流域的持续发展和人民群众的生存。

（3）土地资源锐减，粮食产量下降。由于干旱和沙尘暴等自然灾害的影响，该区域内可利用的土地资源锐减，且因风蚀造成土壤质量和肥力下降，粮食单产持续降低，单位耕地面积上的生物产量下降。此外，不合理的土地利用也加速了荒漠化的形成。

（4）荒漠化影响水利、交通基础设施建设，制约了经济发展。风沙淹没渠道、居民点、通信线路，污染水源而使水质恶化，严重阻碍了经济发展。风沙对交通运输危害极大，常造成交通阻塞、中断、停运、误点等事故，经济损失巨大。

（5）荒漠化导致草场退化，草畜矛盾突出。流域内荒漠化引起草地沙化、退化严重，草畜矛盾突出，致使生态环境脆弱，抗逆能力降低，极大地制约了农牧业发展，对生态环境造成巨大压力。因此，以防风治沙为主的生态环境治理势在必行。

（6）荒漠化导致贫困，影响社会安定和经济可持续发展。沙质荒漠化造成的恶性循环使人们赖以生存的土地受到严重破坏使其质量下降，导致生产力极度降低，成为贫困的主要根源，而贫困又是诱发和产生社会不安定的主要因素。因此，从人类生存与发展的角度看，该流域生态环境的综合治理和生态恢复迫在眉睫。

综上所述，石羊河流域脆弱的生态环境及区域经济可持续发展的必然性决定了其必须进行生态恢复。这是流域可持续发展的基础，也是深入进行西部大开发、再造山川秀美河西的关键所在。

5.3 生态恢复的思路

石羊河流域气候干旱少雨，植被稀疏，土地荒漠化严重，生态恢复应着眼于沙漠化土地治理，即要以绿洲为中心进行生态系统的保护和恢复，保护好现有的林草植被；要因地制宜、因害设防，建立绿洲边缘“乔、灌、草”、“带、片、网”结合的防风固沙林及绿洲内部农田防护林体系，在整体建立绿色屏障的同时，对重点风沙口、交通要道和建筑物进行生物与工程措施相结合的综合治理和生态恢复。结合防护林体系建设，适度发展经济、药用作物并开发草场资源。面对流域内水资源的紧缺和超负荷状况，只有大力发展节水农业，推广节水灌溉技术，积极推行以水定规模，因水种植，通过调整产业结构和提高灌溉用水效率改善生态环境，并在妥善解决人口问题的同时，将培养技术骨干与提高全民节水意识、生态意识结合起来，将工程措施与用水措施结合起来，才能实现生态环境与社会经济的协调发展。也就是说，要建立多层次、阶梯式的防护体系：①封沙育林（草）带，即在沙漠与绿洲接壤处建立封育区，进行封滩育林育草；②防风固沙林带，即在绿洲边缘地带和重点风沙口，营造防风固沙林；③建设高标准的生态经济型农田防护林体系，这也是最重要的防护措施，并在绿洲内部农业耕作区改造和完善农田防护林，在适宜地段营造片、带状固沙林。

生态恢复是一项复杂的系统工程，应坚持综合治理，以可持续发展为目标，贯彻预防为主、积极治理、科学利用沙区自然资源及水资源的指导思想，努力实现沙区生态、经济、资源、社会协调发展。在具体实施时要从沙区整个社会功能系统出发，统一规划，分类指导，突出重点，分步实施，建立多元化投资机制，吸引各方力量参与工程建设，逐步建立起既能促进生态环境改善，又有利于社会经济持续稳定协调发展的综合治理和生态恢复技术体系。

5.4 生态恢复对策

5.4.1 生物措施与工程措施相结合

石羊河流域气候干燥，土壤质地疏松，植被低矮稀疏，风力强劲频繁，故区域内风沙活动普遍，沙地流动性大，沙漠化危害严重。因此，为了保护和改善生态环境，保障和促进绿洲农业的生产，必须建设好该区域内的防风治沙体系。而生物与工程措施相结合就是石羊河流域一套行之有效的生态恢复模式，也是该区生态系统恢复重建的良好模式之一。

生物治理风沙的措施具有长期性、稳定性，但见效慢，易受环境尤其是水分条件的制约。而工程治沙措施（如设置机械沙障、化学固沙、引水拉沙等）则具有见效快、固沙效果好等优点，尤其是当生物措施难以奏效时，工程治沙措施的优点就更为突出，但缺点是寿命较短。如能将这两者有机结合起来，则更有利于提高综合治沙效率。

具体实施时，可在风口地带采用一些生物治沙措施如营造防风固沙林和水源涵养林等削弱风速、固定流沙、保护农田以防外围风沙入侵的同时，采取生物措施与工程措施相结合的综合治理模式。如以梭梭、花棒、白刺、沙枣等乔、灌木作为固沙林的生物措施，将活沙障、黏土沙障、草方格沙障、水力拉沙等作为简易的工程措施。

5.4.2 “带、片、网”三位一体

“带”是指在绿洲农田与外围沙地交界地带营造培育的大型带状防风固沙林带。林带的宽度视土地利用条件而定，一般为20～100m。这种大型防风固沙林带可以是人工营造的乔灌木混交林带，也可以是乔灌木混交林带和风沙育林（草）带构成的综合体，其主要作用是拦阻外围沙源的入侵危害及削弱绿洲内部的地面风速，从而达到保护绿洲内部土地和减轻风沙危害的目的。

“片”是指在绿洲外围一些条件较好的丘间低地和绿洲内部沙地上营造的防风固沙小片林及绿洲内部呈片状分布的经济林、用材林和特用林。作用是充分开发利用区域内的土地资源，增加区域内的森林覆盖度，固定沙源和涵养水源，防止流沙危害并调节区域内的林种和树种结构，生产大量的林果产品，在提高防护体系防护效果的同时增加经济效益。

“网”是指在绿洲内部的农田区全面营造连片、集中、完整的防护林网体系，其作用是在进一步减弱绿洲内部地面风速的同时，调节和改善农田小气候，为农业生产创造一个适宜的生态环境条件，促进农业增产增收，并为社会提供一定数量的林副产品，增加林业生产收入。

“带、片、网”三位一体的综合治理模式，在水平结构上使绿洲从外围到内部具有前沿封沙育林（草）带、边缘大型防风固沙林带和内部农田林网三道防线；在垂直结构上营造低矮草本植物、中层灌木和上层高大乔木构成的三层结构。通过层层设防，不仅能有效阻截和切断沙源、减弱近地表风速、提高植被覆盖度、减轻和防御土地风蚀沙化，而且有利于提高土地利用率和恢复土地生产力，并能有效调节和改善生态环境，促进生态系统良性循环和产业结构调整。

5.4.3 生态与经济相结合

生态环境的改善和经济效益的提高是生态恢复的主导目标，任何偏倚均会带来不良后果，那种只求环境效益而忽视经济效益或者只求经济效益而忽视环境效益的做法都是不可取的。生态经济型环境治理模式作为一种有效的新型模式具有良好的发展前景，它在治理中将生态效益和经济效益有机地结合起来，在治理中寻求开发，在开发中加强治理，治理与开发并重，使综合治理既能获得良好的生态效益，又可取得可观的经济收益。

石羊河流域生态经济型综合治理和恢复主要在于四个方面：一要树立全局观点，合理安排利用区域内的土地，确定不同生态区的森林覆盖度，以最小的防护林面积获取最佳的生态防护效果，并充分利用土地资源的生产能力，提高治理体系和区域的整体经济效益；二要调节治理体系的结构组成，在保证具备良好防护功能的前提下，加大治理体系的经济成分，增加其经济收益，如增大经济林在治理体系中的比例，在防护林中搭配适量的具有较高经济价值的特用树种，以及增大经济效益好的人工牧草面积等，这些均是行之有效的方法；三要通过林农、林草、林果、林药等多种形式的立体种植来增加治理体系的经济收益；四要强调集约经营，通过科学的经营管理促进治理体系的稳定和防护效益的正常发挥，并不断提高其经济效益。

5.4.4 沙化草场治理和节水抗旱

石羊河流域强烈的风蚀、土壤侵蚀以及虫鼠害等导致草场沙化和退化异常严重，必须从草场围栏建设，治虫灭鼠，退化草场补播等方面入手进行沙化草场治理。将化学方法防治草地虫害和生物方法防治草地鼠害相结合，引入老鼠的天敌鹰来捕食，选用适宜的优良草籽如紫花苜蓿、苇状羊茅、黄花苜蓿等对退化草场进行补播。

石羊河流域的干旱少雨气候导致该区表现出“荒漠生态，灌溉农业”和“没有灌溉就没有农业”的现状，尤其在沙漠、戈壁前沿和无灌溉条件的沙化地上，水分缺乏是影响植物生长发育的主要限制因素。因此，推广节水抗旱技术不仅有利于节约水资源，提高有效水资源的利用效率，而且有利于沙区植被的恢复和良好生长，应在大力推广选用节水型作物和有效节水措施（低压管道输水、滴灌）上狠下工夫。

5.4.5 努力提高全民环境保护意识

针对目前人民群众环境意识普遍不高的现状，相关部门要通过举办培训班、示范点和邀请专家现场指导以及通过广播电视宣传、散发材料等方法，对群众进行荒漠化生态管理基础知识、区域生态环境治理对策、水资源可持续利用、节水灌溉（微喷灌、渗灌、滴灌）原理与技术、生物固沙原理与技术、工程固沙技术、沙化草场治理技术、人工草地建设等环保意识和技术的培训，提高其环保意识和技能。

针对该区尤其是农村人口素质不高的现状，应持之以恒地贯彻实施“科教兴国”伟大战略，普及九年制义务教育，加强形式多样的文化教育和职业培训，逐步培养和造就大量德才兼备的有用科技人才，从根本上提高该区整体人口的科学文化素质。此外，还要加强可持续发展理论的教育与宣传，促进良好的社会道德风尚，将环境保护、生态改善和资源的合理开发利用纳入城乡居民的教育之中，逐步提高人们的资源保护意识和环境保护意识。

5.5 结论

石羊河流域由于自然因素和人为因素造成的生态环境脆弱和恶化使土地荒漠化有进一步加剧的趋势，生态恢复应着眼于保护好现有的林草植被，因地制宜、因害设防，建立绿洲边缘“乔、灌、草”“带、片、网”结合的防风固沙林及绿洲内部农田防护林体系，在整体建立绿色屏障的同时，对重点风沙口、交通要道和建筑物采取生物与工程措施相结合的生态恢复措施。

参 考 文 献

[1] 郑必坚，杨春贵．中国面向 21 世纪的若干战略问题 [M]. 北京：中共中央党校出版社：76 - 77.

[2] 金自学，张芬琴．河西走廊水资源变化对环境生态的影响 [J]. 水土保持学报，2003，17 (1)：37 - 40.

[3] 张凤荣，宋乃平，李超，等．农牧交错区的荒漠化防治与土地持续利用途径探讨 [J]. 水土保持学报，2003，17 (1)：19 - 22.

[4] 蒋学玮，吴发启，冯建菊，等．新疆南疆绿洲区土壤风蚀现状及其防治 [J]. 水土保持通报，2003，23 (1)：62 - 65.

第 6 章　疏勒河流域水资源可持续利用评价

6.1　概述

6.1.1　研究背景

近年来，伴随着人口基数增大以及人们生活范围的不断扩增，人们的用水需求量随之增大，同时受水资源缺乏的制约，水资源供需矛盾日益加剧。部分地区以片面追求社会经济的快速发展，对水资源进行掠夺式开发、不合理利用，完全忽略了水资源的有限性，严重影响到了整个水资源的可持续发展。水资源紧缺不但会限制社会经济的发展，而且会影响生态环境，如水质恶化、粮食短缺、物种灭绝等。受水安全问题影响，人类生活环境的改善面临严峻挑战。因此，建立水资源评价体系，对解决水安全问题意义重大。

我国水资源存储量大，但人均占有量少，仅为世界人均水平的 25%左右。受社会经济发展不均衡、人们用水观念落后影响，我国水资源在开发利用、运行管理、保护等方面仍存在很多不足。如重污染企业肆意排污，致使水质恶化等。现阶段，水资源逐渐成为制约我国农业产业化发展的“瓶颈”。因此，建立水资源评价体系，实现科学用水对我国节约、环保型社会建设起积极的推动作用，同时也是影响 21 世纪全球资源可持续利用开发的重大课题。多年来，受水资源供需矛盾、水质恶化等水问题不断凸显的影响，国内外科学工作者对此进行大量考察与研究，旨在实现水资源的高效利用，解决水安全问题。在国内，专家及学者们已制定了水资源可持续利用的战略，同时提出将水资源的可持续利用作为“经济、节约、环保型”社会发展的前提，并实行了我国水利建设从传统水利向现代水利的转变。其治水的核心内容是：坚持以人为本，人与自然和谐相处、保障生态环境用水、促进生态文明建设、建立自律式与集约式的水资源开发利用模式；全面建设节水型社会、统筹兼顾、改革创新、建立和完善水资源的现代化管理，满足经济社会的发展对水资源的需求。与较发达国家相比，我国在水资源可持续利用方面仍存在较大差距，相关研究有待完善。本研究以疏勒河为例，对目前该流域水资源利用现状进行了分析和评价，发现该流域在水资源开发利用中存在的问题，并提出相应的对策建议。

6.1.2　国内外研究现状

可持续利用是指既能满足当前社会经济、生态环境的需要，又不影响后代使用，而科学地使用水资源的一种方式。其目的就是为了保障和满足生态系统发展需求，实现人类社会经济健康可持续发展对所需用水量及水安全的要求。纵观国内外研究，水资源评价主要体现在评价体系的创建与评价方法的选取两个方面。

6.1.2.1　国内研究现状

国内在水资源评价体系创建方面主要是采用综合评价体系和指标评价体系。综合评价体系由社会、经济、生态三方面指标构成；而指标评价体系是由各指标构成的具有层次结构的体系。国内学者傅春、冯尚友、李飞等从不同层次构建了水资源可持续利用评价指标体系，由于研究目标和选取区域不同，水资源可持续利用评价指标的选取也有较大差异。

国内的评价方法主要有层次分析法、模糊评价法、主成分分析法、灰色关联度法等。层次分析法属于一种关系模型，其本质是一种思维方式，把复杂的系统进行分层，组成递阶结构，运用理论分析和比较的方法判断各要素之间的差异程度，然后确定各要素在评价体系中的地位。模糊评价法属于一种综合评价法，根据模糊数学的隶属度理论把定性评价转化为定量评价，即用模糊数学对受到多种因素制约的事物或对象做出一个总体的评价，它具有结果清晰、系统性强的特点，能较好地解决模糊的、难以量化的问题，适合各种非确定性问题的解决。

6.1.2.2 国外研究现状

国外水资源评价体系的创建主要是从国家尺度、流域尺度及地区尺度三个方面来评价的。Bessel 将生存、能效、自由、安全、共存 5 类指标作为指标层，将各类指标进行分类汇总到这 5 类指标内，以此建立水资源可持续评价指标体系。此外，还有的评价标准包括公共卫生、社会、经济、环境等方面，如 Daniel（2000）的研究成果。Antonio A. R. Ioris（2008）通过流域建立了水资源评价指标体系，包括了可持续发展的环境、社会、经济等方面。

国外水资源评价方法主要有模糊综合评判法、数据包络分析法（DEA）方法、逼近理想点的排序方法。应用较多的是逼近理想点的排序方法，所谓理想点是一个设想的最优解，它的各个属性值都达到各备选方案中最好的值；而负理想点是一个设想的最劣解，它的各个属性值都达到各备选方案中最坏的值。方案排序的规则是把各备选方案与理想解和负理想解作比较，若其中有一个方案最接近理想解，而同时又远离负理想解，则该方案是备选方案中最好的方案。

6.1.2.3 相关评价研究进展

我国对于水资源可持续利用评价的研究基本上和国外同时起步，我国的专家学者在指标的选择、评价指标体系的建立、评价方法与评价标准的研究方面取得了很大的进展。国内有关水资源可持续利用评价体系的构建，具有代表性是左东启等提出的由 40 项指标构成的水资源评价体系。夏军等的研究指出水资源评价体系的构建应遵循主导性、可行性、层次性、完备性、独立性原则。朱玉灿等建立的评价体系能够较好地反映出水资源本身与社会经济、生态环境间的协调性。目前，国内关于水资源评价的研究主要集中在三个方面：①水资源与经济、社会及生态间的协调性研究；②动态与静态指标相结合，使指标具有时空变化的敏感性；③运用现代科学技术提高指标的可操作性，并建立新的模型提高评价的准确性。

综合来看，国内外在水资源可持续利用分析评价研究中取得了一定的成果，但目前还没形成一套成熟的可持续利用评价体系与方法，现有的评价指标体系以及方法还存在许多不足之处，急需完善与创新。目前，国内外关于水资源可持续利用发展的评价研究范围比较广，包含水质与水量的问题、水权水价的问题、国家水政策以及水资源管理的问题等。由于研究的内容与经济、社会和环境相关，因此对于我国水资源的可持续利用发展研究，必须从基本国情出发，以制定出适合我国水资源特点的可持续利用发展的保护措施。

6.1.3 研究目的及意义

随着城镇化水平和社会生活水平的不断提高，以及工农业的迅速发展，疏勒河地区水资源问题日益凸显，已成为制约该流域社会、经济、文化发展的重要因素。为防止该流域水环境问题进一步恶化，保障社会经济的稳步增长，仍需从宏观上着手，以可持续发展为指导思想，在有限的水资源条件下，统筹兼顾，科学合理地制定有关保护措施，实现疏勒河地区水资源的高效利用。

充沛的水资源是流域社会经济、生态环境等健康发展的前提与保证，通过对该流域水资源可持续利用情况进行评测，以期为改善、增强区域水资源与人口、经济、生态环境间的协调性提供参考。

建立水资源评价体系对水资源开发、利用起到了重要的指导作用。目前，关于疏勒河流域水资源的可持续利用评价研究不多，因此运用可持续发展的思想，将水资源与人口、社会经济以及生态环境等相结合，建立疏勒河地区水资源评价体系，研究该地区水资源使用状况，全面协调水资源与其他系统的可持续发展，对疏勒河流域水资源可持续利用的研究具有重要的现实意义，同时也为制定该流域可持续发展战略提供了强有力的依据。此外，不断完善与改进评价体系对实现该流域水资源的高效调控和保持资源、环境与经济发展间的良性发展具有重要的现实意义。

6.1.4 研究内容

随着科学水平的不断提高，水资源可持续研究也不断深入。通过对比国内外相关研究实例，我国水资源可持续利用研究还处于初级阶段，技术水平有待提高。本章针对疏勒河流域现阶段水资源开发利用存在的问题，将可持续发展作为指导思想，通过分析该流域水资源同人口、社会经济、生态环境等之间的关系，建立疏勒河地区水资源评价体系，研究水资源与其他子系统之间的相互协调关系，来满足该流域水资源的健康稳定发展。本研究主要包括以下内容：

（1）对疏勒河流域的概况进行阐述和说明，主要包括地理位置、气候特征、地形地貌、地表植被、水文特征以及生态状况等内容。

（2）通过对现阶段疏勒河流域的水资源特征（地表水与地下水资源）、水资源开发利用状况以及开发利用过程中存在的问题做了描述与分析。

（3）对疏勒河流域做水资源承载力的分析与评价，研究影响承载力的主要因素，并且进一步估测水资源开发利用潜能，为该流域水资源开发利用提供重要依据。

（4）阐述水资源评价体系创建的原则，创建疏勒河地区水资源评价体系，同时确定指标权重和明确评价标准，进而对疏勒河地区水资源进行综合分析与评价。

（5）对存在的不足，提出相应的对策与建议。

（6）总结主要内容以及取得的成果，对有待深入研究的问题进行展望。

6.1.5 研究方法与技术路线

本章通过查阅大量文献资料，了解国内外关于水资源评价方面的研究成果，在充分利用和借鉴已有成果与经验的基础上，研究水资源与人口、社会、经济以及生态间的协调程度，为实现水资源的可持续利用提供理论参考。另外通过收集资料、咨询专家以及实地调研，对疏勒河流域水资源开发利用状况、流域的自然状况和社会环境状况进行分析与评价。弄清该地区水资源特征及影响要素，创建水资源评价体系，对该地区水资源进行评价研究，进而提出水资源保护与可持续利用的对策。

本章以可持续利用为主线，研究对象为疏勒河流域，评价方法为主成分分析法、AHP 决策分析法等。使用的工具有数据处理软件（SPSS)、层次分法软件以及 EXCEL 制图软件等。

疏勒河流域水资源可持续利用的对策研究技术路线如图 6.1 所示。

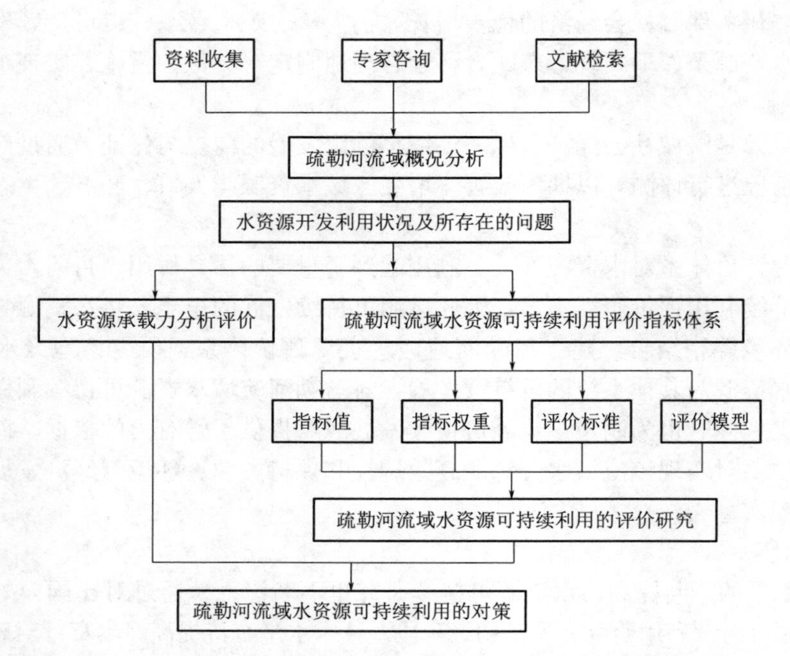

图 6.1　疏勒河流域水资源可持续利用的对策研究技术路线图

6.2　疏勒河流域概况

6.2.1　地理位置

疏勒河发源于青海省祁连山脉西段的岗格尔岭冰川，位于河西走廊的西端，东经 92°11′～98°30′，北纬 38°0′～42°48′，从东向西全长 670km。上游位于河源至昌马水库之间，中游位于昌马水库至双塔水库之间，下游位于双塔水库至哈拉湖之间。石油河、白杨河、疏勒河干流、党河、榆林河、安南坝河以及敦煌南湖等组成了疏勒河的主要水系，是甘肃省河西走廊三大内陆河之一，流域面积约为 16.998 万 km^2，是我国西北典型的干旱区，素有“西部粮仓”之称，是甘肃省主要商品粮基地之一，具有重要的经济战略地位。中华人民共和国成立以来，为促进该流域的经济发展，加快该区域水资源的开发利用，建成了双塔水库、昌马水库以及赤金峡水库等水利设施。随着人口增长、社会经济发展、人民生活水平提高，生态环境用水不断被人类生产生活用水所挤占，造成地下水水位下降，天然植被退化，水土流失以及流域荒漠化等问题，严重威胁着该流域生态环境系统的稳定。

6.2.2　气候特征

疏勒河流域属于典型的大陆性气候，处于欧亚大陆腹地，远离海洋，属暖温带干旱气候，其特点是年降水量稀少，而蒸发量却很大，太阳辐射强烈，气候干燥，昼夜温差大，风沙较大。研究区属干旱气候，年平均气温为 7～9℃，随地势的高低变化有较明显的变化趋势。疏勒河上游昌马堡年均气温 5.4℃，下游瓜州县为 8.5℃，而中游的玉门镇为 5.1℃。气温年较差分布与年平均气温相近，气温年较差昌马堡站为 30.91℃，瓜州县为 35.7℃，玉门镇为 26.91℃。

疏勒河流域是甘肃省内年降水量最少的区域，年平均降水量不到 60mm，是整个西北地区年降水量最少的地区之一。该流域由山区到平原年降水量急剧减少，其中昌马堡为94.4mm，玉门为63.3mm，瓜州为52.2mm，花海地区为58.8mm。该流域主要降水集中在5—8月，降水量约占全年的71.2%且蒸发量大，年均蒸发量昌马堡为1823.6mm，瓜州为2147.2mm，玉门为1141.4mm。

该流域内的年太阳辐射总量在我国内位居第二，在甘肃省位居第一，其年太阳辐射量仅次于青藏高原地区。太阳辐射总量的年际变化高峰处于5—6月，南山山地年日照时数最少，并且平原区多于山区，但在花海地区最多。年日照百分率与日照时数的空间分布大致相似，不过季节变化规律有所不同。年日照最强值一般出现在10月，而最弱值出现在7月，冬春季节处在中间位置。该区域的风能资源丰富，大风天气频繁、风力较强，玉门镇年平均风速为4.2m/s，瓜州为3.6m/s，春季风较多，秋季较少，主风向为偏东风，而次风向为偏西风，夏季多为偏东风，冬季多为偏西风。

6.2.3 地形地貌

疏勒河流域上游地区为山区河段，属祁连山褶皱带；中下游地区为农业开发区，地势由南向北、由东向西依次降低，南北坡降大于东西坡降，海拔均为1120.00～1500.00mm。该流域主要有山脉、河漫滩、荒漠、人工绿洲、天然绿洲以及绿洲与荒漠过渡带等地貌特征。流域南部为祁连山区，其北坡由一系列的山间盆地和山脉等组成，海拔均为2000.00～5500.00m，在中高山区海拔均在3000.00m以上，山坡陡峭；低山丘陵区海拔为2000.00～3000.00m，构成了祁连山的山前地带，主要由古、中生界变质岩以及碎屑等组成，其中间为昌马盆地。北部为山前戈壁的平原区以及马鬃山地区，海拔2000.00m以下；中部为走廊平原区，在祁连山山前地带与北戈壁前缘之间，海拔从1850.00m降至1040.00m，古老的低山丘陵地块将走廊平原区分割成很多个东西向的盆地，即玉门—踏实盆地以及花海盆地。

在昌马与花海灌区内，东部最低海拔1285.00m处为红山峡口；西部最低海拔1200.00m处为干河口；南部海拔为2500m左右，属于山前低山丘陵带。其官庄—蘑菇滩—饮马六站一带的地势较高，该灌区地势较平坦，适宜农业耕作。其中，昌马灌区位于该流域的洪积扇的山前地带，在官庄—五家滩—古锁阳城以北，海拔均为1300.00～1400.00m，南北宽度12～20km。

疏勒河流域主要有两大地貌单元，即基岩山区、走廊平原区和风尘地貌区。基岩山区主要分为祁连山中高山区和山前中低丘陵区、北部剥蚀和走廊内低山丘陵区；走廊平原区主要分为冲洪积和冲湖积微倾细土平原区、洪积倾斜平原区；风尘地貌主要表现为风蚀雅丹地貌、风积沙丘、风蚀残丘等，主要分布在细土平原与洪积戈壁前缘的交接处。

6.2.4 地表植被

由于该流域的气候干燥，水资源时空分布不均，因而植被也主要有盐生和旱生类植物。本区天然乔木比较少，很少形成茂密森林。其中旱生灌木主要有半灌木与草本类植物。全区植被类型有农业绿洲、草甸、沼泽以及荒漠植物四类，农业绿洲包括人工栽培的农作物、经济作物、树林及多种田间生长的杂草等；草甸植物包括骆驼草、冰草、芦苇、友友草等，由于该类植物喜阴，因而大多分布在阴湿低洼处；荒漠植物包括骆驼刺、顶羽菊、罗布麻、盐爪爪、甘草等，大多分布在绿洲边缘与南北戈壁的前缘地带。

6.2.5 水文特征

疏勒河流域降雨量稀少且蒸发强度高，日照辐射强，昼夜温差较大，属典型的温带干旱气候。疏勒河干流长 665km，地表径流量约为 10.22 亿 m³，属于综合补给型的河流，其中暴雨的补给量为 39.5%，地下水的补给量为 29.1%，冰川的补给量为 31.4%。疏勒河流域内的地表水受气候变化影响，水量波动性较大且时空分布不均。在时间分布上，夏季的径流量大，主要是融雪和雨水补给，但冬春季节主要是地下水补给，径流量小，年径流量随气候周期性变化呈枯丰交替；在空间分布上，由于上游的灌溉用水量较大，因而引水量也相对较大，致使中下游地区的年径流量逐年减少。该流域地下水的特点是分布比较广泛，便于开采利用，水质良好不易受污染，气候变化影响较小，故供水比较稳定，取水建筑物也易修建等。该流域水资源的特点是地表水与地下水相互补给，蒸发、径流是该流域水资源循环的主要动力。其中，水资源形成带为南部的祁连山区，水资源径流的交替以及蒸发消耗带为位于河西走廊的平原区。

6.2.6 生态状况

该流域将隆起的地层作为界线，北临安西盆地，南临玉门镇踏实盆地。南北之间有昌马和双塔两大主要灌区，是疏勒河流域的主要生产粮基地。由于深居大陆腹地，远离海洋，受东部的黄土高原以及南部的青藏高原阻挡，降水量小，蒸发量大，是典型的大陆性气候。流域内自然景观由戈壁、石漠组成，自身结构脆弱。该流域中游非常重要，其原因是两个主要的产流河，即党河和疏勒河分布在这里。同时，该区域是主要的产粮区和人类频繁活动、生活的地区，研究疏勒河生态变化，应着重研究疏勒河中游的生态变化。疏勒河中下游区域天然植被非常少，但在西大湖、泽湖、双塔湖等天然湿地，植被覆盖比较好。该流域耕地主要依靠灌溉形成人工植被，占疏勒河中下游面积的 2.39%；剩余 97.61%的面积植被覆盖率达不到 2.1%，基本属于戈壁荒漠，该流域荒漠化情况令人担忧。

6.2.7 社会经济状况

疏勒河流域内辖昌马灌区、双塔灌区以及花海三大灌区，承担着农业灌溉、甘肃矿区等的工业供水、辖区内的生态供水以及水力发电供水等任务。据《2013 年甘肃省水资源公报》，2013 年疏勒河流域有人口 52.42 万人，其中城镇人口 29.68 万人，农村人口 22.74 万人，国内生产总值 376.56 亿元，其中第一、第二、第三产业分别为 36.66 亿元、208.99 亿元、130.91 亿元。2003—2013 年疏勒河流域经济社会状况及用水量见表 6.1。

表 6.1　2003—2013 年疏勒河流域经济社会状况及用水量

年　份	2003	2004	2005	2006	2007	2008	2009	2010	2013
人口/万人	47.92	48.19	47.74	48.35	50.24	51.31	50.57	50.28	52.42
国内生产总值/亿元	69.34	83.33	97.86	110.64	129.60	159.59	208.29	245.49	376.56
耕地面积/万亩	190.92	209.42	208.14	186.86	263.57	192.23	192.23	198.68	204.05
农田有效灌溉面积/万亩	160.99	163.14	164.97	139.38	249.57	191.37	192.87	195.05	194.76
农田灌溉用水量/亿 m³	10.95	10.95	15.36	15.45	15.55	15.33	15.51	15.53	15.78
工业用水量/亿 m³	0.04	0.83	0.80	0.79	0.74	0.76	0.77	0.81	0.84
城镇公共用水量/亿 m³	0.06	0.06	0.06	0.07	0.07	0.07	0.07	0.07	0.14

该流域农耕面积 204.05 万亩，有效灌溉面积占农耕总面积的 95.47 万亩，粮食产量突

破30万t。可由2003—2013年的甘肃省水资源公报统计得到疏勒河流域的社会经济状况。

6.3 流域水资源现状分析

6.3.1 水资源的概念与内涵

水资源可以从广义和狭义两个方面进行阐述和说明。广义的水资源指的是对人类具有价值的水；而狭义的水资源是指维持人们生存、直接利用的淡水。《中华人民共和国水法》中认为水资源包括地表水和地下水，不包括有关海水的开发、利用、保护、管理和防洪活动、水污染防治；而可开发利用的水资源是指某个区域在水循环周期内可恢复并再生的淡水量，包括江河、湖泊、沼泽以及地下淡水资源量，这是目前世界上对水资源比较一致的定义。

水资源指的是自然界中参与水循环的、直接或间接为人类所利用的各种水资源的总和，它主要包括降水、地表水和地下水等资源，其主要由水循环作用作为纽带。地表水和地下水资源是可以进行人工控制、水量调度分配和科学管理的水体形式，而地表水与地下水又在赋存条件、运动方式以及结构形式等方面存在显著差异性。地表水指的是存在于地球表面，暴露在大气中的各类水体的总称，由河流、湖泊、沼泽以及冰川水组成。

6.3.2 地表水资源特征

6.3.2.1 降水资源

降水是由蒸发的气态水遇冷凝结而成，主要包括水平降水和垂直降水两部分。疏勒河流域由于远离海洋、深居内陆，降水量十分稀少，另外受到地形条件的影响，降水呈现明显的垂直和水平分布。丰富的降水区主要在祁连山至阿尔金山一带，平均年降水量约为200mm，随着地势的不断增高，降水量也逐渐增大，其中最大降水量超过400mm；而降水量稀少的地区在流域走廊平原以及北山区一带，年平均降水量约为50.1mm，且自东向西从敦煌向玉门逐渐增加，而玉门以西年均降水量低于30mm，且年际间分配不均。其中，山区88.7%的降水量集中在6—9月，而平原地区6—9月降水量仅占63.8%。该流域降水资源量125 $\times 10^8 m^3$/年，其中祁连山—阿尔金山为80.3 $\times 10^8 m^3$/年，走廊平原及北山区为45.29 $\times 10^8 m^3$/年。

本研究选择具有代表性的水文观测站，分析近些年疏勒河流域的降水情况。疏勒河干流主要水文、气象测站情况见表6.2。

表6.2 疏勒河干流主要水文、气象测站情况

观测站	年份	平均年降水量/mm
托勒	1956—2010	322.6
鱼儿红	1954—2010	121.6
昌马堡	1946—2010	93.4
党城湾	1965—2010	150

注：资料来源于参考文献[35]。

疏勒河流域各测站降水量的年代变化图如图6.2所示。

从图6.2中可看出，托勒站降水量偏多，而其他几个水文测站的降水量普遍较少，其中昌马堡站偏少最为显著。

6.3.2.2 冰川资源

在地表水循环系统中，冰川等固态水能够起到补给河流与储存的作用，这是因为它们大多分布在河流的源头地区以及地表的高山地区，在湿润年或冷季，许多固态水在此积存，到暖季或干旱年融化来补给河流。疏勒河上游区是现代冰川的主要发源地，其中

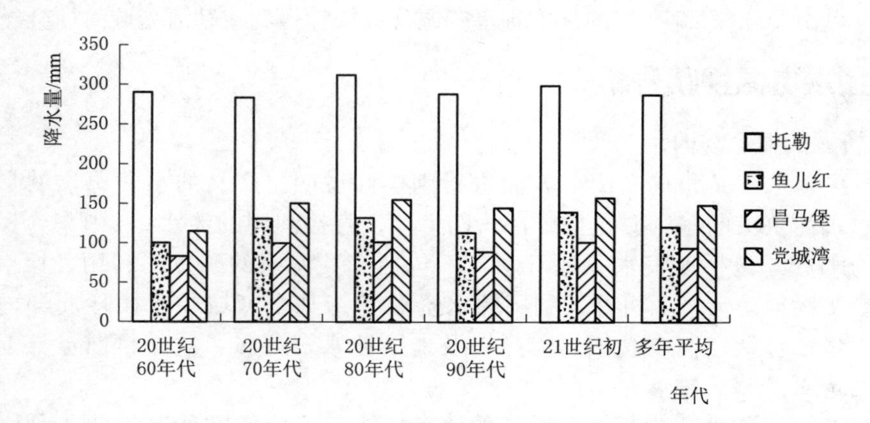

图 6.2 疏勒河流域各测站降水量的年代际变

祁连山区共有冰川面积超过 800km²，冰贮量达 4.6×10^{10} m³，冰川的年融水量高达 5.0×10^{8} m³。疏勒河流域的冰川资源数据见表 6.3，疏勒河和党河是疏勒河流域水源的主要补给者。

表 6.3 疏勒河流域的冰川资源数据

冰川源名称	冰川数	冰川面积/km²	冰贮量/亿 m³	冰川年融水量/亿 m³
石油河	15	5.73	1.724	0.033
白杨河	33	10.23	2.415	0.06
疏勒河	582	568.31	327.225	3.302
榆林河	9	5.37	2.092	0.003
党河	308	232.66	111.236	1.375
阿尔金山北坡	28	27.08	12.668	0.136
合计	975	849.38	457.36	4.909

6.3.2.3 河川径流

疏勒河流域地表水资源自东向西主要来自白杨河、疏勒河、榆林河、石油河、党河等，此外还有许多小河，出山径流量达 1.7×10^{9} m³。疏勒河地区出山径流量最大，为 1.0×10^{9} m³。该地区各河流的出山径流季节变化与年际变化不尽相同，主要是由于受到上游补给条件的影响与支配。疏勒河流域地表水资源和径流特征见表 6.4。由表 6.4 可知，党河与疏勒河是主要的供水河流。

表 6.4 疏勒河流域地表水资源和径流特征

河流名称	测站	集水面积/km²	年径流量/亿 m³	年径流 C_v 值	最大最小径流量极值比
白杨河	天生桥	741	0.47	0.15	1.5
石油河	天门市	656	0.35	0.24	2.91
疏勒河	昌马峡	13405	10.31	0.18	2.85
榆林河	蘑菇台	2427	0.55	0.05	1.42

续表

河流名称	测站	集水面积/km²	年径流量/亿 m³	年径流 C_v 值	最大最小径流量极值比
党河	党城湾	14325	3.35	0.12	1.53
安南坝河	安南坝	316	0.03	0.06	1.22
其他小河		7792	1.63	—	—

注：引自参考文献[35]。

6.3.3 地下水资源特征及数量

地下水资源指一定时间内能够被人类利用，并能够逐年恢复的地下淡水资源，目前主要通过地面的入渗补给量来计算地下水的数量。因此，地下水开采量一般低于补给量，反之则会影响生态平衡，引发生态危机。地下水的特点是分布比较广泛，便于人们的开采利用；另外它还有许多优点，如水质较好、安全，不易受到污染，外界气候的变化对地下水的影响比较小，并且比较缓慢，因此其供水能力较稳定，取水建筑物也容易修建。随着人类社会经济的不断发展，在需水量不断增加的同时，地表水的污染也日益加重，再加上地表水资源时空分布极不均匀。因此，对于该流域来说，地下水的开发和使用也越来越重要。疏勒河流域的地下水资源非常丰富，主要存在于第四纪冲洪积松散岩的孔隙当中。该流域地下水资源总量比较大，其中游地下水的补给主要来自中游盆地出山河水的入渗，约占补给资源的79.29%～92.74%，而下游盆地地下水的补给主要来自中游地下水转化而来的泉水的入渗，约占补给资源的58.81%～75.04%。

根据2003—2013年的甘肃省水资源公报以及甘肃省统计年鉴，利用降水入渗补给量、山前侧向流入量、地表水体入渗补给量以及井灌回归补给量等计算可得该流域平原区总年平均补给量为13.31亿m³，地下水资源年平均总量为12.81亿m³。疏勒河流域地下水补给量见表6.5。根据河川基流量、侧向流出量可得到该流域山区年平均地下水资源量为4.31亿m³。疏勒河流域山区地下水资源能量见表6.6。

表6.5 **勒河流域地下水补给量** 单位：10^8 m³

年份	降水入渗补给量	山前侧向流入量	地表水体入渗补给量（河川基流补给量）	井灌回归补给量	总补给量	地下水资源量
2003	0.29	0.11	9.90（1.58）	0.24	10.54	10.30
2004	0.26	0.10	9.68（1.55）	0.24	10.28	10.03
2005	0.47	0.11	12.38（1.98）	0.31	13.28	12.96
2006	0.41	0.13	13.11（2.10）	0.32	13.97	13.65
2007	0.49	0.22	13.97（2.24）	0.39	15.06	14.67
2008	0.20	1.22	11.43（1.83）	0.67	12.40	11.73
2009	0.19	0.12	12.21（1.95）	0.63	13.15	12.52
2010	0.35	0.15	15.66（2.51）	0.63	16.79	16.16
2013	0.44	0.15	12.70（2.03）	0.99	14.28	13.29
平均	0.34	0.26	12.34（1.97）	0.49	13.31	12.81

表 6.6 疏勒河流域山区地下水资源量 单位：$10^8 m^3$

年份	河川基流量	侧向流出量	地下水资源量	年份	河川基流量	侧向流出量	地下水资源量
2003	3.71	0.11	3.81	2008	5.12	0.10	5.22
2004	3.36	0.10	3.45	2009	5.37	0.12	5.50
2005	3.98	0.11	4.09	2010	4.30	0.15	4.46
2006	4.01	0.13	4.14	2013	3.45	0.15	3.60
2007	4.34	0.22	4.55	平均	4.18	0.13	4.31

6.3.4 水资源总量

水资源总量是指该流域地表水与地下水资源量的总和。地下水大多部分水资源是山区的地表水经河床、渠道以及田间等入渗而得到的。因此地表水和地下水存在相互之间的转化，根据 2003—2013 年的甘肃省水资源公报和相关文献，可知疏勒河流域年均水资源总量约为 24.63 亿 m^3，产水系数约为 0.21，产水模数约为 1.45 万 m^3/km^2。疏勒河流域水资源总量见表 6.7。

表 6.7 疏勒河流域水资源总量

年份	降水量/亿 m^3	地表水资源量/亿 m^3	地下水资源量/亿 m^3	重复计算量/亿 m^3	水资源总量/亿 m^3	产水系数	产水模数/（万 m^3/km^2）
2003	130.55	23.34	12.42	12.03	23.73	0.18	1.40
2004	112.70	20.44	11.84	11.49	20.80	0.19	1.22
2005	145.85	24.07	14.96	14.38	24.65	0.17	1.45
2006	122.90	24.39	15.56	15.02	24.93	0.20	1.47
2007	202.28	26.23	16.78	16.07	26.93	0.13	1.58
2008	78.53	22.08	15.03	14.73	22.38	0.29	1.32
2009	83.63	23.04	15.94	15.63	23.35	0.28	1.37
2010	140.92	29.74	17.96	17.46	30.24	0.22	1.78
2013	148.06	24.09	14.71	14.12	24.68	0.17	1.45
平均	129.49	24.16	15.02	14.55	24.63	0.20	1.45

6.3.5 水资源利用现状

根据 2013 年的甘肃省水资源公报统计，2013 年疏勒河流域水资源总供水量为 18.14 亿 m^3，地表水与地下水供水量分别为 13.60 亿 m^3、4.51 亿 m^3，污水处理回用量为 0.03 亿 m^3。2013 年疏勒河流域水资源利用结构见表 6.8。

由表 6.8 可以看出，农业灌溉用水量所占比重最大，约占整个地区总用量的 86.99%；农业用水占主导地位。而工业用水仅约占 4.63%，该流域农业由于受到传统农业的影响，灌区土地平整度较低，灌溉效益低下，灌溉水利用效率低，浪费较严重。

表 6.8 2013 年疏勒河流域水资源利用结构

各类用水量	总用水量/亿 m³	其中地下水总量/亿 m³	所占比例/%
农田灌溉用水量	15.78	3.15	86.99
林牧渔畜用水量	0.92	0.00	5.07
工业用水量	0.84	0.78	4.63
城镇公共用水量	0.14	0.13	0.77
居民生活用水量	0.12	0.12	0.66
生态环境用水量	0.34	0.33	1.87
总计	18.14	4.51	100

6.3.6 水资源开发利用中存在的问题

通过对该地区水资源使用现状的总结分析可知，目前，该地区水资源存在的问题已经相当严峻。随着人口数量的增长以及社会经济的快速发展，该流域水资源承载压力较大，已成为遏制该地区发展的主要因素，该地区水资源使用中的问题有农田灌溉用水比例偏高、水资源开发程度高、节水技术利用不多、水资源利用效率低等。

6.3.6.1 农田灌溉用水比例偏高

疏勒河流域由于处在欧亚大陆腹地，远离海洋，属于典型的干旱气候区，同时该流域也是甘肃省非常重要的商品粮基地，可以说无灌溉就无农业，农业生产主要依赖于人工灌溉，导致了该流域农业用水比例偏高。根据 2003—2013 年的甘肃省水资源公报，可以明显看出农田灌溉用水量平均占该流域总用水量的 80%以上。疏勒河流域 2003—2013 年农田灌溉用水量见表 6.9。

表 6.9 疏勒河流域 2003—2013 年农田灌溉用水量

年份	总用水量/亿 m³	农田灌溉用水量/亿 m³	所占比例/%	年份	总用水量/亿 m³	农田灌溉用水量/亿 m³	所占比例/%
2003	12.76	10.95	85.82	2008	19.34	15.33	79.27
2004	12.93	10.95	84.69	2009	19.33	15.51	80.24
2005	19.12	15.36	80.33	2010	19.45	15.53	79.85
2006	19.32	15.46	80.02	2013	18.14	15.78	86.99
2007	19.50	15.55	79.74	平均	17.77	14.49	81.59

6.3.6.2 水资源开发程度高

疏勒河流域人口较少，水资源总量较大，近几年人均用水量 3571.78m³，远高于全国人均用水量。根据 2003—2013 年的甘肃省水资源公报以及甘肃省统计年鉴可以得到疏勒河流域 2003—2013 年水资源开发利用程度表，见表 6.10。从表 6.10 可以看出 2008 年水资源开发利用程度达到最大，究其原因是 2008 年降水量较少的缘故。疏勒河流域 2003—2013 年水资源平均开发程度为 72%，有研究表明开发程度超过 40%时该地区有较高的水资源压力。

由此可见，该流域水资源呈现较高的水资源压力状态，水资源开发潜力不大。

表 6.10　疏勒河流域 2003—2013 年水资源开发利用程度表

年份	总供水量/亿 m^3	水资源总量/亿 m^3	人均用水量/(m^3/人)	水资源开发利用程度/%
2003	12.76	23.73	2662.42	53.8
2004	12.93	23.73	2683.44	54.5
2005	19.12	23.73	4003.98	80.6
2006	19.32	24.93	3996.07	77.5
2007	19.5	26.93	3882.03	72.4
2008	19.34	22.38	3768.43	86.4
2009	19.32	23.35	3821.36	82.7
2010	19.45	30.24	3868.06	64.3
2013	18.14	24.68	3460.26	73.5
平均	17.76	24.86	3571.78	71.4

6.3.6.3　节水技术利用不多

由 2013 年的甘肃省水资源公报可知，疏勒河流域有耕地面积 204.05 万亩，其中农田灌溉面积 191.26 万亩，节水灌溉面积 122.26 万亩，喷滴灌、微灌、低压管灌节水灌溉面积 31.61 万亩，渠道防渗 90.65 万亩，使用喷滴灌、微灌、低压管道灌溉等先进节水技术的灌溉面积仅占农田灌溉面积的 16.53%。河西走廊内陆河节水灌溉面积见表 6.11 由表 6.11 可知，石羊河流域使用先进节水灌溉技术的灌溉面积占农田灌溉面积的 19.29%。综上可知，河西走廊内陆河使用先进节水灌溉技术比例并不高。

表 6.11　河西走廊内陆河节水灌溉面积（万亩）

河流	农田有效灌溉面积	喷滴灌	微灌	低压管灌	渠道防渗	其他节水灌溉措施	合计
疏勒河	194.76	—	19.47	12.14	90.65	—	122.26
黑河	610.00	1.62	24.54	56.46	152.39	0.06	235.07
石羊河	445.60	0.45	51.63	33.87	192.78	17.43	296.16

6.3.6.4　水资源利用效率低

疏勒河流域的水资源利用效率较低，根据 2003—2010 年的甘肃省水资源公报以及甘肃省统计年鉴可以得到 2003—2010 年疏勒河流域水资源利用效率，见表 6.12。从表 6.12 可以看出，该流域 2003—2010 年万元 GDP 用水量从 2003 年的 1840.21m^3 降到了 2010 年的 792.29m^3，呈逐步减小的趋势。

表 6.12　2003—2010 年疏勒河流域水资源利用效率

年份	GDP/亿元	总用水量/亿 m^3	万元 GDP 用水量/m^3	用水效益/(元/m^3)
2003	69.34	12.76	1840.21	5.43
2004	83.33	12.93	1551.66	6.44

续表

年份	GDP/亿元	总用水量/亿 m^3	万元 GDP 用水量/m^3	用水效益/(元/m^3)
2005	97.86	19.12	1953.81	5.12
2006	110.64	19.32	1746.20	5.73
2007	129.6	19.50	1504.63	6.65
2008	159.59	19.34	1211.86	8.25
2009	208.29	19.32	927.55	10.78
2010	245.49	19.45	792.29	12.62

2003—2010 年疏勒河地区、甘肃省、中国用水效益如图 6.3 所示。由图 6.3 可以看出，疏勒河地区的用水效益远低于甘肃以及全国同期水平，因此提高该地区用水效益压力很大，不容乐观。

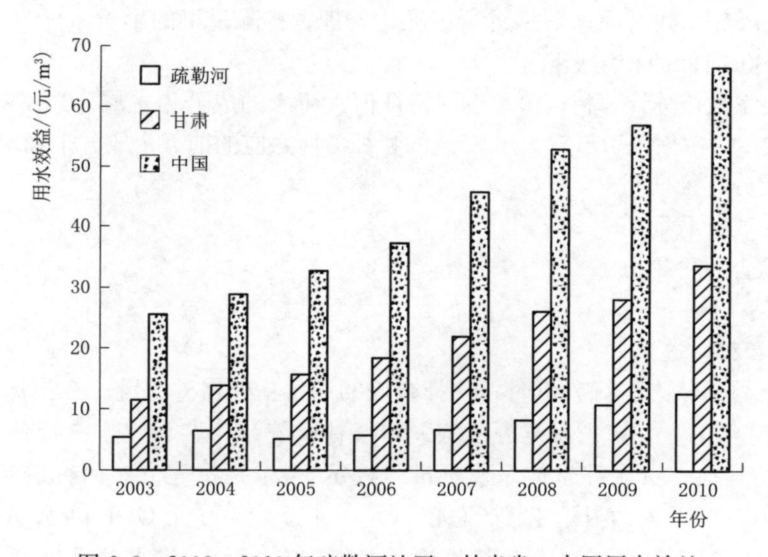

图 6.3　2003—2010 年疏勒河地区、甘肃省、中国用水效益

6.4　水资源承载能力分析

为了解决水资源紧缺问题，研究水资源与经济、环境、社会等之间的协调程度，国内外专家针对水资源承载力做了大量的研究。水资源承载力是指以现有的社会、经济、技术水平为依据，把可持续战略作为核心，以流域水资源合理开发利用为前提，该区域水资源支持人类社会迅速发展的强大支撑力。本章以疏勒河地区为研究对象，运用主成分分析法，对该地区水资源承载能力进行分析与计算，并为该地区水资源开发使用提供依据。

6.4.1　概述

1980 年左右水资源承载力这一名词由我国学者提出后，成为当今社会水资源领域探究的新问题。就目前而言，水资源承载力研究还处于探索阶段，学术界关于水资源承载力并没有做出明确定义，许多专家通过自己的理解得出了不同的看法。水资源承载力是探究区域水安全的一个重要指标，也是指导区域水资源合理配置和良性发展的重要依据。因此，正确分析评价该流域水资源承载能力，对水资源可持续利用具有重要的理论指导意义。

6.4.2 研究方法

目前，关于水资源承载力评价的主要方法有生态足迹法、系统动力学法、主成分分析法等。生态足迹法由于其计算过程比较复杂、假设过多、对生态系统的考虑不完整以及对数据的高要求等使得这一方法在实际中应用并不广泛。系统动力学法的主要特点是适合解决要求不严格的、具有长期性和周期性的社会问题和经济问题，强调有条件预测。主成分分析法可消除评价指标之间的相关影响，减少指标选择的工作量，当指标较多时还可以通过几个综合指标来反映整体情况，此方法相对计算比较规范，有利于通过计算机进行计算。

综上所述，通过对几种分析方法进行比较，此处选取主成分分析法，主要是因为主成分分析法可以更客观地确定指标的权重，减少人为因素产生的误差，而且还能保留大量的原始数据信息，更具有科学性与合理性。

主成分分析法的步骤：

(1) 利用 SPSS19.0 对原来数据进行标准化处理，排除量纲的影响。

(2) 计算评价指标的相关矩阵。

(3) 由相关系数矩阵计算特征值（选取特征值大于 1 的成分为主成分）、各个主成分的贡献率与累积贡献率（按累积贡献率大于 85%的特征值所对应的前 n 个成分来确定主成分）。

(4) 求主成分特征向量。

(5) 计算主成分载荷。

(6) 计算综合评价得分。

6.4.3 分析内容

6.4.3.1 评价指标的选取

对区域水资源承载力进行分析时，选择合理的评价指标格外关键。在指标选取上，本文根据 2003—2010 年的《甘肃省水资源公报》和《甘肃统计年鉴》官方统计数据，再结合选取的评价指标和其他水资源评价体系及标准，选定 14 个指标建立本研究的基本指标体系，主要有总人口（X_1，万人），国内生产总值（X_2，亿元），万元 GDP 耗水量（X_3，m^3/万元），人均用水量（X_4，m^3/人），水资源总量（X_5，亿 m^3），供水总量（X_6，亿 m^3），工业用水量（X_7，亿 m^3），林牧渔畜用水量（X_8，亿 m^3），城镇公共用水量（X_9，亿 m^3），居民生活用水量（X_{10}，亿 m^3），生态环境用水量（X_{11}，亿 m^3），污水排放量（X_{12}，万 t/年），降水量（X_{13}，mm），水资源开发利用程度（X_{14}，%）。

6.4.3.2 评价结果与分析

运用 SPSS19.0 进行统计分析，得到了疏勒河流域水资源承载力评价指标相关系数和特征值、主成分贡献率、累计贡献率，见表 6.13 和表 6.14。

表 6.13 疏勒河流域水资源承载力评价指标相关系数

指标	X_1	X_2	X_3	X_4	X_5	X_6	X_7	X_8	X_9	X_{10}	X_{11}	X_{12}	X_{13}	X_{14}
X_1	1.00													
X_2	0.77	1.00												
X_3	−0.82	−0.94	1.00											

续表

指标	X_1	X_2	X_3	X_4	X_5	X_6	X_7	X_8	X_9	X_{10}	X_{11}	X_{12}	X_{13}	X_{14}
X_4	0.44	0.54	−0.27	1.00										
X_5	0.19	0.53	−0.41	0.29	1.00									
X_6	0.58	0.63	−0.39	0.99	0.30	1.00								
X_7	0.33	0.42	−0.36	0.61	0.19	0.61	1.00							
X_8	0.73	0.81	−0.65	0.90	0.40	0.95	0.65	1.00						
X_9	0.86	0.90	−0.81	0.76	0.41	0.84	0.61	0.96	1.00					
X_{10}	0.15	−0.14	0.32	0.68	−0.11	0.64	0.37	0.42	0.25	1.00				
X_{11}	0.57	0.63	−0.39	0.98	0.28	0.99	0.60	0.94	0.83	0.62	1.00			
X_{12}	−0.88	−0.78	0.71	−0.74	−0.39	−0.83	−0.47	−0.93	−0.95	−0.37	−0.80	1.00		
X_{13}	−0.21	−0.20	0.32	0.15	0.58	0.10	−0.06	−0.02	−0.09	0.27	0.09	0.00	1.00	
X_{14}	0.47	0.34	−0.17	0.82	−0.28	0.83	0.49	0.73	0.62	0.69	0.84	−0.61	−0.27	1.00

选取的指标应有相关性，是进行主成分分析的必要条件。由表 6.14 可知，X_2 与 X_9，X_4 与 X_6、X_{11}，X_6 与 X_8、X_{11}，X_8 与 X_9、X_{11} 之间存在极显著相关性，相关系数分别为 0.90，0.99、0.98，0.95、0.99，0.96、0.94。

表 6.14　　水资源承载力评价指标特征值、主成分贡献率、累计贡献率

成分	初始特征值 λ			提取平方荷载 λ'		
	合计	方差占比/%	累积贡献率/%	合计	方差占比/%	累积贡献率/%
1	8.36 (λ_1)	59.74	59.74	8.36	59.74	59.74
2	2.56 (λ_2)	18.27	78.01	2.56	18.27	78.01
3	1.79 (λ_3)	12.75	90.76	1.79	12.75	90.76
4	0.69	4.93	95.69			
5	0.42	3.02	98.71			
6	0.12	0.89	99.61			
7	0.06	0.39	100.00			
8	0.00	0.00	100.00			

由表 6.14 可以看出，主成分 1、2、3 的累计贡献率已达到 90.76%，因此选取前三个主成分（F_1、F_2、F_3）进行分析。

主成分载荷值反映了主成分（F_1、F_2、F_3）与变量（X_1、…、X_{14}）之间的相关系数，主成分荷载值矩阵见表 6.15。第 1 主成分 F_1 与 X_4（人均用水量）、X_6（供水总量）、X_8（林牧渔畜用水量）、X_9（城镇公共用水量）、X_{11}（生态环境用水量）、X_{14}（水资源开发利用程度）间有较显著的正相关性，与 X_{12}（污水排放量）之间存在极显著的负相关性，可以认为 F_1 主要反映了整个流域的生活经济发展状况。第 2 主成分 F_2 与 X_3（万元 GDP 耗水量）、X_{10}（居民生活用水量）具有较强的相关性，与 X_2（国内生产总值）存在负相关性，

可认为 F_2 主要反映了节水技术的发展水平。第 3 主成分 F_3 与 X_5（水资源总量）、X_{13}（降水量）具有较强的相关性，与 X_{14}（水资源开发利用程度）存在较显著的负相关，可认为 F_3 主要反映了降水量的水平。

表 6.15　主成分荷载值矩阵

指标	主成分			指标	主成分		
	F_1	F_2	F_3		F_1	F_2	F_3
X_1	0.777	−0.375	−0.205	X_8	0.995	−0.004	0.037
X_2	0.809	−0.554	0.013	X_9	0.970	−0.231	0.019
X_3	−0.657	0.743	0.112	X_{10}	0.448	0.829	0.040
X_4	0.888	0.395	0.115	X_{11}	0.938	0.290	0.056
X_5	0.360	−0.370	0.831	X_{12}	−0.935	0.137	−0.030
X_6	0.945	0.292	0.071	X_{13}	−0.032	0.276	0.913
X_7	0.650	0.139	−0.024	X_{14}	0.745	0.491	−0.425

利用公式 $A_n = B_n / SQR(\lambda_n)$ 可得到特征向量矩阵，见表 6.16。其中 B_n 为各评价指标主成分荷载值，$SQR\lambda_n$，代表求非负数 λ_n 的算术平方根，λ_n 为各评价指标特准值。

表 6.16　特征向量矩阵

指标	A_1	A_2	A_3	指标	A_1	A_2	A_3
X_1	0.27	−0.23	−0.15	X_8	0.34	0	0.03
X_2	0.28	−0.35	0.01	X_9	0.34	−0.14	−0.01
X_3	−0.23	0.46	0.08	X_{10}	0.15	0.52	0.03
X_4	0.31	0.25	0.09	X_{11}	0.32	0.18	0.04
X_5	0.12	−0.23	0.62	X_{12}	−0.32	0.09	−0.02
X_6	0.33	0.18	0.05	X_{13}	−0.01	0.17	0.68
X_7	0.22	0.09	−0.02	X_{14}	0.26	0.31	−0.32

将表 6.16 中的数据与标准化数据求积，得到

$$F_1 = 0.27X_1 + 0.28X_2 - 0.23X_3 + 0.31X_4 + 0.12X_5 + 0.33X_6 + 0.22X_7 + 0.34X_8 + 0.34X_9 + 0.15X_{10} + 0.32X_{11} - 0.32X_{12} - 0.01X_{13} + 0.26X_{14}$$

$$F_2 = -0.23X_1 - 0.35X_2 + 0.46X_3 + 0.25X_4 - 0.23X_5 + 0.18X_6 + 0.09X_7 - 0.14X_9 + 0.52X_{10} + 0.18X_{11} + 0.09X_{12} + 0.17X_{13} + 0.31X_{14}$$

$$F_3 = -0.15X_1 + 0.01X_2 - 0.08X_3 + 0.09X_4 + 0.62X_5 + 0.05X_6 - 0.02X_7 + 0.03X_8 - 0.01X_9 + 0.03X_{10} + 0.04X_{11} - 0.02X_{12} - 0.68X_{13} - 0.32X_{14}$$

综合主成分 F 的数学模型为

$$F = \frac{\lambda_1}{\lambda_1 + \lambda_2 + \lambda_3} F_1 + \frac{\lambda_2}{\lambda_1 + \lambda_2 + \lambda_3} F_2 + \frac{\lambda_3}{\lambda_1 + \lambda_2 + \lambda_3} F_3$$

通过计算，可以得到综合主成分 F 的表达式，即

$$F=0.11X_1+0.12X_2-0.05X_3+0.27X_4+0.12X_5+0.26X_6+0.16X_7+0.23X_8+0.19X_9+0.21X_{10}+0.25X_{11}-0.20X_{12}+0.12X_{13}+0.19X_{14}$$

进而得到2003—2010年疏勒河流域水资源承载力的综合评价结果见表6.17。

表 6.17　2003—2010年疏勒河流域水资源承载力的综合评价结果

年份	F_1	排名	F_2	排名	F_3	排名	F	排名
2003	−5.05	8	−0.67	5	0.09	4	−3.45	8
2004	−3.71	7	−0.98	6	−0.34	6	−2.69	7
2005	−0.32	6	2.47	1	0.18	3	0.31	6
2006	0.55	5	1.62	2	0.08	5	0.70	5
2007	1.52	4	0.82	3	1.86	1	1.43	2
2008	2.13	3	0.32	4	−1.94	8	1.19	3
2009	2.31	2	−1.25	7	−1.55	7	1.05	4
2010	2.57	1	−2.33	8	1.62	2	1.45	1

从表6.17可知，主成分负值表示该年份水资源承载力处于被评价年份的平均水平以下，正值说明水资源承载力处于被评价年份的平均水平以上。综合主成分值越高，说明其承载能力越大，反之就越小。由表6.17中的排名可以看出，疏勒河流域的水资源承载力呈逐年上升的状况，但在2008年、2009年两个年份出现了小的降低，查其原因主要是2008年、2009年降雨量减小，由2007年的202.3mm，降到了2008年的78.5mm，降低了约61.2%。而水资源开发利用程度从2007年的72%增加到了2008年的86%，增加了将近14个百分点。

2003—2010年三大主成分的得分情况如图6.4所示。由图6.4可以看出，主成分 F_1 持续的增大，主要是由于人口数量的增加和生活水平的提高，致使对水资源总量的需求也越来越大。主成分 F_2 自2005年开始，一直缓慢地减小，它体现了节水技术的发展以及人们节水意识的增强。主成分 F_3 在2008年、2009年出现大的波折，2009年之后又慢慢回升，主要是由于这两年降水量较小的缘故。经济社会的快速发展使水量需求增大，致使水资源开发利用程度也相应提高。这些因素既对水资源承载力产生压力，同时使其产生提高的动力。

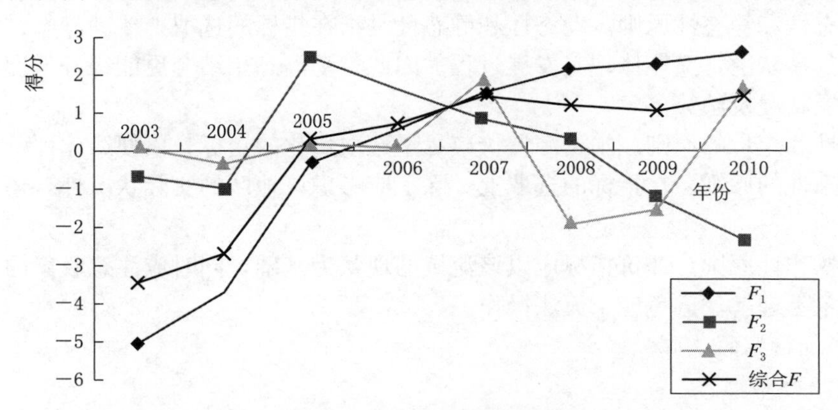

图6.4　2003—2010年三大主成分的得分情况

6.4.4 结语

本节通过主成分分析法分析评价了该地区水资源承载能力的发展情况，结果表明，经济发展水平、人口和降水量是疏勒河流域水资源承载能力的主要影响因素，2003—2010年该地区水资源承载能力稳步递增。

通过对水资源承载能力的分析可知，由于水资源承载能力不断地增长，要实现该地区水资源的可持续发展，有待进一步控制该区域的人口数量，加强节水灌溉技术的推广，增强人民的节水意识等。

6.5 水资源发展评价

6.5.1 构建评价指标体系

水资源可持续利用（sustainable water resources utilization）是指流域内水资源与社会、经济以及环境相互协调、发展，最终使得资源、社会、经济、环境效益等得到相互平衡。目前对于水资源评价体系的创建还没有明确的标准，如何构建水资源评价体系是国内外各方面学者有待解决的问题。

6.5.1.1 指标体系的选择原则

水资源评价体系是评测其可持续发展情况的重要参数。由于水资源系统结构的复杂性和层次的众多性，因此在创建评价体系时，不仅要考虑水资源的自身状况，还应考虑人口、社会、经济以及环境等，评价体系的创建应遵循以下原则：

（1）科学性和实用性原则。评价指标体系应能比较客观地反映水资源系统可持续发展的特点和状况，以及各个子系统之间的相互联系，能够较好地评价水资源系统；另外，评价体系指标应有可比性和可测性，数据易于获取和定量化研究。

（2）系统性和层次性原则。系统性是指不仅要充分考虑水资源、社会、经济和环境这个复杂系统，而且还要考虑各个子系统发展和相协调的指标。层次性是指不同层次的评价指标体系要有与之相对应的评价指标，使复杂的水资源系统条理化、系统化，使指标体系合理、清晰。

（3）独立性和协调性原则。独立性和协调性要求评价体系的各指标之间既要相互独立，又要存在某种内在的联系，以便于确定各指标的权重。

（4）概括性和简洁性原则。由于水资源是极其复杂的系统，因此选取的指标要有概括性，要能够综合反映水资源发展的主要特征；与此同时，评价指标要简洁并具有代表性，避免过于繁多和详尽。

（5）动态性和静态性原则。动态性和静态性是指在指标的选取上要动静态结合，这样既能体现系统发展状况，又能体现其发展过程。因此，动静态相结合更能很好地度量和描述系统未来的发展状况及趋势。

（6）定性和定量的原则。水资源评价应尽量选取量化的指标，以便简化评价过程。

（7）特殊性的原则。在指标的选取上，除了应考虑该地区的实际状况外，还要能反映水资源的普遍性。

（8）可操作性原则。评价指标应以该流域的现状为基础，同时应注意收集的可行性，使指标内容简单易理解，避免庞杂无法操作。

6.5.1.2 评价指标的选取

1. 评价指标初选

水资源评价不仅单纯波及水资源，还包括社会、经济以及生态环境等各个方面。评价指标的影响因素多且复杂程度高，因此评价体系的创立既要明确其组成因素，还要确定指标间的关系。本节结合国内外研究成果，初选得出了水资源评价体系的指标。区域水资源可持续利用初选指标见表 6.18。

表 6.18 区域水资源可持续利用初选指标

指标	单位	计算公式
多年平均降雨量	亿/m^3	多年降雨量/年数
人均水资源量	m^3/人	水资源总量/总人数
亩均水资源量	m^3/亩	区域水资源总量/区域耕地面积
产水系数		区域水资源量/区域年降水量
产水模数	万 m^3/km^2	某地区水资源总量/地区总面积
水资源开发利用率	%	年总供水量/水资源总量
人均供水量	m^3/人	供水量/总人数
供水模数	万 m^3/km^2	供水量/土地面积
人口密度	人/km^2	区域人口总数/区域土地总面积
城镇化率	%	城镇人口/总人口
人均用水定额	L/(人·天)	区域年总用水量/(区域总人口×365)
人均用水量	m^3/人	区域年总用水量/区域总人口数
人口自然增长率	‰	人口出生率－人口死亡率
饮水困难人口比例	%	饮水困难人口数/总人口
人均 GDP	元/人	国内生产总值/总人口
第三产业占 GDP 比重	%	区域第三产业总产值/国内生产总值
社会人均收入	元/人	区域总收入/区域总人数
灌溉率	%	耕地灌溉面积/耕地面积
万元 GDP 用水量	m^3/万元	总的用水量/区域生产总值
人均耕地	hm^2/人	区域耕地总面积/区域总人口
径污比		污水排放量/河川径流量
森林覆盖率	%	区域森林面积/区域土地总面积
污水处理率	%	处理污水量/总污水量
生态环境用水率	%	生态环境用水量/总用水量
耕地率	%	区域耕地面积/区域土地总面积
水土保持水平	—	—
环境综合指数	—	—
植被状况	—	—
环境承载力	—	—

2. 评价指标筛选

水资源评价是水资源可持续利用评测的重要组成部分，其评价体系具有联通性、高度集合性和系统性的特点。这些评价指标既有来自定量化的数据指标，即直接来源于原始数据或经过特殊运算的指标；还有来自定性化的指标，即具有抽象化和总结性的指标。在评价指标的选取上，选择有时空特征的指标以及能体现该地区特征的指标。

根据可持续发展的理论和思路，评价系统应以人为中心，结合流域的各个子系统，利用现有资料，选取核心特征指标，以反映水资源发展的基本状况和各个子系统的协调性、持续性及潜力。指标的选取很重要，本书使用下列方法选择指标：

（1）频度统计法。对有关水资源评价的学术报告、论文及研究成果等进行统计分析，选取频率高的指标。

（2）理论分析法。对可持续利用的内涵、特征及基本特征要素进行分析比较，选取具有代表性的指标。此方法需注意定性与定量的结合。

（3）专家咨询法。在初选的基础上咨询专家，对评价指标进行进一步选择。

6.5.1.3 评价指标可信度的检验

评价指标的可信度可以用信度（reliability）来反映。信度指的是对同一对象运用一种方法重复测评后所得结果保持一致性的程度。信度分析方法主要有折半信度法、α 信度法。其中最常用信度系数来评价，信度系数越大，表明测量的可信程度越大。本节运用 α 信度系数法对指标进行可信度分析，表达式为

$$\alpha=\left(\frac{n}{n+1}\right)\left(1-\frac{\sum s_i^2}{s^2}\right)$$

式中 n——指标个数；

s_i——第 i 个指标的标准差；

s——总体指标的标准差。

表 6.19 评价指标可信度分析结果

α 信度系数	基于标准化指标的 α 信度系数	指标数
0.094	0.749	20

著名学者 De Vellis 认为，信度值处在 0.6～0.65 的指标体系不要采用；0.65～0.70 是指标体系的最小可接受值；0.70～0.80 表示指标体系相当好；0.80～0.90 表示指标体系非常好。从表 6.19 中可看出，没有经过标准化的 α 信度系数数值为 0.094，表明可信度较差，但是经过标准化的 α 信度系数值却达到了 0.749，表明可信度较高。由此可知，创建的疏勒河地区水资源评价体系，经过标准化处理后，数据的可信度大大增强，能够客观地评价该地区水资源使用的现状。

6.5.1.4 评价指标体系的构建

流域可持续发展是指流域内水资源子系统、社会子系统、经济子系统和生态环境子系统的相互协调与同步发展。本书主要评价水资源，其作为不可或缺的资源，支撑其他子系统的持续发展。依据可持续理论以及体系的构成原则，将该地区水资源评价指标分成四个层次。

即目标层、准则层、领域层、指标层。

目标层：地区水资源发展水平反映了该地区水资源使用的基本状况，以及水资源子系统与其他系统之间的协调程度。

准则层：准则层主要包括水资源的发展水平以及水资源与其他系统的协调程度。因此选取水资源与社会、水资源与经济、水资源与生态环境这三个方面的指标来反映它们的协调性。

领域层：以该地区的实际情况分五个领域，使每个领域反映对该地区水资源评价的影响。

指标层：指标层是评价体系中的最底层，属于基础性要素。本节利用理论分析法，选取了能反映整个流域水资源特征的评价指标。

根据水资源评价体系原则，分析国内外水资源评价的资料、文献以及该地区的实际情况，并通过咨询专家的意见选取适宜指标，构建疏勒河流域水资源可持续利用评价指标体系，如图 6.5 所示。

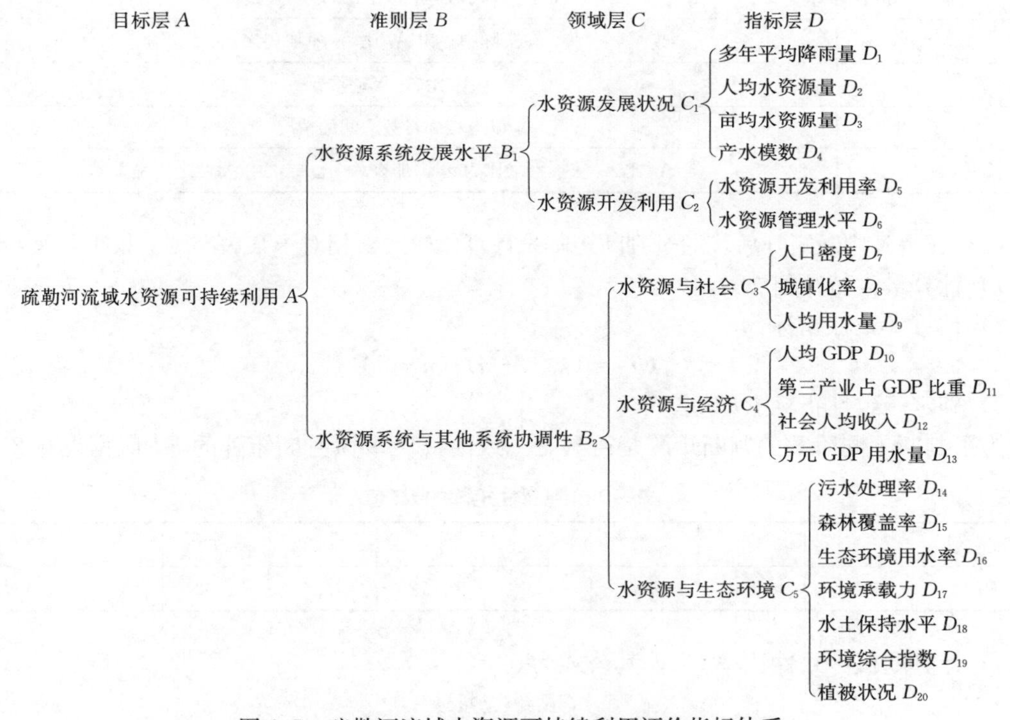

图 6.5　疏勒河流域水资源可持续利用评价指标体系

6.5.2　水资源评价方法

现阶段国内外有关水资源评价的研究方法还不完善，没有非常准确的评价方法。水资源评价包含三个方面：标准、指标权重的确定以及模型的选择。在具体应用中，要考虑方法的合理性，并考虑其结果的实用性。就目前而言，水资源评价法主要包括综合评分法、层次分析法、灰色聚类评价法、支持向量机算法等。通过阅读相关国内外文献，综合分析判断各种方法之后，本文主要运用层次分析法。

层次分析法（analytic hierarchy process，AHP）是一种定量定性结合的方法，由

Thom as L. Satty 首次提出。目前，AHP 法被广泛应用于可持续发展评价方面，属于一种关系模型，但本质是一种思维方式，把复杂的系统进行分层，形成递阶结构，运用理论分析和比较的方法判断各要素之间的差异程度，然后确定各要素在评价体系中的地位。层次分析法通过主观判断，将各因素相互之间的重要性数据化，其主要步骤为：

（1）创建递阶层次模型。层次分析法的结构通常分为三个层次，研究该地区可持续发展系统时，最下层由水资源、经济、社会以及环境等因素构成。

（2）递阶结构完成，上下层的关系也就确定。按照 AHP 方法对各指标进行赋值，组成判断矩阵。AHP 标度法指标赋值见表 6.20。

表 6.20　AHP 标度法指标赋值

等级标度	相对重要性判断
1	A_1 与 A_2 同等重要
3	根据经验和判断，A_1 比 A_2 重要一些
5	根据经验和判断，A_1 比 A_2 明显重要
7	在实际中显出 A_1 比 A_2 重要得多
9	A_1 比 A_2 极端重要
2、4、6、8	以上相邻奇数之间的情况
倒数	若 A_1 比 A_2 重要性之比为 a_{ij}，那么 A_2 比 A_1 的重要性之比是 $1/a_{ij}$

（3）在得到判断矩阵后，通过判断矩阵来计算比较要素相对于某一准则的权重，其步骤为

1）计算最大特征值 λ_{max}。

2）计算一致性指标。

$$CI=(\lambda_{max}-n)/(n-1)$$

3）确定一致性指标 RI 值。

为了判断不同阶数的判断矩阵是否具有一致性，1～9 阶判断矩阵的 RI 值见表 6.21。

表 6.21　1～9 阶判断性矩阵的 *RI* 值

矩阵阶数	1	2	3	4	5	6	7	8	9
RI	0	0	0.58	0.9	1.12	1.24	1.32	1.41	1.45

4）计算随机一致性比率 CR，其公式为

$$CR=CI/RI$$

式中　CR——随机一致性比率；

CI——一致性指标；

RI——随机一致性指标。

5）当 $CR\leqslant 0.10$ 时，表示有较好的一致性。

6.5.3 可持续利用评价

6.5.3.1 构建评价模型

建立疏勒河流域评价指标体系，要综合各方面的要素进行评价，在这里运用多目标线性加权函数的方法来获得最后的综合评价成果。该方法强调完整性，具有一定的科学性及合

理性。

流域评价指标体系的上层指标向量值为

$$A=B\times W$$

式中 A——上层指标向量值；

B——下层指标向量值；

W——下层指标权向量。

6.5.3.2 确定指标权重

本节运用层次分析法确定指标权重，根据创建的评价体系进行专家咨询，按照以上步骤对疏勒河流域水资源评价指标进行打分，分别构建判断矩阵，并且计算每个矩阵最大特征值 λ_{max} 和特征向量。各矩阵及各评价指标权重值见表 6.22～表 6.30。

表 6.22　水资源可持续利用判断矩阵 A

A	B_1	B_2	权重 W_i
B_1	1	3	0.75
B_2	0.3333	1	0.25

注：λ_{max}＝2.0000；CR＝0.0000＜0.10。

表 6.23　水资源系统发展水平判断矩阵 B_1

B_1	C_1	C_2	权重 W_i
C_1	1	3	0.75
C_2	0.3333	1	0.25

注：λ_{max}＝2.0000；CR＝0.0000＜0.10。

表 6.24　水资源系统与其他系统协调性判断矩阵 B_2

B_2	C_3	C_4	C_5	权重 W_i
C_3	1	0.3333	3	0.2583
C_4	3	1	5	0.637
C_5	0.3333	0.2	1	0.1047

注：λ_{max}＝3.0385；CR＝0.0370＜0.10。

表 6.25　水资源发展状况判断矩阵 C_1

C_1	D_1	D_2	D_3	D_4	权重 W_i
D_1	1	0.3333	0.5	0.5	0.1142
D_2	3	1	2	4	0.4704
D_3	2	0.5	1	3	0.2797
D_4	2	0.25	0.3333	1	0.1358

注：λ_{max}＝4.1532；CR＝0.0574＜0.10。

表 6.26　水资源开发利用状况判断矩阵 C_2

C_2	D_5	D_6	权重 W_i
D_5	1	0.2	0.1667
D_6	5	1	0.8333

注：$\lambda_{max}=2.000$；$CR=0.0000<0.10$。

表 6.27　水资源同社会发展的协调水平判断矩阵 C_3

C_3	D_7	D_8	D_9	权重 W_i
D_7	1	0.5	0.3333	0.1571
D_8	2	1	0.3333	0.2493
D_9	3	3	1	0.5936

注：$\lambda_{max}=3.0536$；$CR=0.0516<0.10$。

表 6.28　水资源与经济发展的协调水平判断矩阵 C_4

C_4	D_{10}	D_{11}	D_{12}	D_{13}	权重 W_i
D_{10}	1	2	0.5	3	0.2922
D_{11}	0.5	1	0.3333	0.3333	0.1078
D_{12}	2	3	1	2	0.4133
D_{13}	0.3333	3	0.5	1	0.1867

注：$\lambda_{max}=4.2583$；$CR=0.0967<0.10$。

表 6.29　水资源与生态环境的环境协调水平判断矩阵 C_5

C_5	D_{14}	D_{15}	D_{16}	D_{17}	D_{18}	D_{19}	D_{20}	权重 W_i
D_{14}	1	0.25	0.3333	0.2	0.3333	0.2	0.3333	0.0373
D_{15}	4	1	3	0.3333	2	0.3333	2	0.1463
D_{16}	3	0.3333	1	0.3333	0.3333	0.5	0.3333	0.0652
D_{17}	5	3	3	1	3	4	3	0.3312
D_{18}	3	0.5	3	0.3333	1	0.3333	2	0.1152
D_{19}	5	3	2	0.25	3	1	3	0.2103
D_{20}	3	0.5	3	0.3333	0.5	0.3333	1	0.0945

注：$\lambda_{max}=7.6567$；$CR=0.0805<0.10$。

表 6.30　各评价指标权重值

准则层 B	权重	约束层 C	权重	领域层 D	权重
水资源系统发展水平 B_1	0.75	水资源发展状况 C_1	0.75	多年平均降雨量 D_1	0.11
				人均水资源量 D_2	0.47
				亩均水资源量 D_3	0.28
				产水模数 D_4	0.14
		水资源开发利用 C_2	0.25	水资源开发利用率 D_5	0.17
				水资源管理水平 D_6	0.83

续表

准则层 B	权重	约束层 C	权重	领域层 D	权重
水资源系统与其他系统协调性 B_2	0.25	水资源与社会 C_3	0.26	人口密度 D_7	0.16
				城镇化率 D_8	0.25
				人均用水量 D_9	0.59
		水资源与经济 C_4	0.64	人均 GDP D_{10}	0.29
				第三产业占 GDP 比重 D_{11}	0.11
				社会人均收入 D_{12}	0.41
				万元 GDP 用水量 D_{13}	0.19
		水资源与生态环境 C_5	0.10	污水处理率 D_{14}	0.04
				森林覆盖率 D_{15}	0.15
				生态环境用水率 D_{16}	0.07
				环境承载力 D_{17}	0.33
				水土保持水平 D_{18}	0.12
				环境综合指数 D_{19}	0.21
				植被状况 D_{20}	0.09

6.5.4 评价标准

各个指标评分划分的标准，是参考国内外标准，以及参考某些发达国家的实际情况和相关成果等，再结合疏勒河流域的实际情况来拟定的。区域水资源可持续利用评价标准见表 6.31。

对于该地区水资源的评价，可以分以下 5 个等级，即良好、一般、较弱、不可持续、严重不可持续，来代表该地区可持续水平。

各评分标准见下表：

表 6.31　区域水资源可持续利用评价标准

指　标	单位	0 分	20 分	40 分	60 分	80 分	100 分
多年平均降雨量	mm	≤200	300	600	1000	1600	≥2000
人均水资源量	m^3/人	≤400	500	750	1500	3000	≥4000
亩均水资源量	m^3/亩	≤400	500	750	1500	3000	≥4000
产水模数	万 m^3/km^2	≤5	10	15	30	45	≥50
水资源开发利用率	%	≤20	35	45	60	85	≥85
水资源管理水平	—	很低	较低	低	一般	较高	很好
人口密度	人/km^2	≥400	300	150	80	40	≤20
城镇化率	%	≤20	30	40	50	60	≤70
人均用水量	m^3/人	≤0	510	800	1000	1100	≥1200
人均 GDP	元/人	≤3000	5000	7000	10000	30000	≥50000
第三产业 GDP 占比	%	≤20	25	30	35	40	≥50

续表

指 标	单位	0 分	20 分	40 分	60 分	80 分	100 分
社会人均收入	元/人	≤1000	2000	4000	6000	15000	≥20000
万元 GDP 用水量	m^3/万元	≥80	50	30	20	10	≤5
污水处理率	%	≤30	40	50	60	75	≥90
森林覆盖率	%	≤5	10	30	50	60	≥80
生态环境用水率	%	≤1	2	3	5	7	≥8
环境承载力	—	很低	较低	低	一般	较高	很高
水土保持水平	—	很差	较差	差	一般	较好	很好
环境综合指数	—	很低	较低	低	一般	较高	很高
植被状况	—	很差	较差	差	一般	较好	很好

对处于两标准间数值的得分，运用线性插值法计算。对递增型，其计算公式为

$$y=y_i+\frac{x-x_i}{x_{i+1}-x_i}(y_{i+1}-y_i) \quad (i=0,1,2,3,4,5)$$

递减型的计算公式为

$$y=y_{i+1}+\frac{x-x_{i+1}}{x_i-x_{i+1}}(y_{i+1}-y_i) \quad (i=0,1,2,3,4,5)$$

式中 x——指标实际值；

y——指标得分。

经过查阅大量的文献资料和国内外研究成果，分析总结得到了流域可持续利用水平综合评价标准见表 6.32。

表 6.32 流域可持续利用水平综合评价标准

标准	严重不可持续	不可持续	较弱	一般	良好
得分	<20	20～40	40～60	60～80	80～100

6.5.5 评价结果

由上述对该地区水资源状况和水资源承载能力的分析和计算，得到各项评价指标值及得分，见表 6.33。

表 6.33 各项评价指标值及得分

指 标	指标值单位	指标值	得分
多年平均降雨量	mm	127.2	0
人均水资源量	m^3/人	5036	100
亩均水资源量	m^3/亩	1220.7	52.6
产水模数	万 m^3/km^2	1.5	0
水资源开发利用率	%	71.5	69.2
水资源管理水平	—	一般	60

续表

指　　标	指标值单位	指标值	得分
人口密度	人/km^2	2.906	100
城镇化率	%	52	64
人均用水量	m^3/人	3585.72	100
人均 GDP	元/人	27757	77.76
第三产业 GDP 占比重	%	32.1	48.4
社会人均收入	元/人	8000	64.4
万元 GDP 用水量	m^3/万元	1441	0
污水处理率	%	50	40
森林覆盖率	%	8	12
生态环境用水率	%	3.41	44.1
环境承载力	—	一般	60
水土保持水平	—	较差	20
环境综合指数	—	低	20
植被状况	—	差	40

按照该地区水资源评价模型，由表 6.33 计算得到上一级指标的得分和权重，各级指标得分表见表 6.34。

表 6.34　　各级指标得分表

目标层	得分	准则层 B	权重	得分	领域层 C	权重	得分
疏勒河流域水资源可持续利用 A	61.80	水资源系统发展水平 B_1	0.75	61.70	水资源发展状况 C_1	0.75	61.75
					水资源开发利用 C_2	0.25	61.53
		水资源系统与其他系统协调性 B_2	0.25	62.10	水资源与社会 C_3	0.26	91.03
					水资源与经济 C_4	0.64	54.56
					水资源与生态环境 C_5	0.10	36.28

由表 6.34 可以看出，该地区水资源发展的综合水平为 61.80 分，表明水资源发展处于一般可持续状态。水资源系统发展水平得分为 61.70 分，疏勒河地区干旱少雨，水资源系统处于一般状况。该地区水资源系统与其他系统协调性得分为 62.10 分，表明该流域目前的水资源系统与其他系统发展表现为一般协调状态。其中，水资源与生态环境的发展协调性水平最差，得分为 36.28，由于该流域本身的生态环境比较脆弱，再加上植被覆盖率低、水土流失现象严重、荒漠化加重、污水处理能力比较低等，导致了该流域的水资源与生态环境的协调性发展水平处在不可持续的发展状态。另外水资源与经济发展的协调水平为 54.56 分，表现为较弱的可协调状态。水资源与社会的发展协调程度为 91.03 分，表明其协调程度处于非常良好的发展状态。

6.6 水资源健康发展对策

疏勒河流域干旱少雨，水资源紧缺，致使该地区社会快速发展受到很大的影响。在不久的将来，水问题将会演变为重要的社会问题，并带来更为严重的社会危机。有研究指出，水资源紧缺是影响疏勒河流域发展的重要原因，该流域水资源开发程度已超过了警戒线，高达72%，并且有些年份达到 86%，这说明疏勒河流域水资源的开发潜力已经基本到达上限，开发潜力很小。要实现该地区的快速发展，急需在水资源的开发过程中进行深入的科学探索，研究合理的水资源开发利用对策和措施，从而实现水资源的可持续发展。本研究提出如下六个方面的水资源开发利用对策及措施：

6.6.1 多角度开发水资源

目前该区域水资源使用程度远超警戒线，达 72%。因此，迫切需要对水资源实施科学的管理与合理的开发。由于该流域属于干旱区，气候干燥、降水量稀少，另外该流域水资源利用效率较低，用水浪费现象严重。由于数据有限，目前对整个疏勒河地区水资源的研究不多，对该地区的水资源状况有待进一步研究；同时弄清楚水资源开发状况，增强节水意识，防止水资源的浪费。

水资源管理部门应该充分研究和考虑现阶段水资源状况，制定水资源合理配置计划和水资源使用效率目标，采用节约用水的相关政策。同时，应提倡水资源的循环再利用，减小供水压力。另外，在污水处理以及水资源循环利用方面还需水资源管理部门与政府机关的高度配合，才能实现该区水资源的合理使用。

6.6.2 完备管理立法，增强执行力度

在水资源危机与社会经济发展之间的冲突日益突出的今天，需要运用法制手段严格规范、约束和治理用水行为，杜绝水资源浪费及不合理使用行为，引导群众正确的用水理念，以此来解决水资源利用过程中存在的相关问题。现阶段，我国水资源管理尚不完善，并且相关法规也不完备。这些是影响水资源管理的重要因素之一。要实现水资源的健康发展，应当建立统一的管理机构，并完备相对应法规，根据水资源的实际情况，建立合理高效的管理模式，从根本上实现水资源的正确调整与管理。

首先要弄清楚地区水资源管理部门的在法律上的权利和地位，进一步完备地区水生态安全保护的法规。只有确立了水资源管理部门所具有的权限，才能合理高效地调控该地区的水资源，从而发挥巨大的综合经济效益。该流域的特殊气候环境使得水资源对生态环境非常重要。因此，创立相关法规势在必行，应通过加大执法力度，来预防大量的生产生活用水威胁生态用水，进而预防生态环境遭到破坏等情况发生。综上所述，拥有一个正确的地区水资源立法思路，一套健全和完善的地区水资源法律法规，才能使流域水资源的管理真正合理化，使水资源得到高效合理使用。

6.6.3 建立节水型社会，提高用水效益

加强该地区水资源的高效循环使用，提高该地区水资源承载能力是节水型社会的迫切要求。节水型社会主要通过创立一些相关制度等，以经济为主要手段，以与其他系统的协调发展为目标，深入推进节水技术的开发与应用。

首先，应该运用一定的符合流域情况的经济手段来实现节约用水。通过依靠市场机制创立科学合理的水价体系，该地区水权市场已基本形成，对生产生活的各类用水都应当推行量

化管理，分行业定价，超出使用范围实行累进加价，并适时推行阶梯式与两部制水价制度，增大污水处理费用征收力度，实现水资源循环再利用，逐步通过经济手段来改变人们对水资源长期养成的消费习惯。

其次，增强先进农艺节水技术的深入研究，建立符合该地区特性的节水体系，增强工农业以及其他部门的用水效率。目前，经过对该地区水资源开发状况的分析与研究可知，农业灌溉用水占整个地区总用水的87%左右，因此在该地区大力推行节水灌溉技术是处理该地区水资源匮乏的关键。应加强节水技术措施的深入研究，搞好先进节水技术试验，增强流域农田水利建设，对于严重失修的农田水利设施进行彻底更新，大力开展农田配套设施，如渠道的衬砌、输水渡槽的维修、渠系建筑物的改建等，进一步研究和推进该流域的节水灌溉技术，从而节约和合理用水，为水资源的合理使用赋予更大的潜力。

最后，加强可持续发展思想的贯彻，提升人民大众的节水用水意识。在疏勒河流域进行节水的过程中，宣传的作用不容忽视，要做到人与水资源、社会经济以及生态环境的协调发展。在我国的社会发展过程中，很多居民对水资源的认识不够，感觉不到水资源是有限的，没有形成自觉节约用水的意识，这就需要宣传单位大力宣传，比如通过新闻媒体或者采取各种形式的宣传，让人们意识到水资源是有限的，提高全民的节水意识，使所有的居民都行动起来，建立节水型社会，创建一个水资源与人类、社会以及生态环境协调发展的可持续发展社会。

6.6.4　利用水权等理论对该地区水资源进行合理配置

应加快该流域水资源管理体制的改革，进一步建立和完善合作协调制度实现地方间分水和用水与水管理部门之间的民主协商。提倡当地用水群众参与管理和监督，并为其提供更多的专家咨询，使政府的管理调控得到更科学的运用。而这中间水权的转换则是进行水资源合理配置的重要手段。

6.6.5　加强环境保护

该地区干旱雨少，环境条件非常恶劣。在干旱区，水资源是影响生态环境的关键因素，由于该地区水资源紧缺，因此生态环境的破坏也非常严重。对此我们应增强环境保护，在环境保护中应以充分利用生态系统的自我修复功能为核心，进而使该流域的自然环境条件能够保持相对持续良好的发展趋势。该流域的生态系统有山地、绿洲和荒漠生态系统，在山地系统中要增强高山冰川的保护；在绿洲、荒漠生态系统中要合理分配水源，防止工农业用水对生态用水的挤占，防止区域水体的污染，对地下水要进行合理使用，维持该流域资源与社会的平衡发展，避免地下水过度开发。在水资源合理高效使用过程中，以可持续战略为核心，一定要使社会、经济以及环境协调发展，要深入研究水资源的最佳开发使用模式；认清水资源的珍贵性和有限性，对该流域水资源进行合理恰当的定价，来为水资源的保护以及高效利用提供有力的诱导因素。为此，有关部门应当增强水价的研究，通过这个经济杠杆使用水效率达到最高。

6.6.6　提高水资源利用率

6.6.6.1　节约工业农业用水，提高用水效率

通过分析计算可知，疏勒河流域目前的水资源承载力已经严重影响疏勒河流域社会经济的可持续发展，并且其中农田灌溉占总水量的87%左右，有资料显示，发达国家的农田灌溉用水所占比重一般为总水量的50%左右。随着该流域城镇化与工业化的不断发展，在整

个社会所需用水中农业用水比重还会下降，农业缺水将更加严重，因此增强节水技术的普及以及建立节约科技型农业显得尤为重要，充分高效利用现有水资源，充分发挥水利设施潜力，大幅提高用水效率是解决目前农业缺水最有效的方法。建立节水农业，要在整个生产过程中利用先进节水技术、因地制宜实现高效节水灌溉，加强渠系防渗以及配套设施的使用，来提高用水效率，降低输水损失；另外通过优化农业种植结构，采用优质抗旱品种，根据农作物的生长机理适时适度灌溉。通过输水渠道节水、田间灌水节水、管理节水、调整农作物种植结构节水等提高灌溉用水效率及进行农业节水。提倡耗水量少但综合效益高的作物优先发展，限制那些耗水量多且综合效益低的作物发展。发展节水型工业，以节水为目的进行工业产业结构的调整，大力压缩耗水量较大的产业，改进工艺技术流程，循环利用。

6.6.6.2 增强污染治理及水循环利用，提高用水效率

首先，应改善农作物的施肥方式，减少农药化肥对水资源的污染。近些年，随着科学技术的不断进步，农药化肥的使用数量不断增加，对该流域的地表水及地下水都造成了严重污染。现代化农业提倡合理施肥，必须减少农药化肥的使用量，提高其利用效率，使农产品尽可能地保持绿色健康。可运用以下方式来增强农药化肥使用效率：

（1）通过改善施肥方式，提倡精确施肥，减少化肥的无效浪费，提高化肥利用效率，在显著提高农产品的产量与质量的同时还可以减少对环境的污染。

（2）通过增施有机肥，广种绿肥，大力推广生物肥料的使用。

（3）通过指导并构建农业与畜牧业相结合的新型生态农业模式，大力推广秸秆、粪便还田工作。

（4）提倡使用高效、低残留的农药并利用轮作和覆盖种植减少化肥用量。

（5）在最佳防治时期用药，以此减少农药的使用数量和次数。提倡利用轮作倒茬和覆盖种植来替代农药的使用。

其次，应当控制工业污染，增强污水治理能力，减少污水排放。根据 2003—2013 年《甘肃省水资源公报》等资料显示，疏勒河流域污水排放量呈逐年减少的趋势，从 2003 年的 5504.2 万 t/年，减少至 2010 年的 4247 万 t/年。目前，工业污染的治理仍是我国的一个难题。由于我国的污染治理模式“末端治理”不能达到有效的效果，而目前的管理又往往忽略污染源的削减和全过程的控制，再加上我国的经济增长方式从粗放式向集约式转变仍需很长时间，许多企业的工艺技术落后，整体水平又较低，不仅消耗大量的水资源，而且也产生大量的污水。因此，我们在污水处理的同时应该加强污染源头的控制。另外，建立污水处理制度，设置污水排放检测点，政府通过低息或无息，甚至免税政策鼓励污水排放企业建立废水回收利用制度。积极推广农业配方施肥以及节水灌溉技术，以减少农业面源污染造成的河流或湖泊的富营养化和地下水的污染。提高中水（中水是指对一次用水经处理达到一定水质标准的再生水资源）利用率，规范中水回收，建立规模适中的中水处理厂。中水的有效利用可节约城市总需水量的 40%，实现水的循环使用。通过推行城镇化可以使得生活污水集中收集并处理，从而减少排放到环境中的污水。

6.7 主要结论

水资源匮乏与社会生产生活之间的矛盾日益加剧，是制约该地区农业生产的最主要因素，如何合理正确地评价该区域水资源的发展状况是缓解此矛盾加剧的关键，以此实现社会

生活健康平稳的发展。综上所述，对疏勒河流域水资源合理评价的研究任重而道远，此项研究在一定程度上具有重要的理论指导意义。

本章结合该地区的实际情况分析评价水资源，通过研究疏勒河水资源的概况、特点、开发使用状况以及社会生产生活对水资源的需求，利用层次分析和主成分分析这两种方法对该地区的水资源进行分析评价，得出了以下结论和展望。

6.7.1 主要结论

(1) 以该地区的基本状况、区域分布特征、水量储存以及水资源的开发程度为基础进行分析总结，从而得到了当下疏勒河流域在开发利用水资源过程中存在的普遍问题，主要包括农田灌溉用水量过高，农业生产的灌溉水量超过总水量的80%；水资源过度开发，资料显示从2003—2013年开发程度已超过72%；节水灌溉措施普及率过低，不足总灌溉面积的16.53%；水资源浪费严重，致使综合利用效率低，远低于甘肃省以及全国其他地区同期水平。通过对以上问题的分析总结，明确了该流域的缺水状况，阐述了合理评价疏勒河流域水资源的必要性。

(2) 运用主成分分析法分析评价了该地区水资源的承载能力。评价显示，其主要影响因素包括经济过快发展、人口快速增长和降水量较少。2003—2010年的资料数据显示，疏勒河流域水资源承载能力随时间的推进逐年上升。分析评价水资源承载能力的结果表明，要实现该区域水资源的健康发展，需要进一步控制该区域的人口数量，加强先进节水技术的应用，增强居民节约用水的意识。

(3) 本着合理性、整体性、可操作性等原则，根据疏勒河流域特征及实际情况，形成了一系列用以评价疏勒河流域水资源的评价体系，采用AHP方法确定各指标权重，水资源合理运用的评价系统充分展现了该地区水资源状况及水资源各级系统与经济发展、社会稳定及生态环境健康的相互协调。评价在充分考虑该流域各个子系统之间相互协调的前提下，得到疏勒河流域水资源评价综合得分为61.8分，表明疏勒河区域的水资源发展基本处于可持续发展状态；与其他各级系统的协调性为62.10分，表明此系统的发展处于一般协调状态；其中，水资源与生态环境为36.28分，协调程度最差。综上分析可知，疏勒河流域现有状况与评价结果基本相同。

(4) 归纳上述研究结果以及国内外研究成果，提出有关疏勒河流域水资源合理利用的对策，即增强水资源的全面研究，较为系统、合理地使用水资源；推进节水型社会的建设；利用水权等理论对该地区水资源进行合理配置；增强该区域的生态保护；提高用水效率为该地区的水资源合理、健康使用奠定基础。

6.7.2 研究展望

目前，关于地区水资源评价的标准并不唯一，评价过程中的体系创建方法以及标准选取不同，得到的结果自然也不同。另外，水资源可持续利用的评价系统涉及社会、经济、生态环境等多方面的复杂系统，从而导致在研究过程中仍存在着某些不足，希望能在以后的研究工作中解决。

(1) 在对该地区水资源承载能力及水资源发展使用评价的过程中，评价体系的创建是最关键因素，但由于评价指标的选取以及相关数据的获取受到限制，在一定程度上影响了指标体系的完善。

（2）本章通过线性函数的方法来得到最终的评价成果，该模型强调完备性，个体指标的异常不会对整个评价系统造成太大的影响，此方法具有一定的科学合理性。但是水资源系统是一个复杂的系统，个别指标也有可能对综合评价结果产生影响，因此评价方法的选择还有待进一步研究。

（3）本章对该地区水资源的合理发展进行评价，所得到结果只是理论层面的评价与分析，要想真正提高该地区水资源承载能力和水资源的健康发展，还得从现实着手。从水资源管理等方面出发，实现水资源合理配置，提高用水效率，对减缓地区水危机具有重要作用。水资源可持续利用的评价是一个大而复杂的过程，我们必须充分理解和认识到这种复杂性，并大力进行深入的探讨和研究，希望目前水资源评价中的问题，未来能够得到解决。

参考文献

[1] 黄泽钧．农村水利建设与改革的形势、对策与措施［J］．西部资源，2012（3）：67-69.
[2] 靳春玲，贡力．西北地区水资源利用的可持续发展［J］．兰州交通大学学报，2004，23（2）：100-103.
[3] 张岳．中国21世纪水危机与节水［J］．水利水电科技进展，1997，17（2）：2-9.
[4] 杨光明，孙长林．中国水安全问题及其策略研究［J］．灾害学，2008，23（2）：101-105.
[5] 王浩，王建华．中国水资源与可持续发展［J］．中国科学院院刊，2012，27（3）：352-358.
[6] 宋松柏，蔡焕杰，徐良芳．水资源可持续利用指标体系及评价方法研究［J］．水科学进展，2003，14（5）：647-652.
[7] Loucks D P. Sustainability criteria for water resources system［M］. Cambridge：Cambridge University Press，1999：33-90.
[8] Loucks D P. Sustainable water resources management［J］. Water international，2000，25（1）：3-10.
[9] Faures J M. Indicators for sustainable water resources development［R］. Land and Water Development Division，FAO，Rome，Italy. 1998.
[10] Europran Commission. Towards sustainable water resources management：A Stragtegic Approach［M］. Colourwise Ltd，Burgess Hill，1998.
[11] YANG Junfeng，LEI Kun，SOONTHIAM K，et al. Assessment of water resources carrying capacity for sustainable development based on a system dynamics model a case study of tieling city，China［J］. Water Resource Management，2014，29（3）：885-899.
[12] Belousova A P. A concept of forming a structure of ecological indicators and indexes for regions sustainable development［J］. Environmental Geology，2000，39（11）：1227-1236.
[13] Peter Hardi，Terrence Zdan. Assessing sustainable development：Principales in Practice［R］. 1997.
[14] 徐中民，张志强，程国栋．可持续发展定量研究的几种新方法评介［J］．中国人口资源与环境，2000，10（2）：60-64.
[15] 曾珍香，顾培亮．可持续发展的系统分析与评价［M］．北京：科学出版社，2000：13-20，81-115.
[16] 冯尚友．水资源可持续利用与管理导论［M］．北京：科学出版社，2000：56-80.
[17] 王先甲，肖文．水资源持续利用的特性与原理［J］．长江流域资源与环境，2000（4）：436-440.
[18] 肖风劲，欧阳华．生态系统健康及其评价指标和方法［J］．自然资源学报，2002，17（2）：203-208.
[19] 左东启，戴树声，袁汝华，等．水资源评价指标体系研究［J］．水科学进展，1996，7（4）：367-374.
[20] 夏军，王中根，穆宏强．可持续水资源管理评价指标体系研究［J］．长江职工大学学报，2000，17

(2)：1-7.
[21] 朱玉灿，黄义星，王丽杰．水资源可持续开发利用综合评价方法［J］．吉林大学学报（地球科学版），2002，32（1)：55-57.
[22] 章予舒，王立新，张红旗，李香云．甘肃疏勒河流域环境因子变异对荒漠化态势的影响［J］．资源科学，2003，25（6)：61-65.
[23] 程水英．疏勒河流域景观动态变化研究［D］．西安：西北大学，2004.
[24] 叶红梅．面向流域生态安全的景观格局演变研究——以疏勒河流域为例［D］．武汉：华中科技大学，2009.
[25] 孙涛，潘世兵，李纪人，邓海鹰．疏勒河流域水土资源开发及其环境效应分析［J］．干旱区研究，2004，21（4)：313-317.
[26] 王巧玲．甘肃省疏勒河流域地下水分析［J］．甘肃农业，2009，281（12)：55-57.
[27] 潘世兵，王忠静，曹丽萍．西北内陆盆地地下水循环模式及其可持续利用［J］．地理与地理信息科学，2003，19（1)：51-54.
[28] 高前兆．河西内陆河流域的水循环特征［J］．干旱气象，2003，21（3)：21-28.
[29] 史培军，袁艺，等．深圳市土地利用变化对流域径流的影响［J］．生态学报，2001，21（7)：1041-1049.
[30] 于兴修．土地利用与土地覆盖变化——全球环境变化的重要原因［J］．中学地理参考，2002（1)：4-5.
[31] 张明泉，曾正中．水资源评价［M］．兰州：兰州大学出版社，1995.
[32] 徐恒力．水资源开发与保护［M］．北京：地质出版社，2001.
[33] 丁宏伟，尹政，李爱军，等．疏勒河流域水资源特征及开发利用存在的问题［J］．干旱区资源与环境，2002，16（1)：48-54.
[34] 蓝永超，胡兴林，肖生春，等．近50年疏勒河流域山区的气候变化及其对出山径流的影响［J］．高原气象，2012，32（6)：1636-1644.
[35] 陈志辉，范鹏飞．疏勒河中游水资源利用方案优化［J］．水文地质工程地质，2002（2)：01-04
[36] 甘肃省计划委员会．未来的甘肃［M］．北京：中国计划出版社，1992：320-322.
[37] 余敦和．甘肃省河西走廊（疏勒河）项目灌区地下水资源开发利用［J］．甘肃农业，2004，219（10)：61.
[38] 王昭，陈德华．疏勒河流域昌马灌区地下水资源数值模拟［J］．地理与地理信息科学，2004，20（2)：61-63.
[39] 王德群．我国地下水资源现状与对策分析［J］．现代商贸工业，2010，25（7)：316-317.
[40] 王学恭．甘肃省水资源可持续利用评价研究［D］．兰州：西北师范大学，2009.
[41] 李令跃，甘泓．试论水资源合理配置和承载能力概念与可持续发展之间的关系［J］．水科学进展，2001，12（3)：307-313.
[42] 史晓崑．石羊河流域水资源及开发利用分析［J］．石羊河流域水资源及开发利用分析，2007，20（2)：51-55.
[43] 程美家，韩美．基于主成分分析法的山东省水资源承载力评价［J］．资源开发与市场，2009，25（5)：410-412.
[44] 汤奇成，张捷斌．西北干旱地区水资源与生态环境保护［J］．地理科学进展，2001（3)：227-232.
[45] 新疆水资源软科学课题组．新疆水资源及其承载力的开发战略对策［J］．水利水电技术，1989（6)：2-9.
[46] 施雅风，曲耀光．乌鲁木齐河流域水资源承载力及其合理利用［M］．北京：科学出版社，1992：94-111.
[47] 钱正英，张光斗．中国可持续发展水资源战略研究综合报告及各专题报告［M］．北京：中国水利水电出版社，2001.
[48] 邵金花，刘贤赵．区域水资源承载力的主成分分析法及应用——以陕西省西安市为例［J］．安徽农

业科学，2006，34（19）：5017－5018，5021.
[49] 徐明荣．基于生态足迹模型的区域可持续发展研究——以吐鲁番地区为例 [D]. 乌鲁木齐：新疆大学，2007.
[50] 任玉忠，叶芳．基于主成分分析的潍坊市水资源承载力评价研究 [J]. 中国农学通报，2012，28（5）：312－316.
[51] 白若男，欧洋铭，梁川．基于主成分分析的成都市水资源承载力研究 [J]. 中国水运，2012，20（12）：200－202.
[52] 郭晓丽．聊城市水资源承载力因子分析 [J]. 安徽农业科学，2009，37（35）：17602－17603.
[53] 惠泱河，蒋晓辉，黄强，等．水资源承载力评价指标体系研究 [J]. 水土保持通报，2001，21（1）：30－33.
[54] 王维维，孟江涛，张毅．基于主成分分析的湖北省水资源承载力研究 [J]. 湖北农业科学，2010，49（11）：2764－2767.
[55] 冯尚友．水资源持续利用与管理导论 [M]. 北京：科学出版社，2000.
[56] 何生湖．石羊河流域水资源可持续利用评价 [J]. 甘肃农业科技，2009（5）：05－11.
[57] 王好芳．区域水资源可持续开发与社会经济协调发展研究 [D]. 南京：河海大学，2003.
[58] 李湘姣，王先甲．区域水资源利用复合系统评价指标体系及方法 [J]. 人民长江，2005，36（8）：23－25.
[59] 赵立梅．区域水资源合理配置研究 [D]. 南京：河海大学，2005：25－33.
[60] 贾瑞丽．千河流域水资源保护与可持续利用研究 [D]. 甘肃：兰州大学，2012.
[61] 罗左县．区域可持续发展评价指标体系若干问题研究 [J]. 宁夏党校学报，2003，5（5）：91－93.
[62] 孙爱平．我国居民消费决策风格分析 [J]. 浙江统计，2009，20（5）：22－26.
[63] 余建英，何旭宏．数据统计分析与SPSS应用 [M]. 北京：人民邮电出版社，2003.
[64] 王好芳．区域水资源可持续开发与社会经济协调发展研究 [D]. 南京：河海大学，2003.
[65] 李湘娇．区域水资源利用复合系统评价指标体系及方法 [J]. 人民长江，2005，36（8）：21－23.
[66] 贾宁．党河流域水资源保护与可持续利用研究 [D]. 兰州：兰州大学，2008.
[67] 周胜明．黑河流域水资源可持续利用研究 [D]. 南京：河海大学，2006.
[68] 曹庆玺，刘开展，张博文．用熵计算客观型指标权重的方法 [J]. 河北建筑科技学院学报，2007，17（1）：40－42.
[69] 宋之杰，高晓红．一种多指标综合评价中确定指标权重的方法 [J]. 燕山大学学报，2002，26（1）：20－26.
[70] 张骏．群体决策过程中系统评价的专家权重反馈算法 [J]. 武汉理工大学学报（信息与管理工程版），2002，24（6）：145－146.
[71] 王明涛．多指标综合评价中权数确定的离差、均方差决策方法 [J]. 中国软科学，1999，8：100－107.
[72] 王应明．多指标综合评价中权系数确定的一种综合分析方法 [J]. 系统工程，1999，17（2）：56－61.
[73] 杜鹏飞．凉城县水资源可持续利用研究 [D]. 呼和浩特：内蒙古师范大学，2006.
[74] 刘毅，贾若祥，侯晓丽．中国区域水资源可持续利用评价及类型划分 [J]. 环境科学，2005，26（1）：42－46.
[75] 贾宁．党河流域水资源保护与可持续利用研究 [D]. 兰州：兰州大学，2008.
[76] 赵立梅．区域水资源合理配置研究 [D]. 南京：河海大学，2005.
[77] 王浩，秦大庸，陈晓军，等．水资源评价准则及其计算口径 [J]. 水利水电技术，2004，35（2）：1－4.
[78] 程斌强．疏勒河流域水资源可持续利用评价研究 [D]. 兰州：甘肃农业大学，2015.